普通高等教育"十一五"国家级规划教材

Web系统与技术

（基础部分）

殷兆麟　蒋林清　朱红　张赛男　编著

国防工业出版社

·北京·

图书在版编目(CIP)数据

Web 系统与技术. 基础部分 / 殷兆麟等编著. —北京：国防工业出版社，2008.5

普通高等教育"十一五"国家级规划教材

ISBN 978-7-118-05605-1

Ⅰ. W... Ⅱ. 殷... Ⅲ. 主页制作—程序设计—高等学校—教材 Ⅳ. TP393.092

中国版本图书馆 CIP 数据核字(2008)第 022706 号

※

国防工业出版社出版发行

(北京市海淀区紫竹院南路 23 号　邮政编码 100044)

北京奥鑫印刷厂印刷

新华书店经售

*

开本 710×960　1/16　印张 18　字数 320 千字

2008 年 5 月第 1 版第 1 次印刷　印数 1—4000 册　**定价 32.00 元**

国防书店：(010)68428422　　发行邮购：(010)68414474

发行传真：(010)68411535　　发行业务：(010)68472764

前　言

Web 是通用的分布式信息系统，Web 技术成了构建当代电子商务、政务、网络娱乐等网络应用的基础技术。任何人、任何时候、只要通过连接到 Internet 的计算机就可以按 Web 地址搜索自己需要的信息；Web 维护、管理人员也可以在任何时候、通过连接到 Internet 的计算机增加、删除、修改 Web 信息。移动设备 Web 技术的发展，进一步使 Web 进入千家万户，渗透到人们日常生活的方方面面。毫不夸张地说，Web 将成为世界最普及的传播媒体，众多 IT 专业人员施展才华、创业建勋的主要领域。不言而喻，Web 系统与技术成为计算机专业学生的必修专业课。

许多学生喜欢上网，希望自己制作网页、开发网站。但是，其中许多学生自学网页（网站）制作工具，半途而止。究其原因，主要是对 Web 知其然，而不知其所以然。本教材立足使学生对 Web 知其然，又知其所以然，使他们运用 Web 平台比较自由地展现自己学习期间的创新能力，又为学生未来工作期间展现自己职业的创新能力打下计算机基础。

为了便于系统地、分阶段教学，全书分为两部分：《Web 系统与技术（基础部分）》和《Web 系统与技术（Java Web 应用技术）》，建议分两学期为计算机专业本科生开设。《Web 系统与技术（基础部分）》介绍 Web 系统的构成、HTML、CSS、JavaScript、DHTML 技术、网站信息结构、网站开发工具。《Web 系统与技术（Java Web 应用技术）》介绍 XML、Java Applet、JavaBean、Servlet、JSP、JSP 表达式语言、标记库、Struts 框架原理与技术，学生必须学习过 Java 语言程序设计、数据库技术、计算机网络等课程。通过这门课程学习，使学生具有应用 Java Web 技术开发电子商务、政务、企业信息化及移动计算开发的基本能力。

本教材具有以下特点：

（1）以讲授 Web 的原理、技术和应用为主，使学生“知其然、知其所以然”。

（2）教材由浅入深，学生从制作静态网页为主的简单的网站开始，随着脚本语言 JavaScript 的讲授，可以开发交互、动感网页。在学习了 Java、数据库等课程基础上，可以开发更高级的 Web 应用。随着 Web 应用知识的增长，像滚雪球一样越滚越大，软件开发技术也越来越成熟。

（3）Web 系统与技术内容丰富，教材按照教育部高等学校计算机科学与技术教学指导委员编制的《高等学校计算机科学与技术专业发展战略研究报告暨专业规范（试行）》中有关 Web 系统和技术部分知识单元、知识点要求编写。Web 开发工具（Dreamsweaver）、Web 服务器（Tomcat）、Web 应用服务的开发工具（MyEclipse）及其的安装、配置与使用在配套的 CAI 课件中介绍。在理解 Web 系统和技术的基础上，学生具备使用不同 Web 工具、环境开发 Web 应用的能力。

Web 系统与技术 CAI 课件可以按下列方式自由下载：进入 http://www.cumt.edu.cn 网页，点击左下方的“网络教学”，在新的页面，选择网络教学课件“Web 系统与技术 CAI”，其中包括 Web 系统与技术（基础部分和 Java Web 应用技术）教材中全部示例程序。有问题可以与作者联系，电子函件地址：zhlyin@cumt.edu.cn。

网站开发中刘振海、耿伟、孙磊、方济、徐昆、沈鹏飞做了许多工作，在此表示衷心感谢。

由于编者水平有限，书中难免有错，殷切希望广大读者批评指正。

殷兆麟

2007.10 于徐州

示例组织

Web 系统与技术(基础部分)的示例组织如下图所示。每章示例组织成一个文件夹,第 1 章、第 2 章……第 6 章分别命名为 cha1、cha2、…、cha6,如下面图(a)所示。打开一章,例如 cha2,其中全部示例如下面图(b)所示。

文件夹"cumtindex 示例"提供了一个大学主页设计的原始资料,文件夹"web"提供了 Web 系统与技术(基础部分)设计网站的部分原始资料。文件夹"Web 系统与技术网示例"是 Web 系统与技术(基础部分)本机教学网站。这些资料为学生制作较复杂的网站服务。

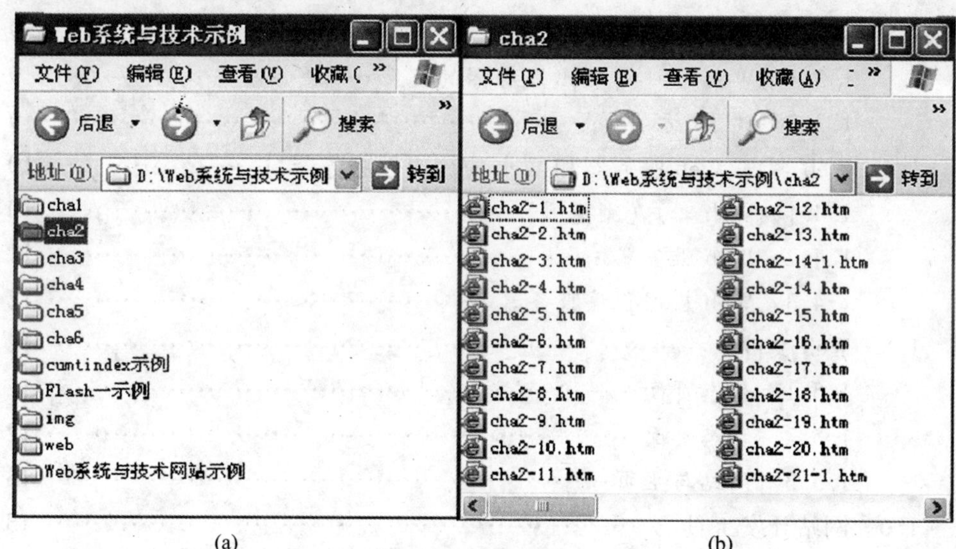

(a) (b)

全书示例组织图

(a) 每章示例组织成一个文件夹;(b) 第 2 章所有示例。

目 录

第 1 章　Web 系统的构成

1.1　Web 系统概述

Web 是通用的分布式信息系统，它是由 Web 客户代理（浏览器）、Web 服务器和 Web 应用服务器、Web 文件、互联网（Internet）、Web 协议构成的有机整体。

图 1-1 描述了由校园网构成的局部的 Web 系统。客户机运行 IE 浏览器，在地址栏输入中国矿业大学的统一资源定位地址 URL（Uniform Resource Locator）：http://www.cumt.edu.cn，浏览器首先请求本地域名服务器 DNS 解析域名（图 1-1 中①②），域名服务器把 Web 域名 www.cumt.edu.cn/变换成 IP 地址 202.119.199.66，并返回给客户浏览器（图 1-1 中③④）。Web 客户浏览器利用获得的 IP 地址，与 Web 服务器连接，发送服务请求（图 1-1 中⑤⑥）。Web

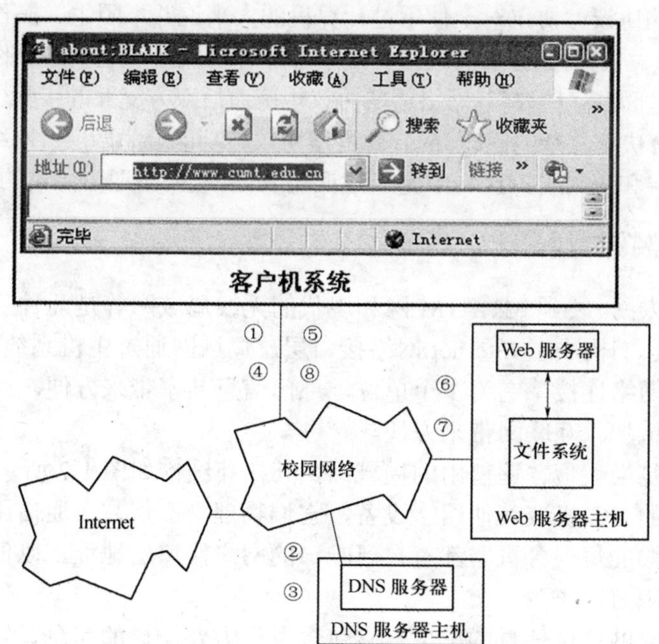

图 1-1　校园网构成的 Web 系统

服务器阅读、分析、处理客户请求，返回响应消息（包括 index.htm）（图 1-1 中⑦），客户浏览器接收服务器传来的网页，分析、解释，在浏览器窗口显示（图 1-1 中⑧）。

政府、学校、企业等单位的计算机一般通过局域网连接到 Internet。这样，Web 用户就可以立即访问远程信息、搜索资料等。家庭计算机如果不能直接连接到网络，可以借助电话，利用调制解调器，通过 Internet 服务提供商（Internet Service Provider，ISP）访问 Internet。

Web 服务是使用最广泛的互联网服务，由 Web 服务也可以方便地接入其他 Internet 服务，如电子邮件、文件传送、远程登录等。

1.2 Internet 网络

计算机网络的连接称为网际互联，Internet 名是由此得来的。确切一点说，Internet 就是由全球的主机系统、网络系统、基于统一的 TCP/IP 通信协议连接在一起构成的计算机网络系统。这里，主机系统就是在 Internet 注册，即有自己的域名或 IP 地址的计算机系统；网络系统就是有线局域网、无线局域网、数据传输网、电话交换网等网络；TCP/IP 通信协议就是 Internet 网络两个服务实体之间的通信必须共同遵守的协议。协议对于使用过计算机的人来说并不陌生，操作系统以约定的命令格式、固定的窗口下的菜单实现一种计算机操作，这就是操作系统与操作系统的用户之间的“协议”。网络通信协议规范通信双方交互的步骤、传输的消息格式。为了解决这复杂的问题 Internet 网络协议按功能分为四层：网络接口层、网络层、传输层和应用层。TCP/IP 是上述四层 Internet 网络通信协议的简称。

1.2.1 网络接口层

当代以太网、令牌网、ATM 网和现代的无线局域网等是几种重要的低层局域网技术，它们构成了 Internet 网络接口层。局域网通过主机系统（或路由器）与 Internet 网络连接，它为一个单位、部门信息共享带来方便，同时它还为众多用户计算机加入互联网带来方便。

以太网是当代最普遍使用的局域网，其拓扑结构如图 1-2 所示。0～4 表示连接局域网的 PC 机或其他网络设备，它们物理上多点共享通信用的总线。基于以太网连接的每一台机器都有自己唯一的网络接口层地址，以便在局域网内部唯一地标识自己。

帧是以太网传送信息的单位，它包含发送方要发送的信息、发送方、接收方网络接口层地址等。发送者自动、互斥地将帧放到总线上，一个或多个接收

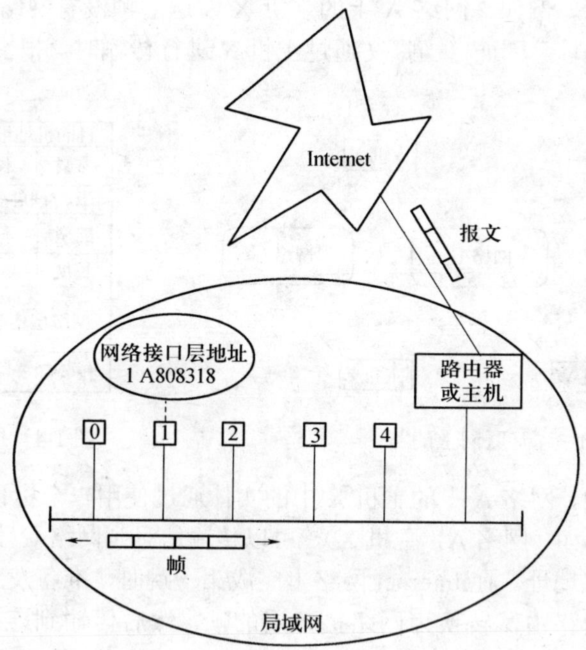

图 1-2　多点共享总线的以太网与 Internert 连接

者读取总线，检查帧的目的地址是否与自己的网络接口层地址一致或相容，满足地址要求就继续读取帧。

以太网并不处理更高层的协议，它只提供能够实现网络层协议一个合理的网络接口层。令牌网、ATM 网和现代的无线局域网也是如此。

1.2.2　网络层

图 1-3 所示结构的网络被称之为 Internet 网络。在 Internet 网络中，节点代表一个完整的网络，主机连接两个或多个网络，负责路由报文，这种主机称为路由器或网关。网络层允许一个网络上的主机发送报文到位于不同网络上的主机中，如图 1-3 中的网络 A 中的主机 X 发送报文到网络 C 中的主机 Z。这意味着网络间的主机之间，有一条能作中间媒介相连接的路径。例如，图 1-3 报文能够在网络 A 上从主机 X 被路由到主机 W，然后，在网络 B 上从主机 W 到主机 Y，最后在网络 B 上从主机 Y 到主机 Z。网络层提供了能进行这种通信的功能。

网络层以报文来传输信息。每个报文使用一个标识有网络和主机的地址来进行寻址，如图 1-4 所示。一次网络层传输可能包含有越过几个网络，每越过一次网络，相应于网络接口层一次新的帧传输。网络接口层的细节，例如，所越过网络数目对于网络层接口以上是透明的。网络层地址中包含有比网络接口层中更多的信息。例如，网络 A 上的主机 X 发送的帧没有网络 C 上的主机 Z 的网络接口层地址。因而，当报文通过主机 X 进行传输时，报文地址指向网络 C 上的主机 Z。

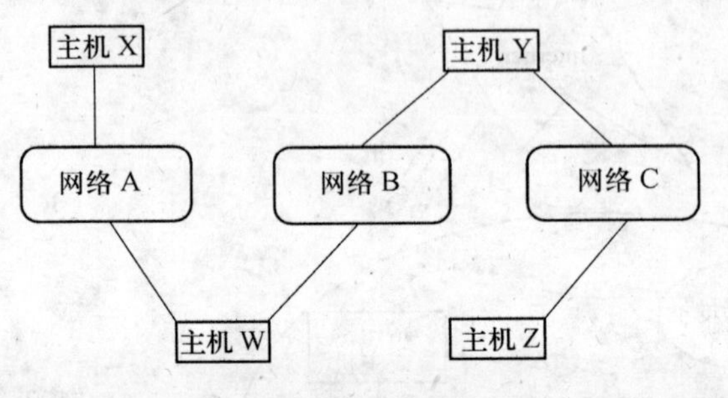

图 1-3　互联网上的路由

目的机地址	
类型	长度
To: 互联网地址	
类型	子类型
长度	
网络层信息	
校验和	

图 1-4　报文结构

在网络层中，网络 A 上的主机 X 中的实体通过使用一个标识网络和主机的互联网络地址，如（网络 A，主机 X），可以传输信息到网络 C 上的主机 Z 中的一个网络接口层地址。在 Internet 网络上完成第一跳时，准备发到（网络 C，主机 Z）的报文由路由器转换为网络接口层的帧，然后传输到连接网络的主机；当主机 W 从网络 A 上的主机 X 收到网络接口层的帧时，它重新从帧中获得报文，确定下一目的地，然后将报文形成的帧传输到网络 B 上的主机 Y 中；当主机 Y 收到帧时，它遵循相同的算法进行处理；然而，由于目的地与它在一个网络中，因而它只完成一个正常的网络接口层传输就可以了。所以网络层报文在通过 Internet 网络的每一次网络过渡时被封装在不同的网络接口层帧中，报文的地址对网络接口层是完全透明的，因为它们只保存在帧数据域中的报文头中。当网关从一个帧中重新获得报文时，它使用 Internet 地址来确定下一次网络。

1. IP 地址

主机计算机的地址是其在 Internet 中的唯一标识。Internet 上的每台主机用 4 个字节 32 位表示唯一的 IP（Internet Protocol）地址。例如，中国矿业大学的一台主机，IP 地址为 202.119.199.66（图 1-3）。这种表示法点号之间给出每个字节的十进制值（0～255）。

IP 地址点号隔离十进制数字表示法对机器很方便，但对用户不方便。为此，每台主机还有一个唯一的基于域的名称，用缩写单词表示。例如，中国矿业大学 Web 主机域名 cumt.edu.cn。

ICANN 是一个网络国际组织，它负责域名注册，使其域名保持唯一。所有网络应用程序都可以接收域名或 IP 地址形式的主机地址。事实上，域名要先翻译成数字 IP 地址之后再使用。

IP 协议是流行的 Internet 网络地址协议。IP 地址是定义主机和网络的 32 位地址，新的 IPv6 协议是 128 位的地址。一个 Internet 网络中的每个主机有两个或多个地址：用于网络接口层的物理网络地址，以及一个或多个 Internet 网络地址，这取决于它所连接的网络数目。在图 1-5 中，必须使用网络接口层地址来发送一个网络接口层的帧到局域网中的目的主机或一个中间的网关机器中，如图 1-5 中的 1A808318。如果网络层报文被传送到另一个网络上的机器中，那么网络层软件就使用一个 Internet 网络地址，如图 1-5 中的 128.123.234.003，它独立于网络接口层帧所使用的物理地址（图中的 32 位地址格式使用的是“点分隔的十进制表示”，其中每一部分表示地址中的一个字节）。

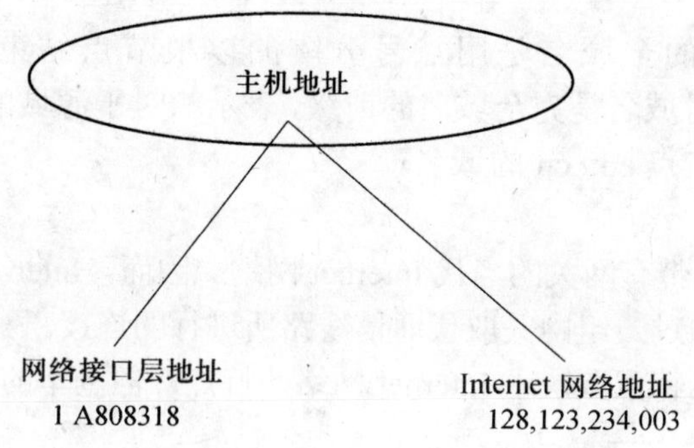

图 1-5　主机地址

所有网络层之上的软件都通过使用一个 Internet 网络地址来访问在同一个网络上以及 Internet 网络上的其他机器。相同的网络协议能够使用 Internet 网络地址空间，定位在它自己的局域网以及 Internet 网络上的主机。然而，在每个主机的网络层（路由）协议必须能够确定相应的网络接口层地址，从而对于任意给定的 Internet 网络地址能够将帧（携带报文）发送到局域网内相应位置的机器。

2. 域名系统与域名服务器

Internet 上每台主机都有唯一的域名和对应的 IP 地址。网络名称空间是所有主机名称的集合。域名系统（Domain Name System，DNS）提供一个分布式数据库服务，支持命名空间信息的动态更新与读取。浏览器通常通过域名系统先取得目标主机的地址信息，然后再与服务器联系。

DNS 把整个 Internet 命名空间组织成一个大的树形结构，树中每个节点具有一个子域名和一系列后续子孙域名，如图 1-6 所示。

子域名是字符串（目前是大小写无关的），同一层的子域名（兄弟关系）不能相同。根域名用空字符表示，根下面是第 1 级子域：edu、com、gov、net、org 等。1 级子域还包括国家名，如 at（澳大利亚）、ca（加拿大）、cn（中国）。1 级子域 cn（中国）的子域有 edu、gov、com 等（图 1-6）。

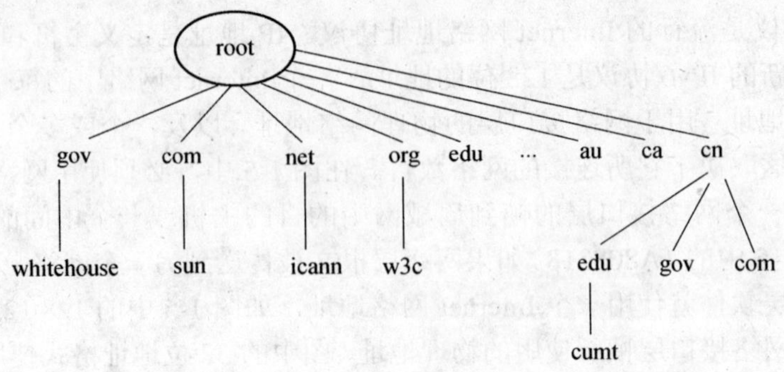

图 1-6 Internet 树形结构命名空间

节点的完整的全域名是用点号分隔的以根节点结束的域名路径（如 cumt.edu.cn）。相对域名是完全域名的前缀，表示相对于源域的节点。因此，cumt 实际上是相对于节点 edu.cn 的域名。

3. 路由

图 1-7 中表示带有网关的当代 Internet 网络。因而，Internet 网络中的网络通常可以被认为是通过一组网关取代通信线路所进行的连接。网络层的主要任务是处理路由，路由的特点取决于 Internet 网络的特点，但基本的任务是相同的：

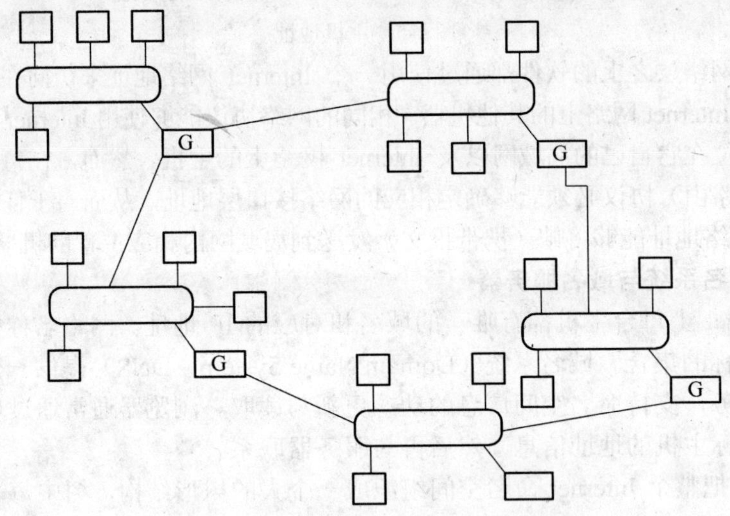

图 1-7 带有网关的当代 Internet 网络

（1）发送主机使用本地路由表到最终接收者的路由中选择第一个到达的目的地网络。

（2）发送者封装报文成帧，然后把它传输到中间的节点（路由器或主机）。

（3）中间节点将帧还原成报文，并使用它的路由表来确定报文是否应该被发送到另一个中间的节点，或者报文已经到达了目的地。

（4）中间的节点将报文封装成帧，输出到网络中或者继续发送给本地主机。

Internet 网络可以扩展，这表明了路由表也会变大，如果每个主机中都保存完整的路由表以搜索到达的 Internet 网络中的每个主机，那么这个表可能太大使主机承受不了。另外，任何一个主机不必要与一个非常大网络中的所有主机进行通信。网络层提供某种机制可以使主机能够随着它的需要在路由表中增加新的条目，那么主机可以只在它的路由表中保存目标主机的一个子集。网关必须在它们之间提供某种协议，使它们所维护的路由信息可以在要求时被共享。

基于局域网的 Internet 网络拓扑结构在商业驱动下形成一个更大的全球可访问的 Internet 网络。由于每个网关都作为两个或多个局域网的一台主机，必须包括它所连接的局域网的网络接口层协议，网关这种功能被称作协议转换。当来自一个局域网的报文通过网关传递到另一个局域网时，报文可能不得不重新格式化，或者转换成另外的形式来适合目标局域网的协议。

1.2.3 传输层

网络层提及一个报文从一个主机路由到另一个主机。但是，一个主机有许多服务程序在运行，每个运行程序叫一个实体，更专业的术语叫进程。主机 Internet 地址唯一地标识了主机，但是，并不能确定该主机中哪个进程。传输层为一个主机的进程与另一个主机进程提供了一种可靠的、端到端的通信协议，它包括下列一系列的功能。

1. 扩展 Internet 地址空间

互联网地址可以标识一台主机，但并不能标识一台主机内哪个运行程序（进程）。传输层提供了通信端口来扩展互联网地址，以达到标识一台主机上运行的一个进程的目的。

图 1-8 主机 X 可以利用网络层唯一的 IP 地址来标识。但是，主机内运行大量的进程,例如：P1，…，Pi，通信端口 port 用来标识通信的进程。<IP, port>共同标识网络主机的一个通信进程。一个进程在通信前，系统为进程分配端口，用户也可以在系统要求的范围内选择端口。对于 Internet 网的公共服务，协议规定了专门的端口，如 80 是 WWW 服务的端口号。

2. 数据报协议（UDP）和可靠的传输协议（TCP）

UDP（User Datagram Protocol）协议和 TCP（Transfer Control Protocol）协议是为网络进程之间交互提供的两种不同质量的消息传输协议。UDP 协议又叫不可靠的传输协议，它除了定义由网络地址、主机地址和通信端口组成的传输层地

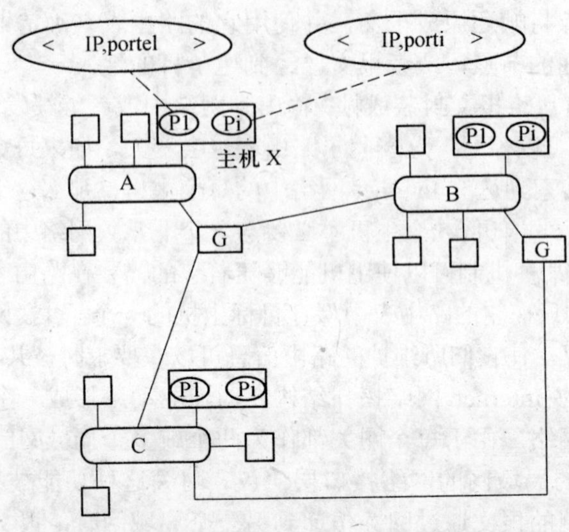

图 1-8　传输层提供通信端口来扩展互联网地址

址外，其余部分与网络层协议相似。TCP 协议又叫字节流传输传输协议，它允许两个不同主机上的进程通过传送和接收持续的字节流信息来交换信息。

（1）UDP 数据报。利用 UDP 传输传送信息时，如果信息的字节数很大，必须划分成多个报文分别传送，每个数据报文必须包含报文的序号及目的地地址和源地址。UDP 传输报文到互联网目标主机不保证传送的可靠性，即 UDP 并不能保证数据报文全部都被传送到目的地，也不保证接收的报文次序和发送报文次序一样。然而，它能保证如果一个数据报文的一部分被传送了，那么该数据报文的其他部分都被传送。

UDP 协议没有规定对丢失报文通知发送方重发，对报文传输错误的处理。可靠性完全由应用程序处理。因此，在要求可靠性传输的应用中不要选择使用 UDP 协议。然而，它可以被用于传送音频或视频信息。

（2）TCP 协议。TCP 是 Internet 网上不同主机的进程之间的可靠的传输协议。在两个进程之间建立传输流之前，它们必须先建立连接。两个进程在建立连接过程中具有不同的角色，主动进程（发送进程）必须先建立一个端口，在交换信息之前向一个被动的接收者进程建立的端口请求连接。如果接收者接收了请求，那么就在两个进程的各自端口之间建立一个连接，一旦连接被建立起来，发送者就可以发送不同长度的报文，而接收者从连接中读取不同长度的报文。

TCP 协议提供字节流传输的流量控制，保证丢失、传错的报文将会重传。TCP 管理两个端口之间的报文流，网络接口层控制的是局域网两个主机之间的帧流。当一对进程已经结束 TCP 连接的使用时，必须“撤消它”，以释放网络资源。使用 TCP 的通信是可靠的，因而 TCP 已成为当代应用中的重要协议，它被用于 Web 系统、远程文件系统。

1.3 Web 协议 HTTP

1.3.1 Web 客户与 Web 服务器的交互

HTTP（Hyper Text Transfer Protocol）协议规范 Web 客户与 Web 服务器交互过程，Web 协议 HTTP 属于 Internet 应用层协议。按 HTTP 协议，Web 客户与 Web 服务器交互过程分为四个步骤（图 1-9）。

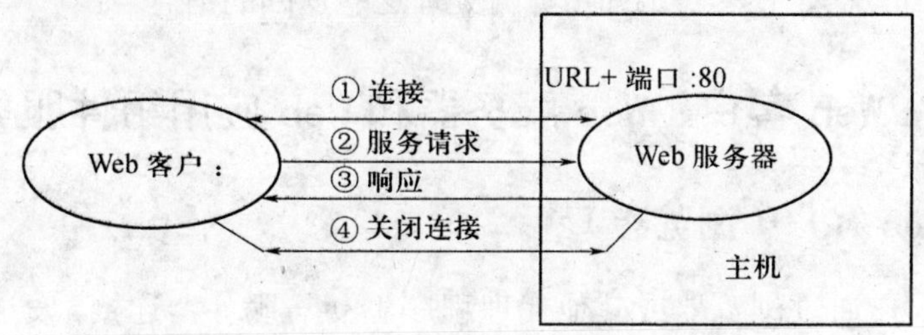

图 1-9 Web 客户和 Web 服务器之间的交互

（1）Web 客户（浏览器）通过 TCP 协议与 Web 服务器建立连接。

（2）Web 客户向 Web 服务器提出服务请求。服务请求的消息中规定要指明选择的 HTTP 方法。

（3）Web 服务器接收客户的服务请求，加以处理，并将服务请求处理的结果发送回客户。

（4）关闭建立的连接，除非客户机与服务器之间立即发生另一次事务。Web 服务器结束会话，不保存任何会话的状态信息。

1.3.2 HTTP 方法

Web 客户浏览器向 Web 服务器发送服务请求，可以选择不同的方法，常用的方法是 get 和 post 方法。方法不同，Web 客户浏览器向 Web 服务器发送服务请求的消息格式不同，Web 服务器接收服务请求的消息的方式也不同。

1. Web 客户服务请求的消息格式

客户请求服务消息的初始行包含三个部分：服务请求方法（Query Method）名、请求服务资源的路径和 HTTP 版本号。例如：get/path/to/file/index.htm HTTP/1.1 或 post/path/script.cgi HTTP/1.1

get 方法的请求服务消息可以包括传送给服务器的参数字符串（query_string），它与请求的服务资源路径之间用“？”隔开，每个参数以“参数名=值”的形式组织，它们之间用‘&’分隔，例如：get/cgi-bin/newaddr?name=valuel&email=value2 HTTP/1.0 和 get 方法不同，post 支持利用消息体组织 HTML 表单信息。

2. 服务器响应客户请求的消息格式

服务器响应客户请求消息的初始行也包含三个部分，用空格分开：HTTP 版本号、状态码和状态描述文本。典型的状态行如下：HTTP/1.0200OK，表示查询成功，而 HTTP/1.0404Not Found，表示找不到请求的资源。

消息的其他部分是服务器响应客户请求服务结果，它包括文件及其内容类型和长度（可选），使客户端知道如何处理这些返回的消息。

1.4 Web 客户、Web 服务器和 Web 应用组件服务器

1.4.1 Web 客户（浏览器）

Web 客户通过浏览器或其他代理程序主动与服务器连接，发送服务请求（图 1-10）。Web 浏览器运行在客户的计算机上，用于访问任何 Internet 主机上的 Web 服务器。当客户点击在浏览器地址文本框中输入的资源地址 URL 时，或者点击显示的 Web 页上某个超链接时，浏览器便构成一个 Web 服务请求；利用浏览器表单、控件，客户可以向 Web 服务器传送不同服务请求和服务参数。Web 服务器接收来自 Web 浏览器的请求，加以处理，最后，以网页形式回送要求的处理结果。客户浏览器接收 Web 服务器回送的网页，分析它，在浏览器窗口显示其内容。利用浏览器本身的功能或外加的插件，浏览器可以运行不同脚本程序，提高了客户与页面的交互能力和显示的视觉效果。

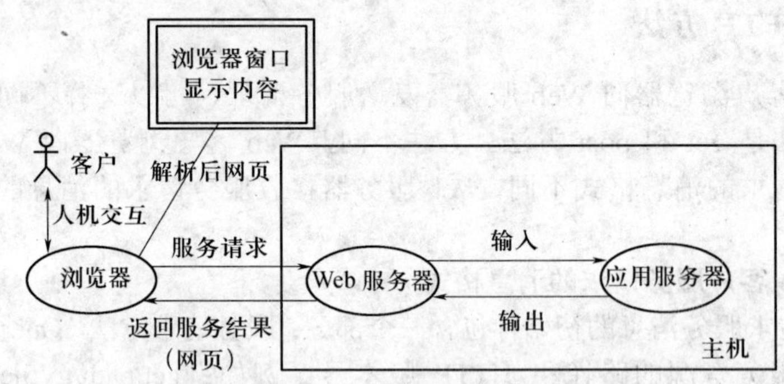

图1-10 客户、浏览器与Web服务器

1.4.2 Web 服务器

Web 服务器是个软件系统，接收来自 Web 客户的服务请求，解析、处理客户请求，以 Web 页形式将结果发回客户浏览器。Web 客户和 Web 服务器使用 HTTP 协议交互，所以 Web 服务器有时也称为 HTTP 服务器。

常见的 Web 服务器有 IIS（Microsoft Internet Information Server）、Apache HTTP Server。IIS 是 Windows 操作系统下最普遍使用的 Web 服务器。

假设选择 IIS 作 Web 服务器，Web 服务器的默认名称是计算机的名称。Web 服务器名称对应于站点的根文件夹，根文件夹（在 Windows 计算机上）通常是 C:\Inetpub\wwwroot。通过在计算机上运行的浏览器中输入 Web 页的 URL 地址，就可以打开存储在根文件夹中该页。例如：http://server_name/file_name

如果服务器名称是“mycomputer”，并且 C:\Inetpub\wwwroot\中存有名为“mycomputer.htm”的 Web 页，则可以通过在本地计算机上运行的浏览器中输入以下 URL 打开该页，在 URL 中使用正斜杠而不是反斜杠：http://mycomputer/mycomputer.htm

是否在本机上安装 Web 服务器 IIS，可以利用下列方式测试：

在本机运行的浏览器地址栏输入：http://localhost

安装、部署 Web 服务器的计算机一般称其为 Web 服务器的宿主机（简称为主机），宿主机上一般不仅仅运行一个 Web 服务，而且可同时运行多个其他服务。

服务器一般指计算机上运行的一个实体，它提供特定服务，例如：远程主机访问（Telnet）、文件传送（TTP）和 Web 服务等。每个 Internet 标准服务具有公开的唯一端口号，Internet 所有主机之间是相同的。端口号和主机 Internet 地址一起标识网络上特定服务器上特定的服务（图 1-11）。例如，FTP 服务的端口号为 21、Telnet 为 23、Web 服务为 80。

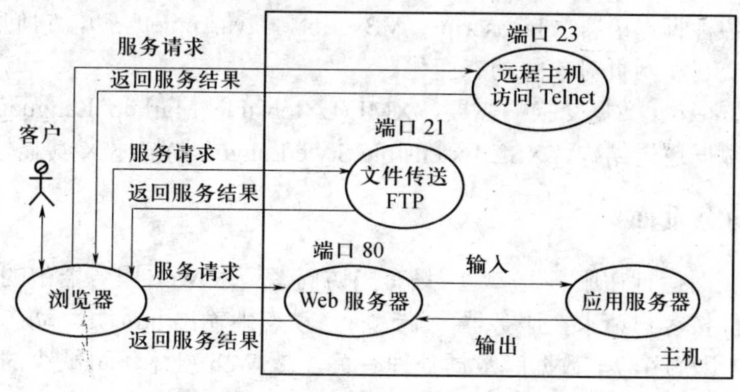

图 1-11 浏览器与多个服务器的通信

1.4.3 Web 应用程序服务器

Web 应用程序服务往往涉及特定目的或特定应用场合，例如：将客户的表单数据直接保存到数据库，并且可以提取数据并创建基于 Web 的报表以进行分析，网上商品浏览、用户选购清单等就是典型示例。

Web 应用程序使 Web 设计人员不需要再频繁地更新站点的网页，内容提供方（例如新闻编辑）向 Web 应用程序提供内容，Web 应用程序将自动更新站点。

Web 客户请求 Web 应用服务一般首先通过与 Web 服务器交互，Web 服务器与 Web 应用服务器交互完成的（图 1-9）。

目前更多 Web 服务器往往与专用的 Web 应用服务器集成在一起，例如：JBoss、Weblogic、Webscpere 就是 J2EE 服务器，也支持 Web 服务。目前人们更加注重选择代码开放的服务器，如 JBoss。

1.5 Web 文件

Web 文件也叫 Web 文档、Web 页，它主要用 HTML 书写，利用超链接访问 Web 发布的图像、文本、多媒体文档和其他 Web 页面，通过浏览器阅读。

1.5.1 静态页面

静态网页只能发送到客户浏览器，在浏览器环境下显示。它可以利用脚本语言程序，使显示呈现动态效果，或实现客户与网页的交互，或实现一些浏览器的事件的处理。编写静态 Web 文件的基本语言有：

（1）HTML(hypertext markup language)语言，它主要规范文档的结构；

（2）CSS 语言（cascading style sheets），它主要规范文档的样式；

（3）各种脚本语言（Javascript、VBscript、JavaApplet 等），它们负责客户与网页的交互和网页对象的动态变化。

由于 Internet 数据交换的需要，XML(EXtensible Markup Language)大量地用于描述数据逻辑结构，XSL(Extensible Style Language)描述 X 其显示样式。

1.5.2 动态页面

动态页面运行在服务器一边，只有当访问者请求 Web 服务器中的某动态页面时，才能按客户请求在服务器一端运行，动态地输出 htm 页。动态页面主要是 Web 应用程序，与数据库数据处理有关，是 Web 技术不可缺少的一个重要方面。

动态页面设计技术常用的有：CGI 技术、ASP 技术、Servlet 技术、JSP 技术。

1.5.3 网站与主页

从文件系统看，网站是文件系统的一个子目录树。网站专门组织、管理、维护 Web 页。访问 Web 服务器获得的第 1 页叫网站主页，一般主页文件名为 index.htm（html）。Web 服务器驻留的计算机叫 Web 主机，它有自己的统一资源定位地址 URL，网站主页与其主机有同样的 URL。例如中国矿业大学主页的 URL 为：http://cumt.edu.cn。

1.6 网站开发工具

HTML 页面文件编辑器可以用 Windows 记事本之类的简单工具，但其不能胜任真正的站点创建与维护工作。

Macromedia 公司的 Dreamweaver MX 是在 Web 开发人员中非常普及的大型综合性工具，它支持开放标准，生成与其他工具兼容的文件。Microsoft 公司的 FrontPage 也是个强大而易用的工具，但是其生成的页面是非标准的，不能与其他工具兼容。最好使用符合开放标准的工具。

网站开发与图像处理、动画的制作密不可分，了解、运用一种图像处理软件、动画的制作软件是必要的，本书最后有选择地介绍了 Dreamweaver MX 2004 和 Flash MX 2004 的基本使用方法。

网站开发往往与数据处理分不开，为了方便开发，各种支持 Web 开发的中间件（J2EE；Net）服务器技术普及起来。

小　结

Web 是通用的分布式信息系统，它由 Web 客户代理（浏览器）、Web 服务器和 Web 应用组件服务器、Web 文件（以 htm 文件为主，包括各种脚本程序、样式表、图像、声音等文件）、互联网（Internet）、Web 协议（主要指 HTTP）构成的有机整体。

Web 服务器是个软件系统，它接收来自 Web 客户的服务请求，解析、处理客户请求，以 Web 页形式将结果发回客户浏览器。如果服务要求 Web 服务器处理不了，可以由 Web 应用服务器处理。

Web 客户浏览器负责与 Web 服务器利用用 HTTP 协议交互，浏览器解析 Web 服务器发来的 HTML 网页，在浏览器窗口显示网页，浏览器支持不同插件，使浏览器可以运行不同脚本程序、处理不同媒体。

Web 资源用 URL 标识，URL 部分表示主机计算机的 IP 地址或域名，部分表示 Web 文档的路径、Web 文档名。

Web 页面利用 HTML 语言编写，可对网页内容提供部分或完整的 URL 链接。Web 页面放在 Web 服务器中，可以通过 Web 访问，商业化宿主公司提供的主机与服务器可以在线提供 Web 页面。

习 题

1. 叙述 Web 系统的主要组成部分。
2. IP 地址的格式是怎样的？什么是点号十进制数字表示法？
3. 考虑下列 IP 地址：123.234.345.456，是否有任何错误？请说明。
4. 什么是 DNS？为什么需要 DNS？
5. Web 与 Internet 有什么关系？HTTP 与 TCP/IP 有什么关系？
6. Web 服务器与 Web 浏览器有什么差别？
7. 什么是 URL？URL 的一般形式是什么？说明不同的 URL 模式。
8. 网站、主页、网站主机之间有什么关系？
9. 静态 Web 页面与生成的 Web 页面（动态页面）有什么差别？
10. 在您的计算机上安装 IIS 服务器，配置它的网站“Web 系统与技术示例”（见课件）。

第 2 章　超文本标记语言 HTML

2.1 概　述

2.1.1　HTML 简史

1989 年欧洲粒子物理实验室（CERN）制定了超文本标记语言（Hyper Text Markup Language，HTML）的第一个简单的版本，它基于标准通用标记语言（Standard Generalized Markup Language，SGML），目的是用在网络系统上借助浏览器异地共享纯超文本文档。1992 年—1993 年，美国国家超级计算应用中心（NCSA）的一个小组开发了 Mosaic 可视化/图形浏览器。Mosaic 支持图像、嵌套列表和表单，促进了 Web 的飞快发展。与此同时，麻省理工学院（MIT）成立了 W3C 联盟，成为支持 Web 开发与标准化的行业组织。1997 年 HTML 的第一个公共标准 HTML3.2 面世，1999 年 HTML4.01 成为 W3C 标准。2000 年 1 月，W3C 组织发布了 XHTML1.0。XHTML1.是严格定义的 HTML（HTML4.01），避免了传统 HTML 某些标记、属性意义解释不唯一的情况。HTML4.01 明确区分 HTML 的文件结构与文件样式两个方面，规范了 HTML 与客户端脚本（JavaScript）、之间的明确关系。本书介绍的 HTML 是基于 XHTML1 规范。

2.1.2　HTML 的功能

HTML 是用于网页编辑语言，目的是把 Web 发表的信息在计算机屏幕上以客户满意方式排版、显示，其具体功能包括：

（1）格式化文本。如设置文本段落、设置文本样式（对齐方式、文字字体、字形、大小、颜色）。

（2）建立超链接。通过鼠标点击，获得指定的目标；设置超链接样式。

（3）建立列表。以列表方式显示信息，方便阅读。

（4）插入图形。设置图像的样式（如大小、边框、文本与图形之间的布局）。

（5）建立表格。表格使信息分类清晰，另外，利用表格实现整个网页的合理布局。

（6）加入表单、控键等。这是客户与网页交互的主要渠道。

（7）加入多媒体。如声音、视频、动画。

通过设置文本以及其他对象（图像、声音）适当的 HTML 标记及属性，形成基本的网页文件。浏览器阅读网页文件，在屏幕以按标记及其属性要求的格式显示页面中涉及的对象（文本、图像等）。

2.2 一个简单的页面

用熟悉的文本编辑器（如记事本）输入下列内容，在目录“D:\Web 系统与技术示例\cha2”下建立页面文件，命名为 cha2-1.htm。HTML 页面文件名的后缀为.htm 或.html，在 UNIX 操作系统下，HTML 网页文件的后缀必须是 html。

例 2-1 一个简单网页。网页文件名为 cha2-1.htm，其内容如下：

```
<! - - 版本信息 - ->
<!DOCTYPE HTML PUBLIC "-//W3C//DTD HTML 4.01 Transitional//EN"
"http://www.w3.org/TR/HTML4/loose.dtd">
<! - -文件开始- ->
<html>                                          <! - -文件开始- ->
<head>                                          <! - -头部开始- ->
<title>简单网页示例 </title>
</head>      <! - -头部结束- ->
<! - - 网页内容 - ->
<body style ="background –color:cyan">          <! - - 主体开始 - ->
<! - - page content begin - ->
<p> 进入 Web 世界! </p>
<p>点击<a href="例 2-1.1.htm">这儿</A>进入新页！  </p>
</body>                                         <! - -主体结束- ->
</html>                                         <! - -文件结束- ->
```

“<!--”和“-->”之间的内容构成注释部分。注释可以有多行，注释的内容不会在浏览器上显示。

启动浏览器后，选择【文件】→【打开】，进入“打开”对话框，点击“浏览”，在“D:\web 系统与技术示例\cha2”下找到例 cha2-1.htm（图 2-1）。然后，点击【打开】，返回“打开”对话框，点击“确定”，这时就可以看到浏览器显示的页面（图 2-2）。

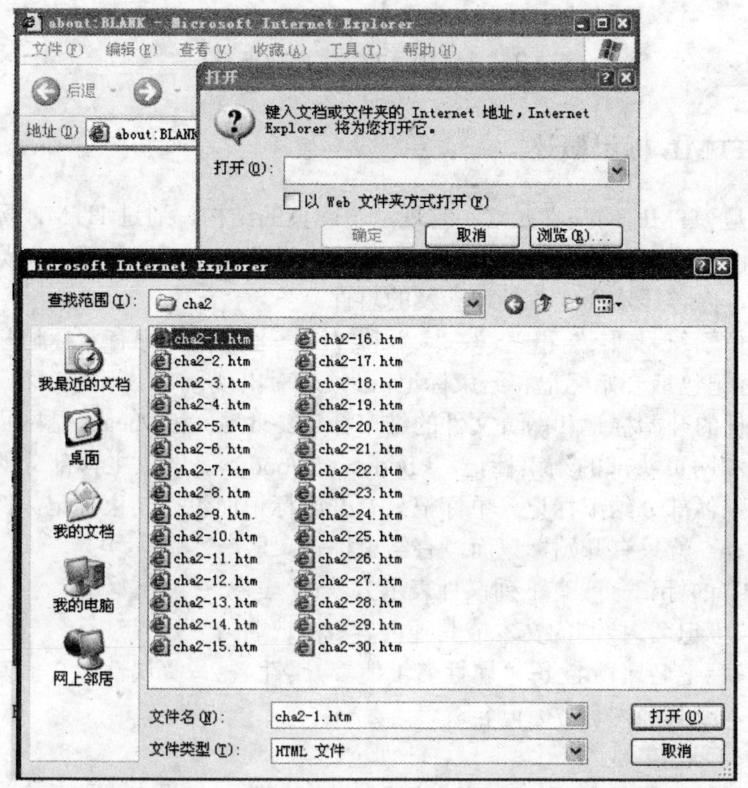

图 2-1 “打开”对话框和浏览搜索文件

对更复杂的 Web 页面，只要知道更多 HTML 标记、样式及其用法就可以了。

网页 cha2-1.htm 显示结果如图 2-2 所示。

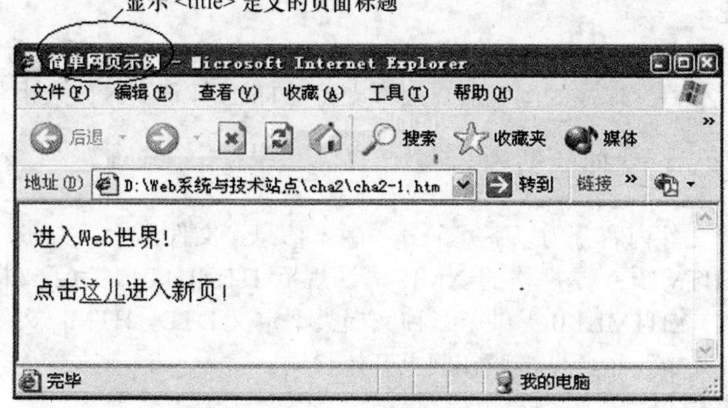

图 2-2 IE 显示网页 cha2-1.htm

2.3 HTML 文件的结构

2.3.1 HTML 标记概述

标记是 HTML 的基本元素，它规定了网页的结构。通过 HTML 标记及其属性设置网页标题、段、层、表格、表单等，设置文本、图象等在浏览器上的显示位置、内容显示样式，处理涉及的事件。

标记位于符号“<”和“>”、“<”和“/>”之间。标记有双标记和单标记之分。双标记包括开始标记和结束标记，必须成对出现。例如，<html>和 </html>是网页文件的开始标记和网页文件的结束标记。<head>和</head>是网页头部的开始标记和网页头部的结束标记。<body>和</body>是网页主体部分的开始标记和网页主体部分结束标记。单标记只有开始标记而没有结束标记。例如，水平线标记<hr>就只有开始标记而没有结束标记。

HTML 的标记一般有下列三种表示方法：

（1）<标记名>控制的文本或其他内容</标记名>；

（2）<标记名属性名 1=“属性名 1 值”；属性名 2 =“属性名 2 值”；……>控制的文本或其他内容</标记名>；

（3）<标记名 />。

标记属性一般是可选的，可以按任何顺序设置。如果未设置某个属性，就使用其默认值。

标记与其属性之间、属性名、等号与属性值之间允许有空格和换行符。属性值中也允许有换行符和空格，但应尽量避免，因为不同浏览器可能用不同方法进行处理。

XHTML 规定标记要小写，属性值区分大小写。XHTML 版本前的 html 标记不区分大小写。现在的浏览器一般都支持 HTML 标记不区分大小写。

2.3.2 HTML 文件的结构

HTML 文件内容分为以下几部分：版本信息、文件开始、头部、主体、文件结束。XHTML1.0 是严格的 XML 语法规范 HTML4.01。为了支持 HTML4 的三种版本，XHTML1.0 提供了三种文档类型定义 DTD，HTML 文件必须（或默认）选择其中一种，并一般在网页开始说明。

1. 版本信息

（1）HTML 4.0 Strict DTD。这是严格的 XML 文档类型定义文件版本，它不支持可以使用但不推荐使用（如框架 Frame）的所有标记和属性。格式为：

<!DOCTYPE HTML PUBLIC "-//W3C//DTD HTML 4.0//EN"
"http://www.w3.org/TR/REC-HTML40/strict.dtd">

（2）HTML 4.0 Transitional DTD。这是过渡性型版本，支持 HTML 4.0 Strict DTD 的所有合法标记及可以使用但不推荐使用标记。格式为：

<!DOCTYPE HTML PUBLIC "-//W3C//DTD HTML 4.0 Transitional//EN"
"http://www.w3.org/TR/REC-HTML40/loose.dtd">

（3）HTML 4.0 Frameset DTD。支持所有合法、可以使用但不推荐使用的标记，包括 Frame 标记。格式为：

<!DOCTYPE HTML PUBLIC"-//W3C//DTD HTML 4.0 Frameset//EN"
http://www.w3.org/TR/REC-HTML40/frameset.dtd>

下面的示例遵守 XHTML1.0 规范。

2. 网页开始与结束标记

创建一个 HTML 网页所需的最基本的标记是网页开始标记<html>和网页结束标记</html>。这两个标记合起来标明在它们之间的文本是一个 HTML 网页。

3. 网页头部

（1）标记 head。网页头部在文件起始标记<html>之后、头部开始标记<head>和头部结束标记</head>之间定义。网页头部可以使用<title>、<base>、<meta>、<link>等标记，描述网页标题、网页基地址、元信息、关联链接信息等。

头部开始标记<head>和结束标记</head>可以省缺。

（2）标记 title。<title>和</title>用于定义网页的标题，在浏览器最上方的标题栏中显示（图 2-2）。网页的标题应该简明地概括网页内容，一般用来作为搜索引擎搜寻网页的线索。如客户保存网页，网页的标题成为网页磁盘文件的文件名。

对省缺<title>和</title>、甚至<head>和</head>的情况，浏览器用网页文件的路径和文件名一起作网页标题。

（3）标记 base。<base>设置了 HTML 网页的基地址，用来定义其后所有链接的相对地址起点。实际上，<base>定义了网站的绝对地址，而对网页中引用的其他网页就可以表示成它的相对地址。<base>格式如下：

<base href=URL>

<base>标记禁止结束标记。

例如：<base href="http://cumt.edu.cn ">

关于 HTML 网页地址的介绍请见 2.4.11 节。

（4）标记 meta。<meta>说明一些与网页有关的信息，例如：

<meta http-equiv="Content-Type" content="text/html; charset=gb2312" />

定义网页的内容类型（Content-Type），其值为：text/html; charset=gb2312。

<meta http-equiv="refresh" content="15;URL=2-1.htm" />

定义网页的自动刷新（refresh），其值为：15；URL=2-1.htm，表示 15s 后链接 2-1.htm。

<meta name="keywords" content="Web html CSS JavaScript" />

定义网页的关键词:（keywords），其值为：Web html CSS JavaScript。

<meta name="description" content="介绍 Web 系统与技术基础" />

定义网页的内容概要:（description），其值为：介绍 Web 系统与技术基础。

（5）关联链接标记 link。<link>和</link>设置的链接叫关联链接，它只使用在网页头部，可以定义多次，例如：

<title> chapter2</title>

<link>rel="index" href="../index.htm" </link>

<link>rel="next" href="chapter3.htm" </link>

<link>rel="prev" href="chapter1.htm"> </link>

当前网页是 chapter2，它定义的三个关联链接，它们分别表达了与当前网页的不同关联。属性 rel="next"表示当前网页与关联的网页之间是直接后续关系。

4. 网页主体

网页主体位于头部之后，以<body>为开始标记，</body>为结束标记。在<body>和</body>之间只能包含标题<h1></h1>、段落<p></p>、表格<table></table>、水平线<hr>、分块标记<div></div>等块标记，由块标记组织网页内容（文字、图像等）。Body 标记不能把独立的文本（不放在块元素中）和内联元素（如图像）直接放在其中。

标记<body>常利用其属性 style 为网页设置显示样式，例如：

<body style=" background-color: #66CCCC; color:red">

其中：style：样式。

样式的值由不同属性名与其值构成，不同属性与其值之间用分号隔开。

background-color 背景颜色，值为#66CCCC；

color 网页前景颜色，值为 red。

例 2-2 body 及其样式属性。cha2-2.htm 代码如下：

```
<html>
<head>
  <meta http-equiv="Content-Type" content="text/html; charset=gb2312" />
  <title>body 及其样式属性</title>
```

```
</head>
<body style=" background-color:#0000FF; color:#FF0000 ">
<p>     <!--段开始标记-->
  background-color   设置网页背景图像；
  color       设置网页前景颜色。
</p>      <!--段结束标记-->
</body>
</html>
```

例 2-2 显示结果如图 2-3 所示。

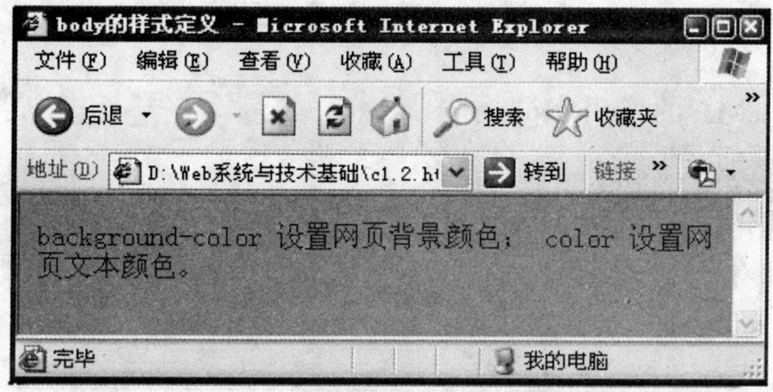

图 2-3 cha2-2.htm 网页显示结果

5. 术语说明

随着 Web 技术的发展与普及，Web 技术涉及的部分术语的名称在变化，内涵更加规范。为了使全书的术语内涵更加清晰，在这里对部分术语作适当说明，以免混淆。

（1）标记（tag）。<html>、<head>、<body>等是 HTML 的标记，人们也简称 html、head、body 等为 HTML 的标记。随着 XHTML 标准的问世，人们逐渐把 HTML 标记称为 HTML 元素（elements），究其原因可能是 XML 定义 HTML 的每个标记、属性的 DTD（document type definition）中都称为元素、子元素的原因。本书在介绍 HTML 时，仍采用人们已习惯的标记这个术语。要指出的是在中文界面的网页开发工具 Dreamweaver MX 把标记叫标签。

（2）标记对象。一个 HTML 网页中，有的标记只出现一次，例如：<html></html>、<body></body>，有的标记可以出现多次，例如：<p></p>、<div></div>。为了区分同一个标记，出现在不同的地方。在叙述时，称不同地方出现的标记为标记的不同的对象。XHTML 的标记引入属性 id 也就是为了区分标记不同的对象。

（3）标记框。一个 HTML 网页中，<body>标记及其内部定义的每个标记都意味着定义一个矩形框区域，在该区域中布局它控制的内容。在讨论标记涉及的样式时，多用“标记框”这样的术语，标记的许多样式属性与标记框有关，它反映标记的语义。

（4）标记节点。HTML 网页的结构是像目录一样的树形结构。每个标记和属性在对应的树中占据相应的节点。节点之间的关系反映 HTML 网页中标记的平行、嵌套、所属关系。这里的标记节点和上面的标记对象是一样的含义。在讨论动态网页时，常用标记节点的概念。

2.4 HTML 标 记

2.4.1 HTML 的专用字符

HTML 语言使用的一些字符如：“<”、“>”等有自己专门的意义，这些字符统称为专用字符，也叫 HTML 的预定义实体。如网页文本中需要，网页制作者必须使用对应的特殊编码，否则将会出现不正确的显示。表 2-1 列出了部分特殊字符。

表 2-1 特殊字符

HTML 源代码	显示结果	描 述
<	<	小于号或显示标记
>	>	大于号或显示标记
&	&	可用于显示其他特殊字符
"	"	双引号
		不断行的空白

例 2-3 使用特殊字符，网页 cha2-3.htm 代码如下：

```
<html>
  <head>
   <title>特殊字符的使用</title>
 </head>
<body>
  <p>
  在网页上显示：小于号、左引号、4 个空格、右引号和大于号：
  &lt&quot     &quot&gt
```

```
  </p>
 </body>
</html>
```

例 2-3 显示结果如图 2-4 所示。

图 2-4 网页显示特殊字符

2.4.2 标题与段

1. 标题

文本按内容分为不同层次，HTML 中的不同标题定义不同层次的文本内容的概述。标题标记必须有一个起始标记和一个结束标记，格式如下：

<hn>标题内容 </hn>

其中：

n：HTML 的 6 级标题号：h1，h2、h3、h4、h5 和 h6。每一级在浏览器中的显示样式都不同。n 越大，字号越大。标题越重要选择的 n 越小，h1 是最重要标题。

例如：<h1>第 1 章 HTML </h1>

例 2-4 使用标题。cha2-4.htm 代码如下：

```
<html>
 <head>
  <title>使用标题</title>
 </head>
 <body>
 <h1>第 2 章 超文本标记语言 html </h1>          <!--一级标题-->
 <h2>2.1 概述      </h2>                      <!--二级标题-->
 <h3>2.1.1 标记          </h3>                <!--三级标题-->
 <h4> 1.标题</h4>                             <!--四级标题-->
```

```
    <h5>    （1）标题属性</h5>                    <!--五级标题-->
    <h6>    A. 示例  </h6>                        <!--六级标题-->
  </body>
  </html>
```

例 2-4 显示结果如图 2-5 所示。

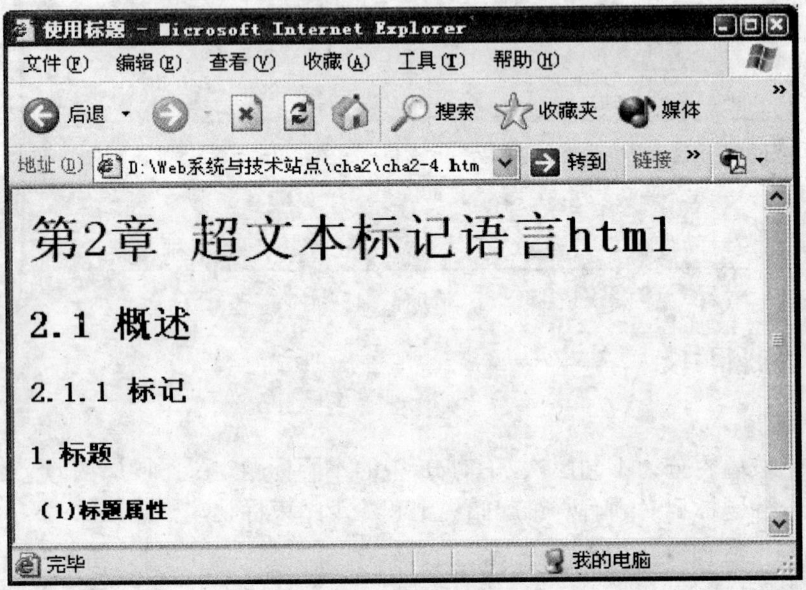

图 2-5　例 2-4 的显示结果

由上图可见，标题内容默认以加粗字体显示，左对齐，标题后自动跟随一空行。

2. 分段标记

标题是一段文字内容的概括，标题后的文本分段可以使内容叙述层次清楚。HTML 使用分段标记<p> </p>使网页显示保持文本的分段格式。浏览器按分段标记来分段显示文本，每对分段标记之间的文本中原有的换行及其多于一个的空格将被忽略，内容默认左对齐，首行不退格；浏览器显示的分段前后自动换行，并空出一行。

分段标记<p></p>之间不可以包含标题标记，分段标记<p></p>之间可以包含文本等内容，也可以包含后面章节介绍的内联标记，如
<a><string><em><q><sub><sup><span>等。

例 2-5　分段标记内的文本显示成连续的文字串。cha2-5.htm 代码如下：

```
<html>
```

```
  <head>
  <meta http-equiv="Content-Type" content="text/html; charset=gb2312">
  <title>分段标记文本显示成连续的文字串</title>
</head>
<body>
  <h2>2.1 概述</h2>
HTML 称为超文本标记语言。所谓标记语言（Markup Language），是指用标记进行编辑作业的语言。通过标记标注普通文本、或其他对象（如图像、声音等）的表示格式，从而制作成超文本文件。
用 HTML 编写的文件（文档）的扩展名是.html 或.htm，浏览器阅读、解释 HTML 文件，在屏幕上显示要求的格式。可以使用记事本或 FrontPage 等编辑工具编写 HTML 文件。
</body>
</html>
```

cha2-5.htm 显示结果如图 2-6 所示。

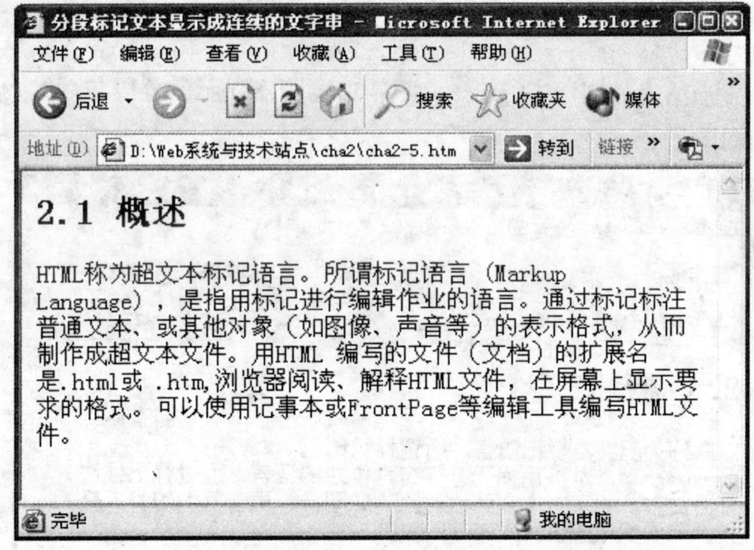

图 2-6　浏览器忽视文本换行而将文本挤在一起

由上图看出浏览器显示时忽视<p>和</p>之间的文本分段，文本连续地挤在一起。

例 2-6　使用分段标记改写网页 cha2-5.htm。cha2-6.htm 代码如下：

```
<html>
```

```
  <head>
  <meta http-equiv="Content-Type" content="text/html; charset=gb2312">
  <title>分段文档</title>
 </head>
 <body>
 <h2>2.1  概述  </h2>
 <p>
 HTML 称为超文本标记语言。所谓标记语言（Markup Language），是指用
标记进行编辑作业的语言。通过标记标注普通文本，指定文本或其他对象（如
图像、声音等）的表示格式，从而制作成超文本文件。
 </p>
 <p>
 用 HTML 编写的文件（文档）的扩展名是.html 或.htm，它们是可供浏览器
解释浏览的文件格式。可以使用记事本或 FrontPage 等编辑工具编写 html 文件。
 </p>
 </body>
 </html>
```

例 2-6 显示结果如图 2-7 所示。由图看出浏览器显示的分段与后续内容自动换行，并空出一行。

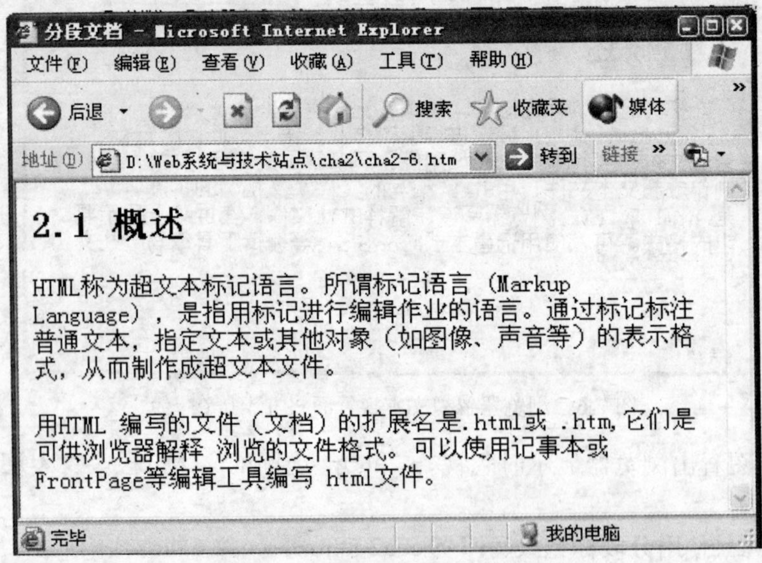

图 2-7　例 2-6 显示结果

2.4.3 字型

文本是网页的基本内容。字型的属性用于控制文字外观。如果网页制作者、浏览器客户不设置或不选择自己的样式，浏览器使用默认的样式。改变默认的文字样式按情况不同有多种方法，这只介绍基本的方法。

body 范围的文字样式可以利用 body 标记的属性 style 来定义，其格式如下：

<body style="font-family:'字体';font-size: 字号; font-weight: 字体粗细;
color:颜色值; font-style: 字形值; font-variable：字体变体">

p 范围的文字样式可以利用 p 标记的属性 style 来定义，其格式如下：

<p style="font-family:'字体';font-size: 字号; font-weight: 字体粗细;
color:颜色值; font-style: 字形值; font-variable：字体变体">

其中，style：标记的样式属性；font-family：字体；font-size：字体大小；font-weight：字体粗细；font-style：字体样式；font-variable：字体变体。

1. 字体

字体分为中文字体和西文字体，中文字体有多种字体，如宋体、楷体_GB2312。西文字体有 Arial, Helvetica, sans-serif 等多种。

定义字体 font-family 可以是一种字体：例如：font-family:‘字体’；也可以多种，浏览器按支持的字体选择优先排列前面的字体。例如：

font-family：‘宋体’，‘楷体_GB2312’，……。

例 2-7 字体示例，cha2-7.htm 代码如下，显示结果见图 2-8。

```
<html>
<head> <title>字体</title> </head>
<body>
<h2>字型</h2>
<p style="font-family:宋体">宋体</p>
<p style="font-family:黑体">黑体</p>
<p style="font-family:隶书">隶书</p>
<p style="font-family:楷体_GB2312">楷体_GB2312</p>
</body></html>
```

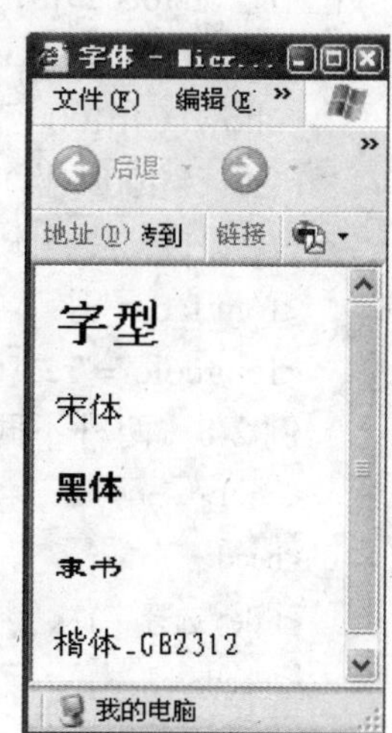

图 2-8 不同字型显示

2. 字号

字体大小叫字号，常用三种方式表示：

（1）绝对字体大小表示。xx-small,x-small,small, mediun,large,x-large, xx-large。例如：font-size:small。

（2）专门的单位表示字体大小。绝对长度单位包括：in（英寸）、cm（厘米）、mm（毫米）、pt（磅，1 磅=1/72 英寸）、pc（皮卡，1 皮卡=12 磅）。Pt（points:1pt=1/72in.）；pc（picas:1pc=12pt）。例如：font-size:12pt。

（3）相对父标记的字体大小表示：smaller lager xx%。例如：font-size:80%

3. 字体粗细

font-weight 属性控制字体粗细，取值方式有两种：

（1）相对粗细值：normal，bold，bolder，lighter。bolder 表示相对于当前增粗，lighter 表示相对于当前减细。

（2）绝对粗细值：100，200，300，…，900。这些值的具体意义决定不同的字体和浏览器。

4. 字样

font-style 属性控制字样，取值如下：normal（默认），italic（倾斜）。

5. 字体变体

font-variable 属性控制字体变体。取值如下：normal（默认），small-caps（小号大写字母）。

6. 字颜色

color：颜色。颜色值可以有多种表示，常用下列方式。

（1）标准颜色名：如 red(红)、white（白）、yellow（黄）、blank（黑）、blue（蓝）、green（绿）。

（2）6 位十六进制数字，前两位、中间两位和后两位分别指定红、绿、蓝颜色值（如#0ace9f），这是 24 位颜色。例如：

red(#ff0000 红、white（#ffffff 白）；

yellow（#fff000 黄）、blank（#000000 黑）；

blue（#ff00ff 蓝）、green（#ff8000 绿）。

早期 HTML 文本样式利用标记<font></font>定义，格式如下：

<font face="字体" size="字号"color="颜色">受控制的文本</font>

<font color="red">文字段颜色为红色。</font>

例 2-8 两种不同 HTML 规范定义文本显示样式。cha2-8.htm 代码如下：

```
<html>
<head>
<title>选择字体、字号</title>
</head>
<body>
<p style=" font-family:'宋体' ; font-size: xx-large;">7 号字</p>
```

```
<p style=" font-family:'宋体' ; font-size: x-large;">6 号字</p>
<p style=" font-family:'宋体' ; font-size: large;">5 号字</p>
<p style=" font-family:'宋体' ; font-size: medium;">4 号字</p>
<p style=" font-family:'宋体' ; font-size: small;">3 号字</p>
<p style=" font-family:'宋体' ; font-size: x-small;">2 号字</p>
<p style=" font-family:'宋体' ; font-size: xx-small;">1 号字</p>
<p>
<!--传统 HTML 样式属性表示，请您用 XHTML 规范表示，即 style="……"-->
<font face="华文行楷""SIZE=1>1 号字</font>
<font face="华文行楷"SIZE=-1>2 号字</font>
<font face="华文行楷"SIZE=3>3 号字</font>
<font face="华文行楷"SIZE=4>4 号字</font>
<font face="华文行楷"SIZE=+2>5 号字</font>
<font face="华文行楷"SIZE=6>6 号字</font>
<font face="华文行楷"SIZE=+4>7 号字</font>
<p>
</body>
</html>
```

cha2-8.htm 显示结果如图 2-9 所示。

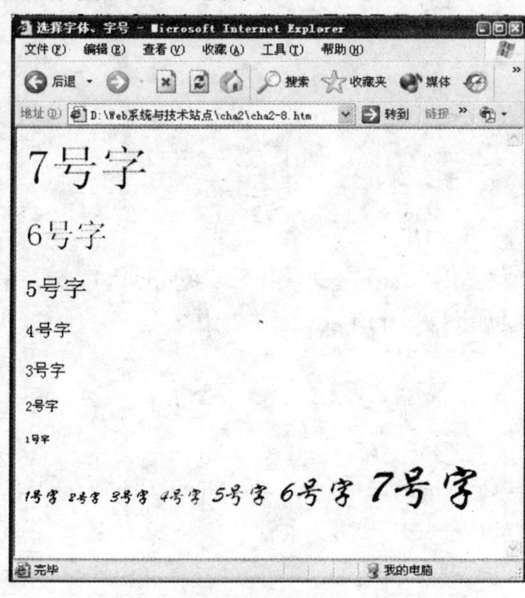

图 2-9　不同字体字号显示结果

2.4.4 内联标记

前面介绍的 HTML 标记<hn>、<p>属于块标记，以后要介绍的列表<ul>、<li>、表格<table>、水平线<hr>、预置<pre>也属于块标记，块标记定义一个块框，块框内放置控制的文本和图像。内联标记只能定义在块标记的内部。

块标记和内联标记分别对应不同的布置规范，在第 3 章将更详细地介绍。

常用的内联标记包括：

**1. 换行标记
**

指使浏览器开始新的一行，它插入需要换行文字的末尾。换行标记使文本产生空行。换行标记是单标记，没有结束标记。

2. 斜体字标记<em>

斜体字标记必须是以<em>标记开始，以</em>结束。它控制文本以斜体显示，以区别其他部分文字而引起人们的重视。

3. 粗体字标记<strong>

粗体字字标记必须是以<strong>标记开始，以</strong>结束。它控制文本以粗体字显示，以示强调。

4. 下标标记

下标标记必须是以_{标记开始，以}结束。它控制的文本作为前面文本的下标，例如，o 为 x 下标，如下设置：

x₀

5. 上标标记

上标标记必须是以^{标记开始，以}结束。它控制的文本作为前面文本的上标，例如，2 为 x 上标，如下设置：

x<sup>2</sub>

其他内联标记后面介绍。

例 2-9
，<em>，<strong>，<sub>，<sup>内联标记的使用，cha2-9.htm 代码如下，显示结果如图 2-10 所示。图中指出：
只换行不空行，而<p></p>换行又空行。

```
<html>
<head>
<meta http-equiv="Content-Type" content="text/html; charset=gb2312">
<title>分段文档</title>
</head>
<body>
```

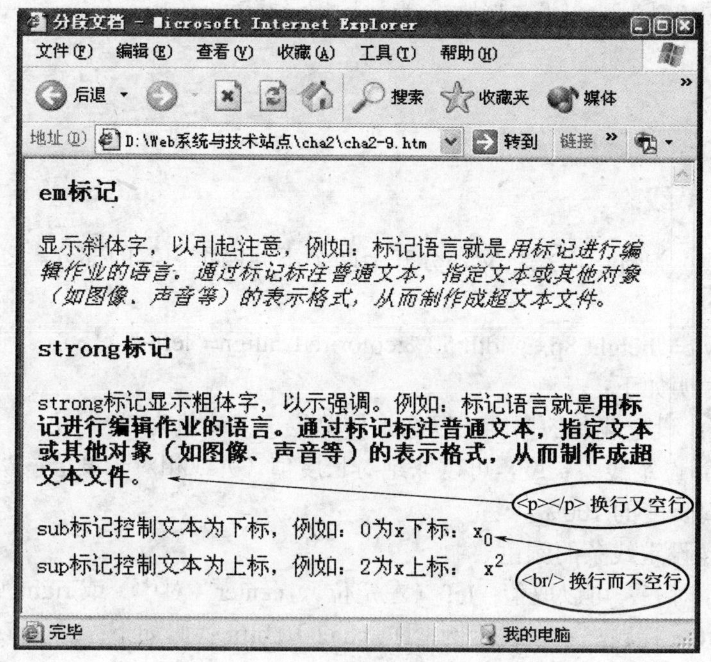

图 2-10　几种内联标记的显示结果

<h3>em 标记<h3>

<p style = "font-weight:lighter; color: blue;font-size:small">

显示斜体字，以引起注意，例如：标记语言就是<em>用标记进行编辑作业的语言。

通过标记标注普通文本，指定文本或其他对象（如图像、声音等）的表示格式，从而制作成超文本文件</em>。

</p>

<h3>strong 标记<h3>

<p style = "font-weight:lighter;font-size:small">

strong 标记显示粗体字，以示强调。例如：标记语言就是<strong>用标记进行编辑作业的语言。通过标记标注普通文本，指定文本或其他对象（如图像、声音等）的表示格式，从而制作成超文本文件</strong>。

</p>

<p style = "font-weight:lighter; font-size:small">

sub 标记控制文本为下标，例如：0 为 x 下标：x₀


```
sup 标记控制文本为上标，例如：2 为 x 上标：x<sup>2</sub>
 </p>
</body>
</html>
```

2.4.5 水平线

水平线标记<hr>用来将文本分开为两个不同网页内容的部分。<hr>标记格式如下：

```
<hr style="height:8px;width:50%;color:red;"align="left"/>
```

样式属性说明如下：

height：设定线条的厚度，以像素作单位，默认值为 2。

width：设定线条长度，可以取绝对长度值（）或相对长度值，默认值为打开页面窗口长度的 100%。

color：设定线条的颜色。

align：对齐，可以取值：left（左定位）、center（对中）或 right（右定齐）。

例 2-10 标题、水平线示例,网页 cha2-10.htm 代码如下：

```
<html>
<head>
<title>使用水平线</title>
</head>
<body>
<h1>学生成绩单</h1>     <!--文本对中-->
<h2>一班总成绩</h2>
张三        300<br>
李四        308<br>
<hr   style=" height:4px; width:50%; color:red; " align="left" />
<h2>二班总成绩</h2>
王五        350<br>
钱七        326<br>
<hr   style=" height:4px; width:50%; color:red; " align="left" />
</body>
</html>
```

cha2-10.htm 显示结果如图 2-11 所示。

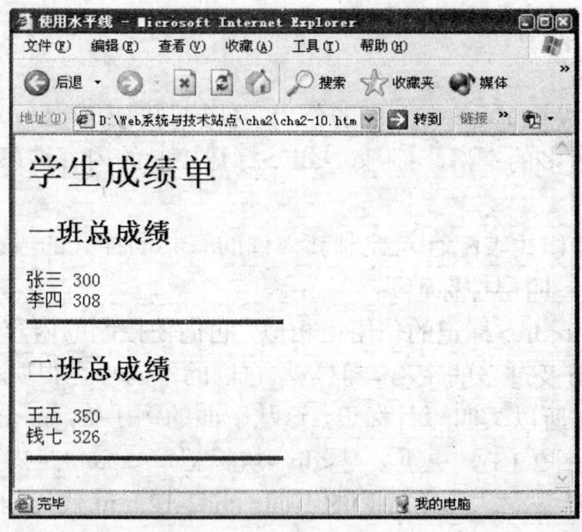

图 2-11 例 2-10 显示结果

2.4.6 预置格式

如果希望浏览器按照网页中原文本格式显示，保持原文中的换行、空格，可以使用 HTML 的预置标记<pre>，格式为：

<pre>网页中的预置文本</pre>

例 2-11 预置文本标记示例，cha2-11.htm 代码如下：

```
<pre>
          计算机科学与技术学院
          1. 计算机应用系
          2. 网络与通信系
          3. 计算机安全系
</pre>
```

在浏览器中显示的结果如图 2-12 所示。它保持原文中的换行、空格、退格。

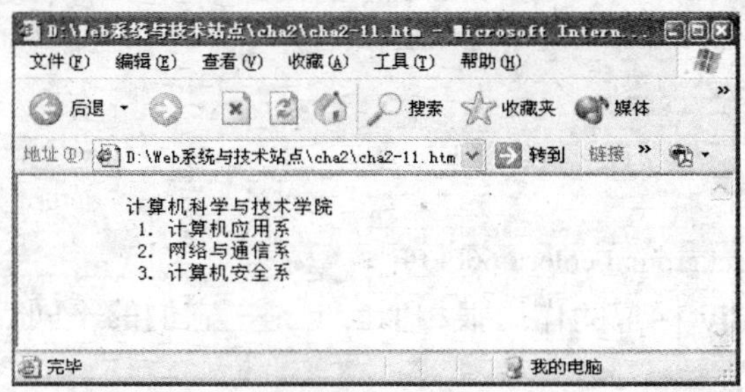

图 2-12 保持原样文件格式

2.4.7 层控标记

<div>标记和段标记<p>有共同的作用，使控制的内容连续地显示，忽略文本中的换行符及过多的空格。但是，<div>标记控制的内容结束不像段标记<p>那样自动空行。

div 标记常与样式表配合，控制其内部的有共同样式的段或其他块的显示效果。所以把<div>叫层控标记。

<span>标记和<div>标记的作用很相似，它们使控制的内容连续地显示，忽略文本中的换行符及过多的空格。但是，它们的不同点也很明显，<span>控制的是行的一部分，所以又叫短行标记，这从下面的例子<span>和<div>的不同显示效果可以看出(图 2-13)。更重要是<div>块标记，<span>是内联标记。

例 2-12 显示 span 与 div 标记的不同。cha2-12.htm 代码如下，显示结果如图 2-13 所示。

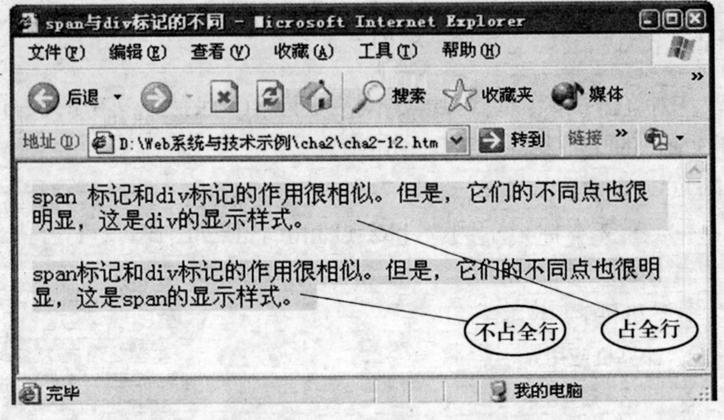

图 2-13 span 与 div 标记的不同的显示效果

```
<html>
  <head>
    <title>span 与 div 标记的不同</title>
</head>
<body>
 <p>
   <div style="background-color:#66FFFF">
span 标记和 div 标记的作用很相似。但是，它们的不同点也很明显，以下是 div 的显示样式。
   </div>
```

```
  <br>
  <p>
    <span style="background-color:#66FFFF"> <!--SPAN 显示文本在连续行上-->
  以下是 span 的显示样式。
    </span >
  </p>
 </body>
</html>
```

例 2-13 div 标记的样式控制作用。cha2-13.htm 代码如下，其显示结果如图 2-14 所示。

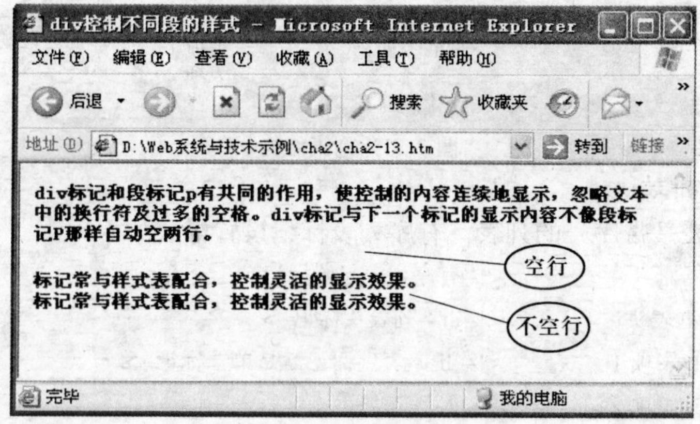

图 2-14 例 2-13 显示结果

```
<html>
<head>
   <title>div 控制不同段的样式</title>
</head>
<body>
<div style="font-size:x-small; font-weight:bold"> <!--控制内部两个段的样式-->
<p>
  div 标记和段标记 p 有共同的作用，使控制的内容连续地显示，忽略文本中的换行符
  及过多的空格。div 标记与下一个标记的显示内容不像段标记 P 那样自动空行。
</p>
  <p>
    <div>标记常与样式表配合，控制灵活的显示效果。</div>
  </p>
```

```
</body>
</html>
```

2.4.8 建立列表

列表是常用的信息表达形式，它有一个表头和多个并列的表项构成（图2-15），表项的前面可以有序号或加重符号，也可以无序号。带序号的列表称为有序列表，带加重符的列表（如●、○和■）称为无序列表。表项前不加任何符号的列表称为定义列表。上述三种列表形式可以有机地组合（包括嵌套），构成多样格式的效果。

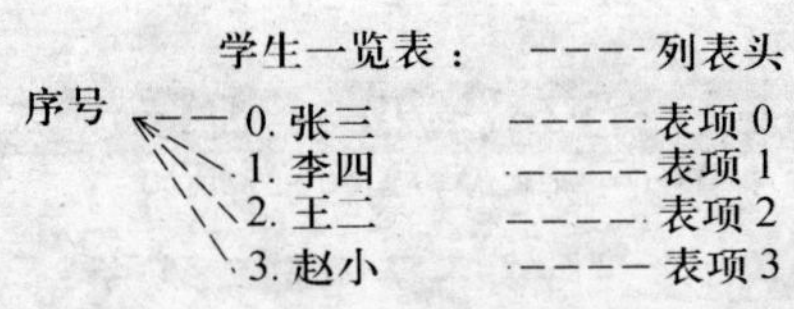

图 2-15　列表结构

1. 有序列表

有序列表是带序号的列表，有序列表标记设置格式如下：

```
<ol>                    <!--有序列表起始标记-->
    <lh>列表头          <!--lh--列表头标记-->
      <li>表项 1        <!—li----表项标记，是单一标记-->
      <li>表项 2
      <li>表项 3
</ol>                   <!--有序列表结束标记-->
```

在<ol>或<li>标记内设置样式 style 如下：

```
<ol style="list-style-position:inside;list-style-type:square"> </ol>
```

其中样式属性说明如下：

list-style-position：设定序号位置特征，序号设置在列表内还是放在列表外，取值如下：

inside：序号设置在列表项内部；

outside：序号设置在列表项外部。

list-style-type：设定列表序号类型，其可以取值如下：

decimal：阿拉伯数字（默认值）；

upper-alpha：大写英文字母；

lower-alpha：小写英文字母；

upper-roman：大写罗马数字；

lower-roman：小写罗马数字。

在<ol>标记内使用 start 属性控制有序列表序号的开始值。在 <li>标记内使用 value 属性控制表项序号值。加入 start、value 属性的格式如下：

<ol start="x"> <!--其有效域为该 OL 的标记范围。-->

<li value="x"> <!--其有效域为当前表项。-->

其中，x 为任意整数。

例 2-14 使用 start 属性和序号样式属性（list-style-position：inside）的有序列表，cha2-14.htm 代码如下，显示结果如图 2-16 所示。

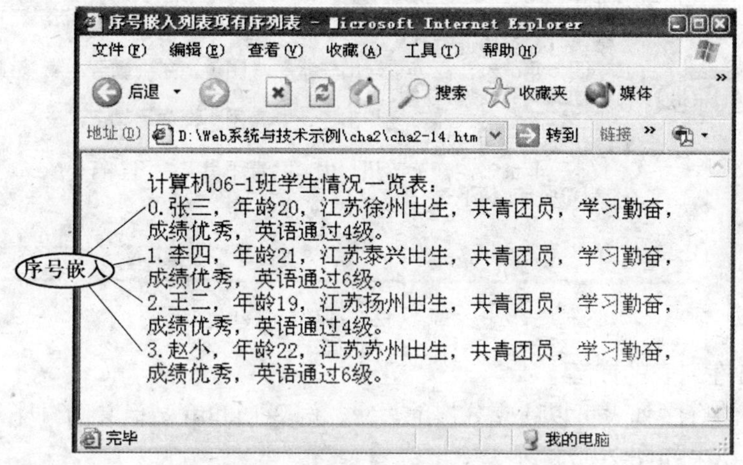

图 2-16 例 2-14 显示结果

```
<html>
<head>
<title>序号嵌入列表项有序列表</title>
</head>
<body>
<ol start="0" style="list-style-position:inside";>   <!—定义起始编号为 0 -->
   <lh>计算机 06-1 班学生情况一览表：
   <li>张三，年龄 20，江苏徐州出生，共青团员，学习勤奋，成绩优秀，英语通过 4 级。
   <li>李四，年龄 21，江苏泰兴出生，共青团员，学习勤奋，成绩优秀，英语通过 6 级。
   <li>王二，年龄 19，江苏扬州出生，共青团员，学习勤奋，成绩优秀，英语通过 4 级。
   <li>赵小，年龄 22，江苏苏州出生，共青团员，学习勤奋，成绩优秀，英语通过 6 级。
  </ol>
</body>
</html>
```

使用默认 start 属性，序号突出列表项的有序列表。cha2-14.htm 中样式定义改动如下：<ol style="list-style-position:outside";>

改动后的 cha2-14-1.htm 显示结果如图 2-17 所示。

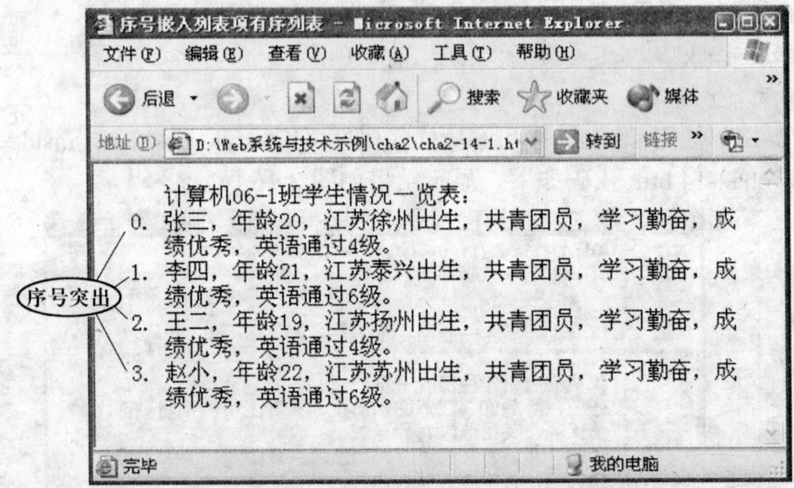

图 2-17 cha2-14-1.htm 显示结果

2. 有序列表的嵌套

嵌套的有序列表可以建立分层的目录。例 2-15.htm 是嵌套的有序列表的网页，显示结果如图 2-18 所示。

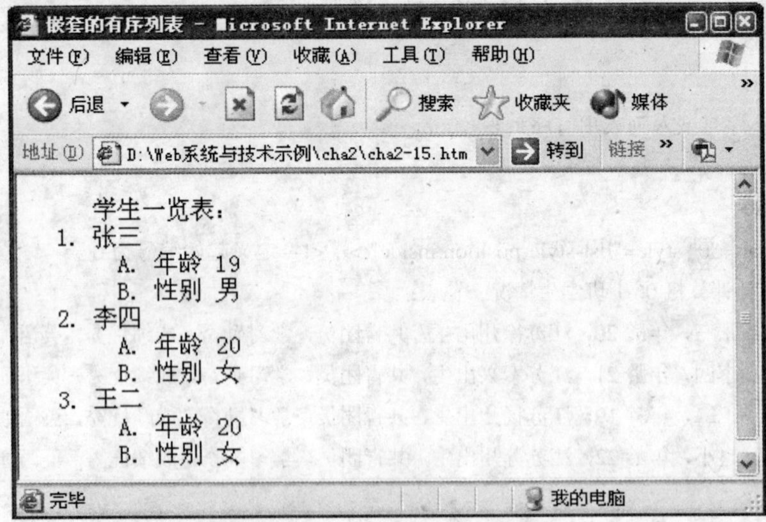

图 2-18 嵌套的有序列表

例 2-15　嵌套的有序列表，并设置不同类型序号。cha2-15.htm 代码如下：

```
<html>
<head>
<title>嵌套的有序列表</title>
</head>
<body>
<ol>
<lh>学生一览表：
    <li>张三
    <ol style="list-style-type:upper-alpha"> <!--序号类型为大写英文字母-->
      <li>年龄　19
      <li>性别　男
</ol>
<li>李四
<ol style="list-style-type:upper-alpha" >
      <li>年龄　20
      <li>性别　女
</ol>
<li>王二
<ol style="list-style-type:upper-alpha" >
    <li>年龄　20
    <li>性别　女
</ol>
</body>
</html>
```

3. 无序列表

无序列表的起始标记为<ul>，结束标记为</ul>。表项标记<li>，和有序列表的表项标记一样，也是单标记，无结束标记，无序列表格标记设置格式如下：

```
<ul>                <!--无序列表起始标记-->
   <lh>表头
   <li>表项 1
   <li>表项 2
   <li>表项 3
</ul>               <!--无序列表结束标记-->
```

在<ul>或<li>标记内使用 style 如下：

```
<ul style="list-style-position:inside;list-style-type:square"> </ol>
<li style="list-style-position:inside;list-style-type: disc "> </ol>
```

样式属性说明如下：

list-style-position:设定序号位置的取值：

inside：序号嵌入列表项内部。

outside：序号突出在列表项外部。

list-style-type: 设定列表样式类型，其可以取值如下：

disc：实心圆点；

circle：空心圆点；

square：实心小矩形。

例 2-16 嵌套无序列表。cha2-16.htm 代码如下，显示结果如图 2-19 所示。

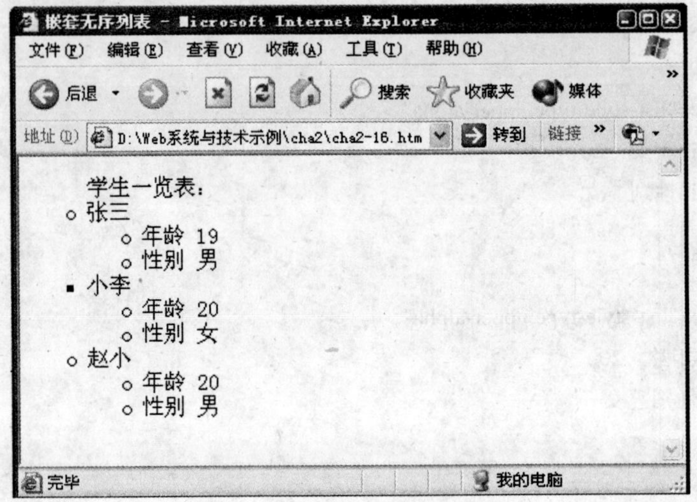

图 2-19 例 2-16 显示结果

```
<html>
<head>
    <title>嵌套无序列表</title>
</head>
<body>
<ul style="list-style-type: circle ">
  <lh>学生一览表：
  <li >张三
  <ul>
```

```
        <li>年龄  19
        <li>性别  男
    </ul>
    <li style="list-style-type: square">小李  <!—序号类型为 square-->
    <ul>
        <li>年龄  20
        <li>性别  女
    </ul>
    <li>赵小
    <ul>
        <li>年龄  20
        <li>性别  男
     </ul>
    </ul>
</body>
</html>
```

下列是列表其他样式属性：

（1）display:block——用于把图像之类的内联模式显示为块框模式。

（2）display:inline——用于把块框模式显示为内联模式。例如可以让标题与后面的段落串起来。

（3）float——使元素与其周围的其他内容一起浮动。

（4）clear——清除左、右或两边的浮动块。

（5）white-space:pre——保留预格式文本中的空格。该样式声明用于内联预格式文本，例如：<p>Here is K<span style=“white-space:pre”>a hint:-) </span></p>

对于多行预格式文本，可以用<pre>元素。

（6）white-space:nowrap——禁止换行，除非用
显示基本功要求。

4. 定义列表

定义列表，又称为词汇列表，其功能是以列表的形式表示被定义的单词或被定义的语句，并具有行交互凹进表示特征。一般而言，<dl>是定义列表标记，<dt>标记用于定义单词，<dd>标记用于定义解释的语句。定义列表一般格式如下：

```
<dl>
```

```
        <dt>定义单词 1
                <dd>单词 1 的解释
        <dt>定义单词 2
                <dd>单词 2 的解释
        <dt>定义单词 3
                <dd>单词 3 的解释
    </dl>
```

<dt>和<dd>标记都是单标记。<dt>定义单词，自动换行并左对齐。<dd>定义项目的内容、换行、不带记号、并缩进左对齐。

例 2-17 建立定义列表。cha2-17.htm 代码如下：

```
<html>
<head>
<title>定义列表</title>
</head>
<body>
<dl>
  <dt>列表
    <dd>
```

列表是常用的信息表达形式，它有一个表头和多个并列的表项构成（图 2-1），表项的前面可以有序号或加重符号，也可以无序号。带序号的列表称为有序列表，带加重符的列表（如、和）称为无序列表。表项前不加任何符号的列表称为定义列表。上述三种列表形式可以有机地组合（包括嵌套），构成多样格式的效果。

```
<dt>表格
  <dd>
```

html 表格是由一行一行构成的：使用<tr>标记指明一个新行，使用<TH>标记或<td>标记分割数据。将<tr>标记作为一个换行，它后面的数据开始一个新的表格行。表格头通常在浏览器中以粗体并居中显示，表格数据以标准的文本格式显示。一个单元格代表表格中的一个方框。

```
</dl>
</body>
</html>
```

图 2-20 显示了例 2-17.htm 运行结果。

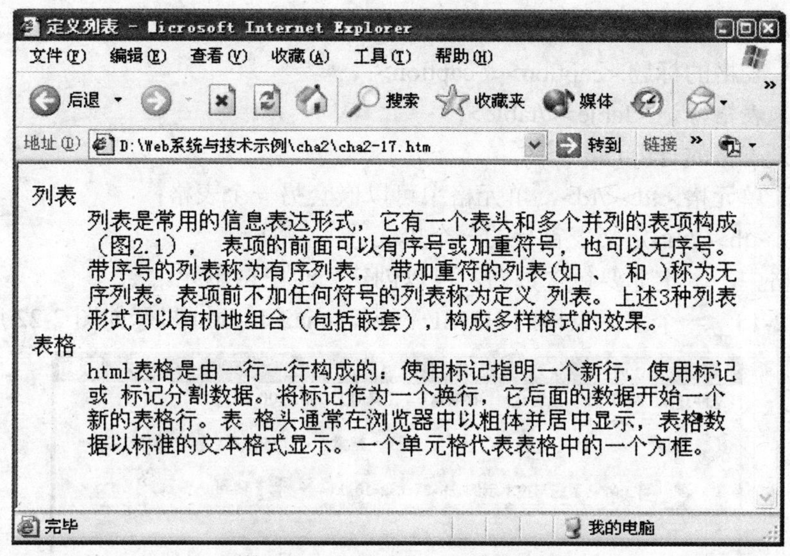

图 2-20　cha2-17.htm 运行结果

2.4.9　表格

1. 表格概述

日常的表格使数据信息更容易浏览。HTML 具有很强的建立、显示表格功能。另外，表格在网页中还有协助布局的作用，可以把文字、图像、声音甚至视频，组织在表格的不同行列中，制作成生动、活泼的网页。表格主要部分的术语及对应的标记如图 2-21 所示。

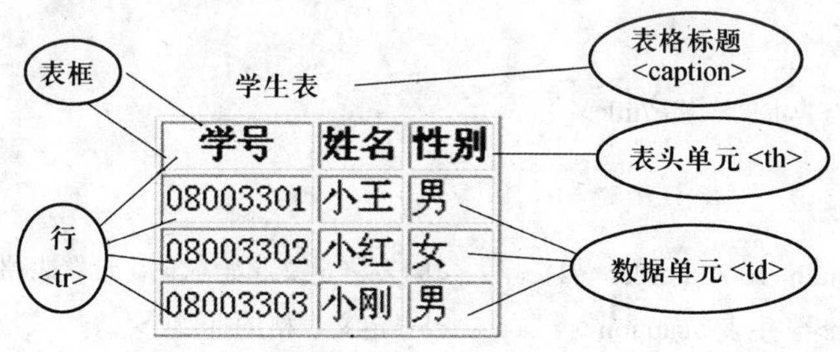

图 2-21　表格结构

HTML 表格是由一行一行构成的：使用<tr>标记指明一个新行，使用<th></th>标记定义表首行或首列的表格头单元，<td></td>标记定义表数据行一个单元；<tr></tr>标记定义一行。表格头通常在浏览器中以粗体并居中显示，表格数据以标准的文本格式显示。一个单元格代表表格中的一个方框。

基本的 HTML 表格标记如下：

（1）表格的标题:<caption></ caption>;

（2）表格标记:<table></table>;

（3）表格的行:<tr></tr>;

（4）单元格:<td></td>，单元格中可以嵌套另一个表格；

（5）<th></th>定义表首行的一个单元。

表格中不一定非要包含数据，可以创建一个空白单元。

例 2-18　一个基本表格的 HTML 网页。cha2-18.htm 显示如图 2-22 所示。

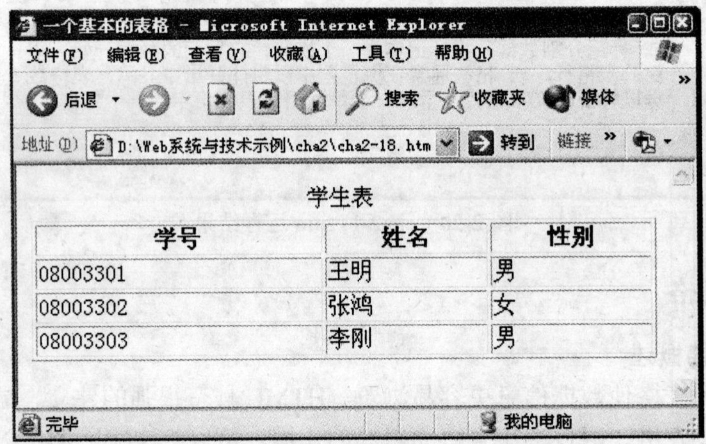

图 2-22　一个基本表格

cha2-18.htm 其代码如下：

```
<html>
<head>
<title>一个基本的表格</title>
</head>
<body>
<table   width=100% border= "1" >          <!--表格定义起始标记，设置表格框-->
  <caption>学生表</caption >               <!—定义表格的标题-->
  <tr>                                     <!--表格新的一行-->
    <th>学号</th><th>姓名</th><th>性别</th>         <!--表格首行-->
  </tr>
  <tr>                                            <!--   表格换行-->
    <td>08003301</td><td>王明</td><td>男</td>     <!--表格数据行-->
  <tr>
```

```
    <td>08003302</td><td>张鸿</td><td>女</td>
  </tr>
  <tr>
    <td>08003303</td><td>李刚</td><td>男</td>
  </tr>
</table>                            <!--  表格定义结束标记-->
</body>
</html>
```

2. 控制表格样式

在上述例子中可以看到，一般表格尺寸是根据表格单元填入的数据的长度而动态调整的。在表格设计中，可以使用<table>标记的属性控制表格的显示样式:边框、宽度、高度、颜色等。

（1）表格的边框。表格的边框利用<table>的 border 等属性控制，其格式如下：

```
<table border= "b" cellspacing="s" cellpadding="p"
style="background-color:#66CC99">
```

属性说明如下：

border：控制边框、单元框的宽度；b 取值为 0，表格无水平、垂直分隔线；为非 0 数，表格有表格无水平、垂直分隔线。

cellspacing：控制表单元框之间及其表与外边框之间的距离（边距），默认 1 个像素；

cellpadding：调节表单元线和数据之间的距离（填空），默认 1 个像素。

style：表格样式。其属性 background-color：表格背景。

cellspacing 和 cellpadding 取整数 0 时最窄；从 1 开始，数字越大，距离越宽。

图 2-23 为 border="0"的情况，这是表格无水平和垂直分隔线；图 2-24 为 border="1"的情况，这是表格有水平和垂直分隔线；图 2-25 为 border="1", cellspacing="10"的情况；图 2-26 为 border="1", cellspacing="10", cellpadding ="10"的情况。

学生表

学号	姓名	性别
08003301	王明	男
08003302	张鸿	女
08003303	李刚	男

图 2-23　表格无水平和垂直分隔线

学生表

学号	姓名	性别
08003301	王明	男
08003302	张鸿	女
08003303	李刚	男

图 2-24　表格有水平和垂直分隔线

学生表

学号	姓名	性别
08003301	王明	男
08003302	张鸿	女
08003303	李刚	男

图 2-25　单元格之间的间距与边距

学生表

学号	姓名	性别
08003301	王明	男
08003302	张鸿	女
08003303	李刚	男

图 2-26　有明显填空

（2）设定宽度。在<table>标记内使用 width 属性可以设定表格的宽度。格式为

```
<table width=x>
```

其中，x 可以取值整数，表示像素数。例如，width=400 表示表格宽度为 400 个像素。x 也可以取值占显示窗口宽度的百分比，如：width=80%。width=x 包括表格边框的宽度。

在<td>标记内使用 width 属性可以设定单元格的宽度。

例如：

```
<tr>
    <td width=200>08003301</td>
    <td width=100>王明      </td>
    <td width=100>男        </td>
</tr>
```

（3）设定高度。在<table>标记内使用 height 属性可以同时设定表格的高度。例如：

```
<table   border=1 height=400 width=700>
```

即用 height=400 来指定表的高度。

在<td>标记内使用 height 属性可以设定单元的高度（像素）。例如：

```
<tr>
    <td height=100>102</td>
    <td height=100>王明</td>
    <td height=100>男</td>
</tr>
```

（4）为表格及单元格加边框（图 2-27）。在<table>标记内设置 frame，rules 属性可以生成表格边框单元线。格式为

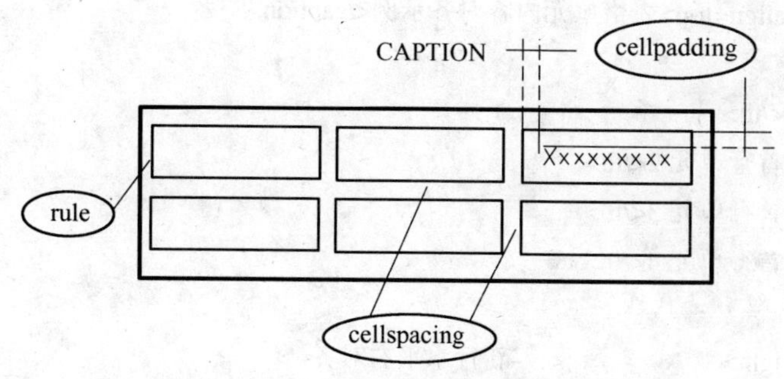

图 2-27　表格结构

<table rules="单元格线值数" border="边框宽度">内容</table>

rules：设置分隔表格单元格一个像素的分隔线，取值如下：

① none:无格线。

② groups:仅在行组和列组间有格线。

③ rows:仅有行间分隔线。

④ cols:仅有列间分隔线。

⑤ all:所有单元格有分隔线。

如设置 groups,默认为 all。如未设置 groups 设置 groups 为 0，默认为 none。

（5）控制表格单元内容的对齐。标记<caption>、<tr>、<th>和<td>可以使用 align（水平对齐）和 valign（垂直对齐）属性不同的值，达到不同的对齐效果。表 2-2 列举了不同表格的标记与不同 align 和 valign 属性值的组合。

表 2-2　表格不同的标记与不同 align 和 valign 属性值的组合

标记	align 属性	valign 属性
<caption>	TOP（缺省值）、BOTTOM	
<tr>	LEFT（缺省值）、RIGHT、CENTER	TOP、BOTTOM、MIDDLE（缺省值）
<th>	LEFT、RIGHT、CENTER（缺省值）	TOP、BOTTOM、MIDDLE（缺省值）
<td>	LEFT（缺省值）、RIGHT、CENTER	TOP、BOTTOM、MIDDLE（缺省值）

例 2-19　利用对齐方式属性，建立一个表格。cha2-19.htm 代码如下：

```
<html>
<head>
<title>表格单元内容对齐</title>
</head>
<body>
<table border>
```

```
<caption valign=top>表格单元内容对齐示例</caption>
<tr>
      <th></th>
      <th>首行单元 2</th>
      <th>首行单元 3</th>
      <th>首行单元 4</th>
</tr>
<tr align=right>                    <!—新行水平右对齐-->
     <th>第一行第一列</th>
     <td>水平<br>右对齐</td>
     <td align=center>水平对中</td>
     <td>水平对中</td>
</tr>
<tr>
      <th align=left>水平左对齐</TH>
      <td>水平<br>中对齐</td><td>水平中对齐</td>
      <td>水平<br>中对<br>齐</td>
</tr>
<tr align=left>                      <!--新行水平左对齐-->
      <th>这是<br>表格最<BR>底一行</th>
      <td valign=bottom>垂直底对齐</td>
      <td valign=top>垂直<BR>顶对齐</td>
      <td valign=middle>垂直中对齐</td>
      </tr>
</table>
</body>
</html>
```

例 2-19 显示结果如图 2-28 所示。

（6）在表格中使用颜色。HTML 提供了配置表格元素背景色的功能，并可设定表项数据的颜色。设定表格背景色的方法是使用 background-color 属性，格式为：

```
<table style="background-color:颜色值">          设定整个表格的背景色
<tr style="background-color:颜色值">             设定表格中一行的背景色
<td style="background-color:颜色值">             设定表格中一个单元的背景色
```

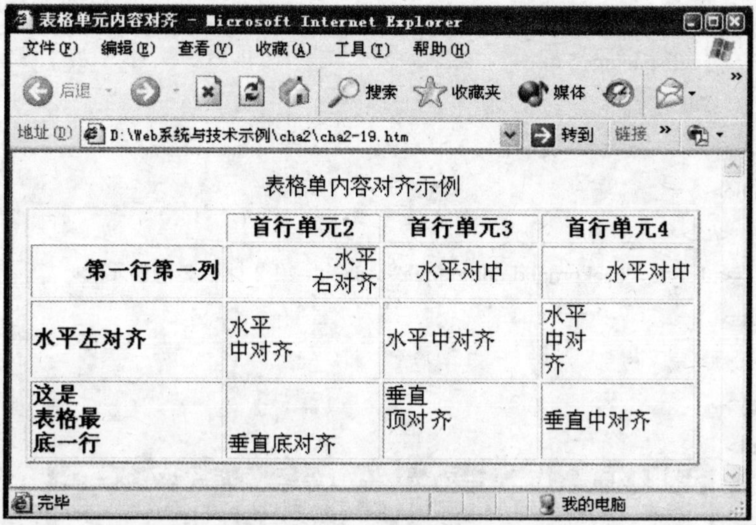

图 2-28　表格外观示例

例 2-20　表格外观调整。cha2-20.htm 的代码如下:

```
<html>
<head>
<title>表格外观示例</title>
</head>
<body>
<table frame=10 border=10 cellpadding=10 cellapacing=10 width=100%>
   <tr> <!—这是表的第 1 行-->
      <td>表属性 width=100%</td>              <!—表第 1 行的第 1 个单元-->
      <td>表属性：<br>border=10<br>       <!—表第 1 行的第 2 个单元-->
                cellpadding=10<br>
                cellspacing=10
      </td>
   </tr>
   <tr>              <!—这是表的第 1 行-->
      <td>           <!—表第 2 行的第 1 个单元中是表格-->
 <table border=5 cellpadding=5 cellapacing=5 width=75%>
   <tr>
      <td>表属性 width=75%</td>
      <td>表属性：<br>border=5<br>
```

```
            cellpadding=5<br>
            cellspacing=5
          </td>
        </tr>
      </table>
          </td>
          <td style="background-color:aqua"></td> <!--第 2 行第 2 个单元-->
        </tr>
      </table>
    </body>
    </html>
```

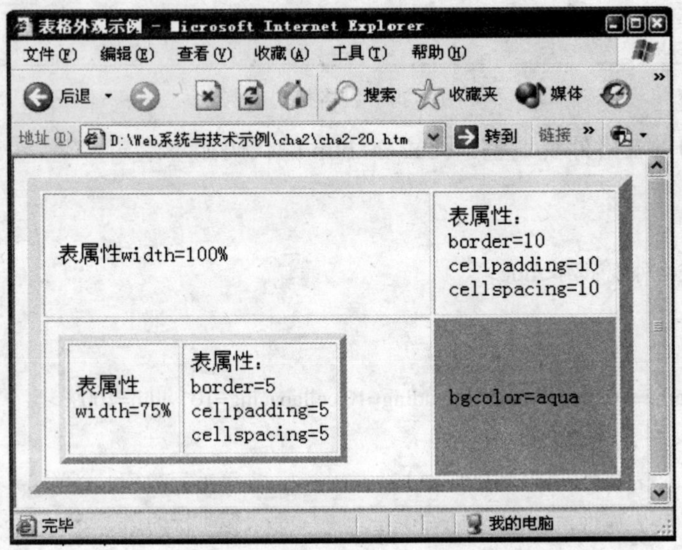

图 2-29 表格外观调整

（7）合并行和列。在<tr>、<td>和<th>标记内使用 rowspan 和 colspan 属性可以进行表格单元的行、列合并。

① 行合并。在<td>或<th>标记内使用 rowspan 属性可以进行合并。格式为

<td rowspan=x>表项</td>

其中，x 表示纵向上合并的行数。

② 列合并。在<td>或<th>标记内使用 colspan 属性可以进行列合并。格式为

<td colspan=x>表数据项</td>

其中，x 为横向合并的单元数（即列数）。

3. 利用表格布局网页示例

表格用于组织、显示数据外，还可以用于网页对象的布局。

例 2-21 利用表格布局不同部分内容。注意应用表格、不同底色，使分辨清晰。例 2-21 运行显示如图 2-30 所示。

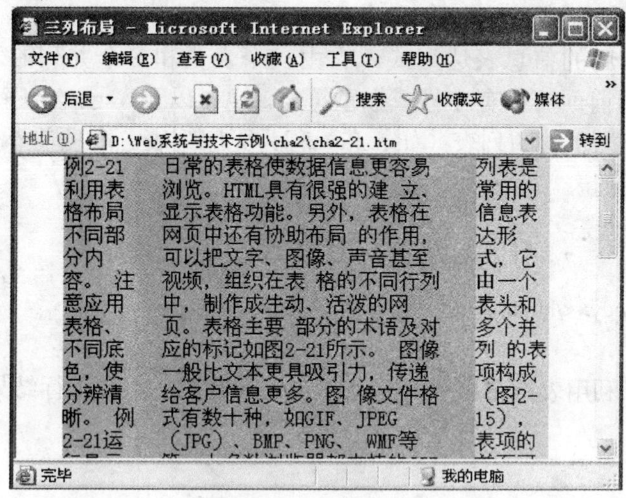

图 2-30 例 2-21 运行显示

cha2-21.htm 代码如下：

```
<table width="100%" cellpadding="0" cellspacing="0">
<tr valign="top">
 <td style="width:15%; background-color: #faa">
   <!左栏开始-->
例 2-21 利用表格布局不同部分内容。
注意应用表格、不同底色，使分辨清晰。
例 2-21 运行显示见图 2-30。
<!—左栏结束-->
</td>
<td style="background-color: #aaf">
<div style="margin-left:8%; margin-right:8%;">
<!—中间主栏开始 -->
```

日常的表格使数据信息更容易浏览。HTML 具有很强的建立、显示表格功能。另外，表格在网页中还有协助布局的作用，可以把文字、图像、声音甚至视频，组织在表格的不同行列中，制作成生动、活泼的网页。表格主要部分的术语及对应的标记如图 2-21 所示。

```
    <!--中间主栏结束-->
    </div>
</td>
<td style="width:15%; background-color: #afa">
    <!--右栏开始 -->
    列表是常用的信息表达形式，它由一个表头和多个并列的表项构成（图
2-15），表项的前面可以有序号或加重符号，也可以无序号。带序号的列表称为
有序列表，带加重符的列表（如、和）称为无序列表。表项前不加任何符号的
列表称为定义列表。
    <!--右栏结束 -->
</td>
</tr></table></body></html>
<html>
```

例 2-22 利用表格布局网页，cha2-22.htm 代码如下，运行结果如图 2-31 所示。

```
<html>
<head>
<title>使用表格布局网页</title>
</head>
<body>
<table border>          <!--表格起始-->
<tr>                    <!--第 1 行-->
  <td rowspan=4 valign=top><IMG src="..\img\img2-1.jpg"></td>
                        <!--第 1 行第 1 单元合并上下 4 行-->
  <th valign=top>Web 系统与技术</th>   <!--第 1 行第 2 单元-->
</tr>
<tr>                    <!--第 2 行 -->
<td valign=top>全书分为两部分：Web 系统与技术（基础部分）、Web 系统
与技术（Java Web 应用技术），分两学期为本科生开设。Web 系统 与技术（基
础部分）介绍 Web 系统的构成、原理，介绍了 Web 编程的基本技术：HTTP、
HTML、CSS、XML、DOM、JavaScript、网页视觉艺术基础、网站信息结构、
网站开发。
</td>
</tr>                   <!--第 3 行 -->
```

```
<tr>
    <td>
        <hr>            <!—水平线 -->
    </td>
</tr>
<tr>                    <!--第 4 行 -->
  <td> align=center valign=bottom>Emailo: zhlyin@cumt.edu.cn </td>
</tr>
</table>
</body>
</html>
```

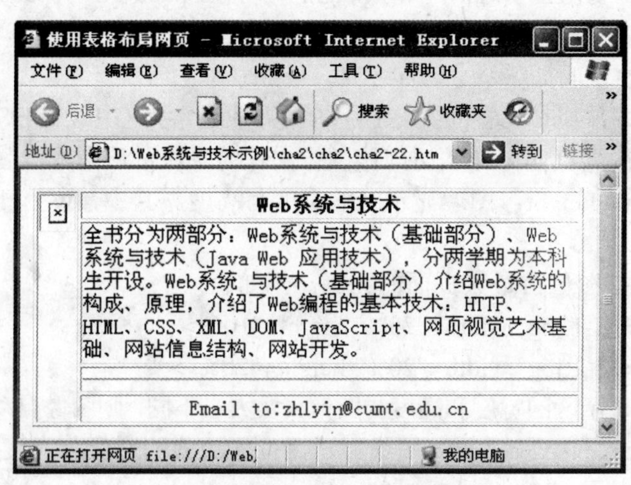

图 2-31　cha2-22 运行结果

2.4.10　图像标记与属性

1. 图像文件

图像一般比文本更具吸引力，传递给客户信息更多。图像文件格式有数十种，如 GIF、JPEG（JPG）、BMP、PNG、WMF 等等。大多数浏览器都支持的 GIF 和 JPEG 格式。网页的每个图像是独立一个文件，文件的后缀是图像文件的格式。

（1）GIF 格式。GIF 格式存储的图像文件是 8 位颜色（256 色）的数据。如果使用 16 位（3200 色）或 24 位（约 1670 万色）的风景画或照片，则必须用图像软件或变换器变换成 8 位。

GIF 格式的图像除了普通的图像外，还有透明 GIF 图像和动画 GIF 图像。透明 GIF 图像用特定的颜色实现透明化以便与背景图像相吻合，图像就像镶嵌在背景上。动画 GIF 图像可以连续看到多幅 GIF 图像，体现动画效果。

（2）JPG 格式。JPG 格式的图像对应 24 位的彩色图像，适用于彩色照片等高画质的图像。JPG 格式的图像可以压缩后作用，压缩率为 1/4～1/20。压缩率较高时，文件占用内存少，下载时间短，但复杂时图像质量会有所下降。

2. 图像标记 img

如果要把图像和其他内容放一页内布置，则要使用图像标记 img。图像标记 img 可以放在除 pre 以外的任何块或内联标记中。p、div、span、form、table 都是块标记。网页中加入图像使用标记<img>，格式如下：

<img src=“URL”width=“w”height =“h”hspace="x" vspace="y" border =“b”alt =“text”/>

<img>属性说明如下。

（1）src：指向图像文件的 URL，图像文件通常为 GIF、JPEG 或 PNG。

（2）alt：在浏览器上无法访问该图像文件时，显示该图像的替换文本 text。

（3）width、height：图像显示区的宽度与高度。其中，w 和 h 可用像素数或百分数表示。

百分数是指图像占最大页面的比例，例如：

<img src="2-1.jpg" width="75" height="106">

<img src="2-1.jpg" width="20%" height="20%">

如果图像显示区的宽度和高度与图像真实大小不同，则图像自动放大或缩小。

（4）hspace、vspace：离开图像显示区位于边界的宽度与高度，其中，x 和 y 可用像素数表示。cellpadding="0" cellspacing="0"

（5）border：边框宽度，其中，b 用像素数表示。

一般建议用图像像素数表示。如果指定大小与原图大小不同，则图像会根据指定区域缩放。height 与 width 都是可选的。

3. 图像与文本的对齐

如果文本中包括图像，则可以通过设置 img 属性 align 控制图像相对于文本的垂直位置。其格式如下：

<img src =“URL”style=“vertical-align:对齐方式”/img>

图像的基准线与文本的基准线对齐是图像与文本默认的对齐方式。vertical-align 属性常用取值如下：

（1）baseline　将图像的基准线与文本的基准线对齐。

（2）middle　将图像的中心与文本中字符中心对齐。

（3）text-top　将图像的顶部与前面文本字体顶对齐。

（4）text-bottom　将图像的底部与前面文本字体底部对齐。

（5）xx%　将图像底部比文本行高出 xx%。

例 2-23　图像与文本行对齐。cha2-23.htm 代码如下：

```
<html>
<head>
<meta http-equiv="Content-Type" content="text/html; charset=gb2312">
<title>图像与文本对齐方式</title>
</head>
<body>
<p>
<img src="img2-1.jpg" style="vertical-align:middle" hspace=20 vspace=20 width=50 height=80 >
网络世界，其乐无边，其忧忡忡。
</p>
</body>
</html>
```

cha2-23.htm 运行显示如图 2-32 所示。

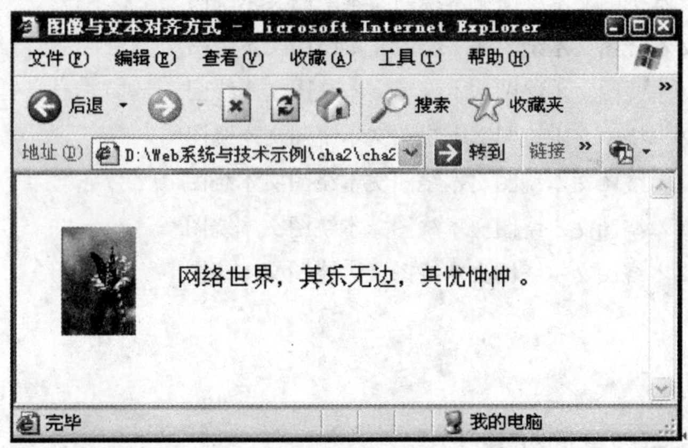

图 2-32　图像与文本对齐方式

4. 设置图像周围空间

例 2-24　设置 img 的属性 margin-right（右边距）、margin-left（左边距）、margin-top（上边距）和 margin-bottom（下边距），可以在图像的左、右、上和下四周围增加水平和垂直空间，默认半个行高。它们以像素为单位指定图像周围的内容和图像之间的空白。其定义样式如下：

```
<img src="img2-2.jpg" style= "margin-right:2em; margin-bottom: 2em;
float:left" />
```

其中，float:文本浮动方式，取值如下。

left：图像在文本左边浮动；right：图像在文本右边浮动；top：图像在文本上边浮动；bottom：图像在文本底边浮动。

cha2-24.htm 内容如下：

```
<html>
<head>
<meta http-equiv="Content-Type" content="text/html; charset=gb2312">
<title>文本绕图</title>
</head>
<body>
<p>
<img src="img2-2.jpg" style="margin-right:2em; margin-bottom: 2em; float:left" />
文本绕图文本绕图文本绕图文本绕图文本绕图文本绕图
文本绕图文本绕图文本绕图文本绕图文本绕图文本绕图
文本绕图文本绕图文本绕图文本绕图文本绕图文本绕图
文本绕图文本绕图文本绕图文本绕图文本绕图文本绕图
文本绕图文本绕图文本绕图文本绕图文本绕图文本绕图
文本绕图文本绕图文本绕图文本绕图文本绕图文本绕图
文本绕图文本绕图文本绕图文本绕图文本绕图文本绕图
文本绕图文本绕图文本绕图文本绕图文本绕图文本绕图
文本绕图文本绕图文本绕图文本绕图文本绕图文本绕图
</p>
</body>
</html>
```

例 2-24 显示结果见图 2-33 所示。

5. 解除环绕文本

解除图像左、右环绕的文本，使用标记<br clear>，格式为

```
<br style="clear:left">
```

其中属性说明如下。

clear：解除在图像文本围绕，取值如下。left：解除在图像左放置的文本。right：解除在图像右放置的文本。All：解除在图像左、右放置的文本。

图 2-33　在图像周围增加空白区域

例 2-25　解除图像环绕的文本。cha2-25.htm 代码如下：

```
<html>
<head>
<meta http-equiv="Content-Type" content="text/html; charset =gb2312">
<title>文本环绕图像</title>
</head>
<body>
<img src="img2-1.jpg" style="vertical-align:leftifloat:left" hspace="20" vspace="20" width="50" height="80"/>
此文本环绕在图像的右面和下面。
此文本环绕在图像的右面和下面。
此文本环绕在图像的右面和下面。
此文本环绕在图像的右面和下面。
此文本环绕在图像的右面和下面。
此文本环绕在图像的右面和下面。
此文本环绕在图像的右面和下面。
此文本环绕在图像的右面和下面。
此文本环绕在图像的右面和下面。
此文本环绕在图像的右面和下面。
```

```
<p>
<img src="img2-1.jpg" style="vertical-align:right;float:right"  hspace=20 vspace=20 width=50 height=80 >
此文本环绕在图像的左面。
此文本环绕在图像的左面。
此文本环绕在图像的左面。
此文本环绕在图像的左面。
<br style="clear:all">
此文本已解除环绕并正常显示。
此文本已解除环绕并正常显示。
此文本已解除环绕并正常显示。
此文本已解除环绕并正常显示。
</body>
</html>
```

图 2-34 显示例 2-25 运行的结果。

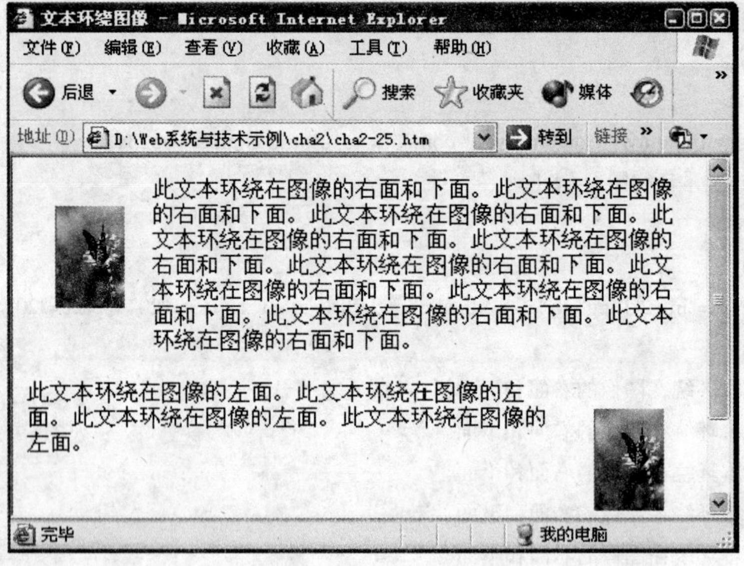

图 2-34 解除文本环绕图像

2.4.11 超文本链接标记

1. 概述

超文本链接使 Web 页快速地链接到另一个相关的 Web 页，或翻转到本页的一个位置，或链接到其他 Internet 服务。图 2-35 是利用超链接建立的《Web系统与技术》一书的主页，单击目录和各章，可以分别介绍各章内容的页面。

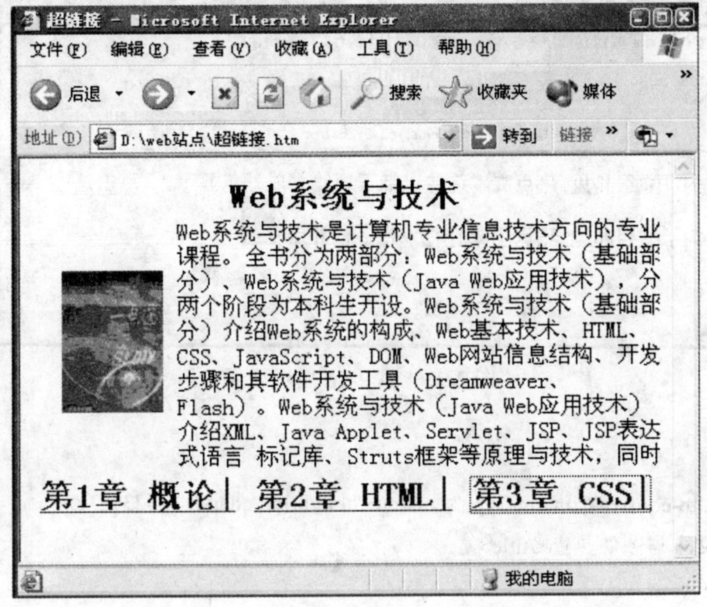

图 2-35　Web 系统与技术主页（简介与各章）

超文本链接格式如下：

<a href = "URL" >定位点或热点或点击点</a>

超链接有三部分组成：

（1）<a>，</a>，超链接标记。

（2）定位点，也叫热点或点击点，在 Web 页上显示的鼠标选择点击的位置。可以是一段蓝色带下划线的文字或一幅图像（图 2-35）。

（3）超链接标记的属性 href，href 告诉浏览器在点击超链接时，URL 是请求网页的地址。如果 URL 是当前网页内标记<a>的 id 属性定义的字符串作为链接使用位置名称，也叫锚名。

2. 定位点

一个链接的定位点可以是一段文字或一幅图片。一个定位点在浏览器中是显示样式，取决于它是什么类型的定位点，以及用户是如何配置浏览器的显示参数。最常用的定位点有两种类型：文本和图形。

（1）文本定位点。为了醒目起见,热点文本往往以带下划线并以蓝色显示。

（2）图形定位点。当单击一个链接的图形时浏览器装入链接引用的 Web 页。图形定位点可能会在它们的周围显示一个边界，如图 2-31 所示。

例 2-26　文本定位点、图形定位点示例。例 2-26 运行显示如图 2-36 所示，cha2-26.htm 代码如下。

图 2-36　例 2-26 显示结果

```
<html>
<head>
<meta http-equiv="Content-Type" content="text/html; charset=gb2312" />
<title>文本与图像热点</title>
</head>
<body>
<div >
为了醒目起见,热点文本往往以带下划线并以颜色显示。
<a href = "2-4.htm">  点击这里</A>
</div>
<div>
为了醒目起见,热点图像往往以带边框显示
<a href = "2-4.htm"><img src ="img2-1.jpg" width=20    height=30 border=2 ></A>
</div>
</body>
</html>
```

3. 链接网页的 URL

链接网页的 URL 是单击时浏览器要装载的目标网页的地址。按链接的网页在同一台 Web 服务器上还是不同 Web 服务器上，引用网页分为相对链接和绝对链接。

（1）绝对链接。UML 指明 Web 页所在的 Web 服务器主机、目录、和文件称为绝对链接。对链接到不同主机上的 Web 页就必须使用绝对链接。例如，图

2-37 中，从 Web 系统与技术站点中任何一页希望链接到“Java 语言站点”访问，必须利用绝对链接：

<a>href="http://localhost/ Java 语言站点/index.htm">访问</a>

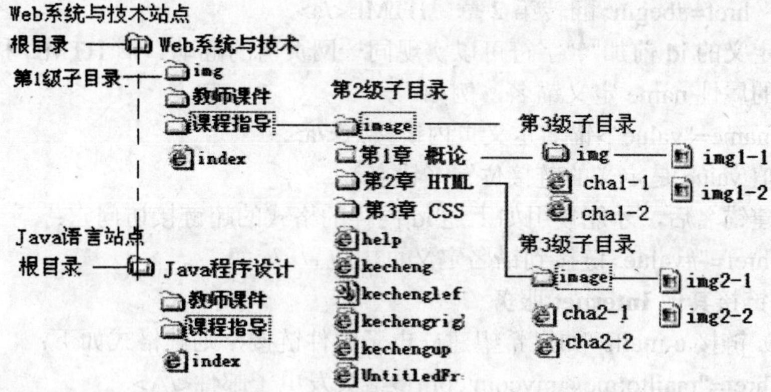

图 2-37 站点目录层次示意图

（2）相对链接。相对链接又分两种情况：

① 链接的网页是位于同一台 Web 服务器上的另一网页。对同一台 Web 服务器上的文件链接称为相对链接。这意味着 URL 是相对于浏览器上次访问的 Web 服务器上路径。例如，图 2-37 中从主页 index.htm 要链接到“课程指导”目录下的 kecheng.htm,则利用如下相对链接：

<a>href="课程指导/kecheng.htm">访问课程指导</a>

或者： <a>href="../课程指导/kecheng.htm">访问课程指导</a>

其对应的绝对链接是：

http://localhost/Web 系统与技术/课程指导/kecheng.htm。

如果在 kecheng.htm 网页中要访问同一目录下的 help.htm 页，则利用如下相对链接：

<a>href="help.htm">访问帮助</a>

或者： <a>href="./help.htm">访问帮助</a>

相对链接引用同一站点的 Web 页，使得在同一的服务器上访问 Web 页效率提高。

② id 属性。如果一页比较长，客户往往需要在当前页前后翻动，同一网页内的链接就是为此目的。为了连接到网页某一位置，如网页开始或结尾，必须首先定义链接位置的标识（锚名），即对网页目标段进行定位命名，其格式如下：

HTML 的任何标记都具有 id 属性，id 属性值要求标识的对象是在当前网页中是唯一的。因此，利用 id 作为设置的锚名显得灵活，例如：

<h3 id=begin>第 2 章 HTML</h3>

利用 id 可以按下列格式的超链接访问它：

<a href=#begin>翻转第 2 章 HTML</a>

已定义的 id 前加"#"字符可以实现同一网页内的翻动。旧 HTML 利用超链接标记的属性 name 定义锚名，例如：

<a name="value">锚名定义页内链接点</a>

其中，值 value 是定义的链接位置（锚名）。

创建锚名后，才能使用如上述 id 同样的格式的超链接访问它：

<a href="#value>链接到锚名定义页内位置</a>

4. 链接其他 Internet 服务

（1）链接 e-mail。如果希望建立电子邮件链接，则其格式如下：

<a href="mailto:me@mycom.com">给我发电子邮件</A>

让浏览器连接、打开指定的电子邮件服务器 mycom.com 上的用户 me 的邮箱。

（2）下载文件链接。下载链接形式如下：

<a href = "ftp:host:port/path–to–file" >

让浏览器启动一个 ftp 程序，指定和用匿名 ftp 下载指定文件。这样可以下载大文件，如程序和压缩文件（zip 或 gzip）。如果未指定 port，则使用 ftp 标准端口 21。例如：

<a href = "ftp://cumt.edu.cn/package.zip" >

（3）登录链接。登录链接形式如下的链接：

<a href = telnet://host:port>

让浏览器启动一个 telnet 程序，连接到指定 host 的给定端口，进行远程登录。如果未指定 prot，则使用标准端口 23。例如：

<a href ="telnet://cumt.edu.edu">login to Monkey </A>at the CS Department, CUMT.

建立 Web 站点时，超链接有两大用处：组织站点内的页面（内部链接）和访问 Web 资源（外部链接）。

访问内部链接时，访问者还在同一站点及其导航系统中。单击外部链接时，则会到达另一个站点。因此，明确区别内部链接与外部链接是一个好站点的必然选择。

建议将每个外部链接：

① 明确指出将离开本站的页；

② 用新窗口显示，使访问者关闭或最小化新窗口时可以回到本站点。

一个简单方法是用属性 target=“_blank”指定用新窗口显示引用页面：

<a href = “http://www.w3c.org/”target = “_blank”> The W3C Consortium</A>

但 XHTML 不支持 target 属性。因此，严格地说，对外部链接使用 target 结构的页面要使用 XHTMLTraditional 而不是 XHTML Strict。大多数浏览器通常比较宽容。用 JavaScript 打开新浏览器窗口，这是满足严格的 XHTML 规范的（见第 4 章 4.5 节、4.6 节）。

5. 资源统一资源定位器 URL

URL 是 www 统一资源定位器（Uniform Resource Locator）的简写，它规范了 www 资源网络定位地址的表示方法和通信协议。www 资源包括 Web 页、文本文件、图形文件、声频片段等。www 资源统一资源定位器基本表示格式如下：

protocol://hostname:port/resourcename#anchor

其中：protocol：使用的协议，它可以是 http，ftp，news，elnet 等；hostname：域名服务器，如：www.cumt.edu.cn；port：端口号，是可选的，表示所连的端口号，如默认，将连接到协议默认的端口；resourcename：资源名，是主机上能访问到的目录、文件；anchor：锚名，也是可选的，它指定文件中的特定标识的位置。

下面是几个合法的 URL 例子：

（1）http://www.ncsa.uiuc.edu/demoweb/url-primer.htm

（2）http://www.ncsa.uiuc.edu:8080/demoweb/url-primer.htm

（3）ftp://local/demo/information#myinfo

（4）file://local/demo/readme.txt

第（2）个 URL 把标准 www 服务器端口 80 指定为 8080 端口，第（3）个 URL 加上符号“#”，用于设置在网页 information 中锚名为 myinfo 的位置。

根据 URL 规范，URL 中可以直接使用的字符只有数字（0～9）、字母（a～z、A～Z）、下列特殊字符：$、-、_、.、+、!、*、‘、(、)、和下列保留字：;、/、?、:、@、=、&。其他字符都是不安全的，对不安全的 ASCII 字符，如空格与控制字符（如换行符），必须进行 URL 编码。

要对不安全的 ASCII 字符进行 URL 编码，只要将其换成三个字符组成的格式表示（%hh），其中 hh 是十六进制形式的 ASCII 代码。例如，～为%7E，空格为%20。因此，文件名“chapter one.html”包含一个空格，在链接的 URL 地址中出现就应该写成：

<a href = “chapter %20one.html” > First Chapter</a>

网站的文件与目录名要避免使用非字母数字字符。否则，要对文件名与目录名进行 URL 编码之后才能放进 URL 中。这就是建议不要使用中文命名网页

名的原因。

6. 超链接标记其他属性

<a>可以使用上面介绍的属性外，还可以使用下列属性。

（1）rel：设置 href 的目标锚名与当前位置的关系。

（2）rev：设置反向关系。

（3）target：设置目标网页打开窗口的状态，取值为：

① _self：超链接的网页在启动超链接网页的窗口中显示。

② _blank：超链接的网页在新打开窗口中显示。

③ _parent：超链接的网页在启动超链接网页的父窗口中显示，无父窗口则在启动超链接网页的窗口中显示。

④ _top：超链接的网页在顶框架显示。

2.4.12 框架

框架结构可以使Web浏览器同时显示多个页面，从而实现在同一浏览器窗口访问不同网页的功能。框架与表格类似，也是以行和列的形式安排文本和图像。但是框架和表格不同，其根本区别是框架之间可以包含任意的链接，从而实现动态地更替框架中的内容。

框架分为水平分割型和垂直分割型两类。另外，如果嵌套时，在一个框架内还可以分割成若干个框架。

HTML Strict 版本不支持框架，但是一般浏览器都支持框架。

1. 一个框架示例

例 2-27 一个框架示例，cha2-27.htm 代码如下：

```
<html>
<head>
<title>框架示例</title>
</head>
<frameset rows="25%,50%,25%">        <!--顶层复杂框架起始标记-->
  <frame src="cha2-1.htm">            <!--简单框架起始标记-->
  <frameset cols="25%,75%">           <!--次层嵌套的复杂框架起始标记-->
        <frame src="2-2.htm">
        <frame src="2-3.htm">
  </frameset>                         <!--次层嵌套的复杂框架结束标记-->
  <frame src="cha2-4.htm">
</frameset>                           <!--顶层复杂框架结束标记-->
```

```
<noframes>                              <!--如果浏览器不支持框架-->
    当前浏览器不支持示框架。
</ noframes >
</html>
```

例 2-27 显示结果如图 2-38 所示。该例产生 4 个框架。顶部的框架横向跨越了整个页。在中央有两个框架，左侧的是一个以图像为背景的框架，它占了大约 25%的屏宽，右侧是信息框架，占据了剩余的空间。屏幕底部的框架占据屏幕底部的整个宽度，是信息框架。框架显示四个网页：cha2-1.htm、cha2-2.htm、cha2-3.htm 和 cha2-4.htm。

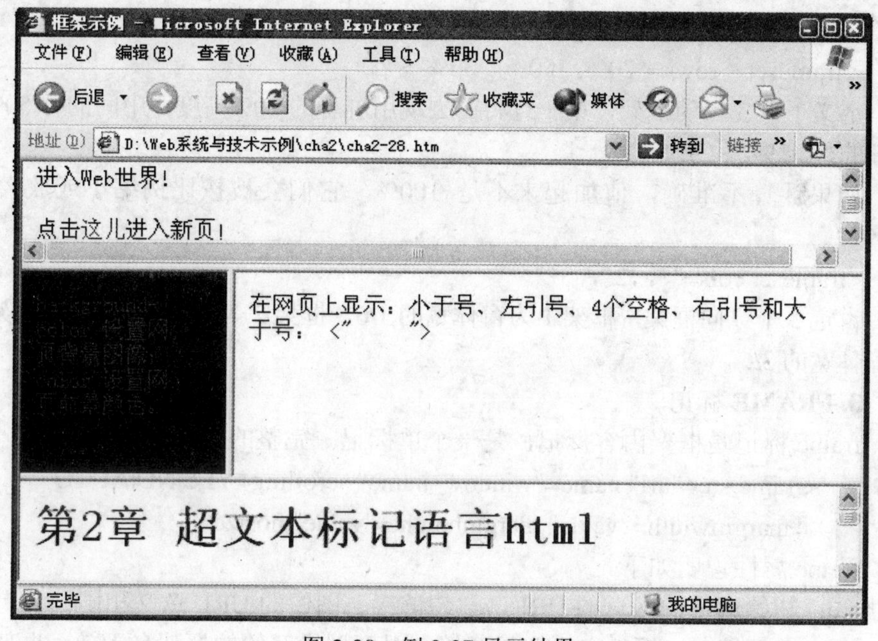

图 2-38 例 2-27 显示结果

2. FRAMESET 标记

框架网页中，网页的主体部分用<frameset>标记代替了<body>标记。包含<frameset>定义的网页没有自己的 body 部分，有 body 部分的页不能使用<frameset>标记。如果在用 frameset 和 frame 标记的网页中定义了 body 部分，框架结果将完全被浏览器忽略，框架内容将不会被显示。看到的只是 body 部分包含的内容。

frameset 标记有两个主要属性：rows 和 cols。下面是一个齐全的（但是空的）通用 frameset 标记。

```
<frameset rows="value_list1" cols=" value_list2">
</frameset>
```

rows 和 cols 属性意义如下：rows：横向分割型框架；cols：纵向分割型框架。

rows 和 cols 的值为 value_list，其可以取值像数，定义框架的绝对尺寸；也可以用百分数表示，定义框架相对于浏览器窗口尺寸的百分数。

符号*也用来定义框架的尺寸，"*"表示整个窗口，"*,*"表示窗口分成 2 个均等的框架；"*,*,*"则表示窗口分成 3 个均等的框架等。根据输入值的个数决定框架数和位置。

以下是几个例子：

<frameset rows="100，220，140">

定义了有 3 行的框架，这些值是绝对像素值。即第一行 100 像素点高，第二个 220 像素点高，第三个 140 像素点高。

< frameset rows="20%，50%，30%">

定义了有 3 行的框架，第一行将占去现用屏幕的 20%高度，中间的行 50%，底部的行 30%。

如果计算不准确，值加起来不是 100%，它们会被按比例缩小或放大成 100%。

<frameset cols="*，2*，3*">

设定 3 个纵向框架，框架 1 为窗体宽的 1/6，框架 2 为窗体宽的 2/6，框架 3 为窗体宽的 3/6。

3. FRAME 标记

frame 标记是框架内容标记，是一个单标记。完整的 frame 格式如下：

```
<frame src="url" name="window_name" scrolling=YES|NO|AUTO
    marginwidth="value" marginheight="value" nosize>
```

frame 属性说明如下。

src：初始运行的网页的 URL，与超链接、图像的 URL 意义相同。

name：框架名。框架名由字母开始，用下划线开始的框架名无效。框架名用于访问。

marginwidth：框架水平边距。

marginheight：框架上下边距。

scrolling：框架窗口支持滑动。

noresize：框架窗口不可改变大小。

框架初始化是指各个框架显示指定的网页。框架初始化使用<frameE>标记，格式为

<frame src="文件名.htm"，name="框架名">

<frame>标记的个数应等于在<frameeset>标记中所定义的框架数，并按照在

文件中出现的顺序，先行后列地对框架初始化，即第一个<frame>标记指定的文件位于第一行第一列。如果<frameE>标记数少于<frameeset>标记中所定义的框架数量，则其余的框架为空白。

通常，框架用于把窗口划分成固定显示区和可变显示区。固定的内容放在一个框架中，总是显示，如顶标题、目录、标志、导航栏和版权声明。单击固定显示区的链接可以更新可变显示区的内容。这种情形并不新鲜，只要看看浏览器窗口上下方，标题栏、菜单栏、工具栏和状态栏总是可见的。

框架使页面显得“破碎”或单调。如果内容框架中显示的页面与固定框架的设计不相协调，则页面会很难看，必须慎用，不能滥用。在框架页面中，不能有 body 元素。

2.4.13 表单

1. 表单

表单是网页<form>起始标记与</form>结束标记之间的部分，通过表单 Web 浏览器客户输入数据。浏览器收集表单中客户输入的数据，发往 Web 服务器端。Web 服务器接收用户输入信息，并且把数据交给在服务器端的处理程序（CGI、ASP、JSP 等），处理程序把处理结果或存入服务器端的数据库或将有关信息返回客户浏览器。

表单及其属性。表单的格式如下：

```
<form method =“方法”action =“处理表单的程序”>
        输入控件元素
</form>
```

表单的属性说明如下：

method：取值为 get 或 post。post 和 get 是两种不同传送表单数据的方法。get 方法把表单数据附加到浏览器地址栏地址的后面向服务器传送，其长度不能超过 2K 字节，这是表单默认的方法。post 方法把表单数据邮寄，在浏览器地址栏不会显示，其长度不受限制。

action：设置处理表单数据的处理程序。

例 2-28　一个表单示例，cha2-28.htm 代码如下：

```
<html>
<head>
<title>简单表单</title>
</head>
<body>
```

```
<form    method="post" action="cha2-28-formAcyion.htm" >        <!—表单处理网页-->
<p>用户名：<input type="Text" name="UserName"></p>          <!--单行文本框-->
<p>密码：  <input type="Password" name="UserName"></p>   <!--口令框-->
<p>        <input type="Submit" value="提交" name="B1">         <!—提交控件-->
           <input type="Reset" value="重写" name="B2"> </p>    <!—复原控件-->
</form>
</body>
</html>
```

例 2-28 显示结果如图 2-39 所示。

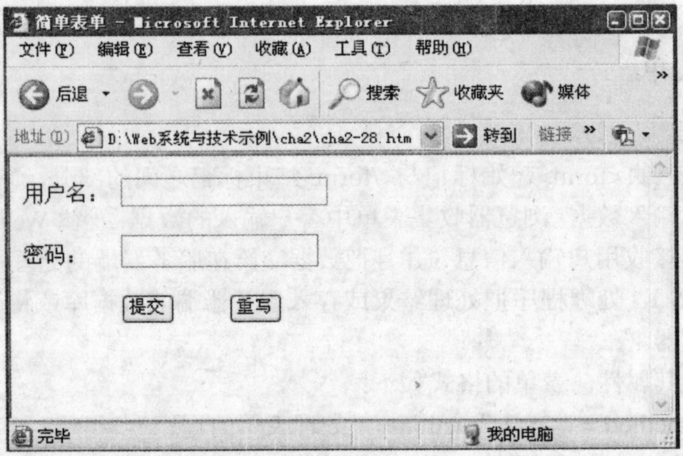

图 2-39　显示一个简单表单

点击“提交”，表单数据提交给 cha2-28-formAcyion.htm 处理，这时出现新的网页，提示“您提供了注册信息！”。表单处理网页 cha2-28-formAcyion.htm 内容如下：

```
<html>
<head>
<title>简单表单</title>
</head>
<body>
<h1>您提供了注册信息！ </h1>
</body>
</html>
```

该网页实际对表单数据没有做实质性的处理，它仅仅显示一个提示信息。

2. 表单主要输入控件

HTML 提供了许多用户输入的方法。输入控件是内联元素，必须先放在块标记中才能放在表单中。

（1）单行文本框或多行文本框。最简单和最常用的输入控件是单行文本框或多行文本框，用于接收文本字符串。例如：

```
<input name="firstname" type="text" size="20" maxlength="30" />
```

其中属性描述如下：

name：输入控件名，用户键入文本框的字符串，如 yin，这就是控件名（fiirstname）的值（value）。浏览器以成对的名/值形式提交给 Web 服务器，例如：

firstname= “yin”

type：输入控件的特征，取值“text ”，表示输入控件是单行文本框；取值“radio”，表示选择控件；取值“password”表示密码输入控件；取值“checkbox”表示复选框。

value：输入窗口中显示的值，例如：value = “yin”。

size：输入控件长度。

maxlength：接收的字符串最大长度。

多行文本框可以收集多行文本。例如：

```
<p> Please let us have your comments: <br />
    <textarea name = "feedback" rows = "4" cols = "60" >
        Tell us what you really
        Think, please.
    </textarea>
</p>
```

其中，rows：输入文本框的最大行数。cols：输入文本框的最大列数。readonly：定义窗口是否可以编辑，是“true”，只能读。

用户输入超过 rows 行时，会出现垂直滚动条；任何一行超过 cols 个字符时，会出现水平滚动条。

（2）密码输入框。密码输入框和文本输入框一样，但浏览器不显示输入的文本。这是不安全的，因为口令没有加密而以明文形式发送到服务器端。

（3）单选按钮。用户可以通过一组单选按钮选择多个选项中的一个。单击一个选项时，选中这选项，同时取消组中所有其他的选项。每个按钮是一个 radio 类型的 input 元素，组中的所有按钮具有相同的 name 属性。

例 2-29　单选按钮组，cha2-29.htm 代码如下：

```
<html>
```

```
<head>
<title>单选按钮、单行文本框和口令框</title>
</head>
<body>
<form   action="do_submit.cgi" method="post">
<p>
  姓名：<input type="text" name="USERNAME"><br /><br />
  密码：<input type="password" name="USERNAME"><br /><br />
  性别：<input type="radio" name="sex" checked>男        <!--单选按钮-->
        <input type="radio" name="sex">女  <br /><br />
          <input type="submit" value="提交">
          <input type="reset" value="RESETt">
</p>
</form>
</body>
</html>
```

这里有两个名称为 SEX 的单选按钮。选择值为 CHECKED 的按钮是发送到服务器端程序的数据。

例 2-29 显示结果如图 2-40 所示。

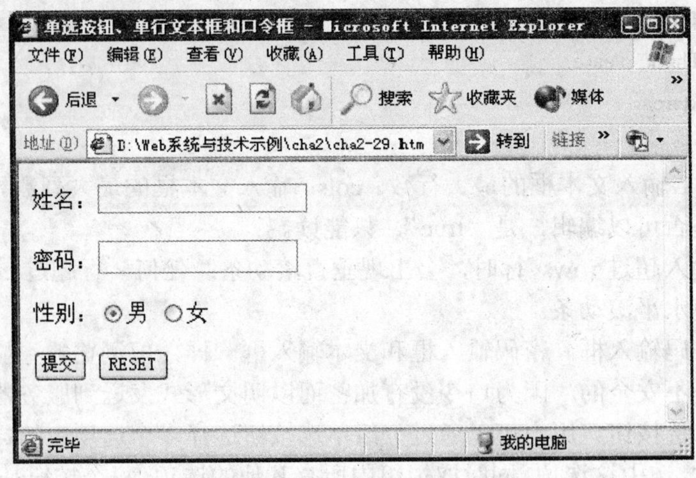

图 2-40　包含单选按钮的表单

（4）复选框。复选框允许用户从选项列表中选择多个项目。复选框的类型是 checkbox 的 input 元素。单击一个复选框进行选择或取消时，不会影响其他复选框。这样，用户可以选择全部、0个或任意个复选框。复选框示例如下：

```
<!--表单内部-->
性格：<input type="CHECKBOX" CHECKED>热情大方
      <input type="CHECKBOX">温柔体贴
      <input type="CHECKBOX">多情善感<BR>
```

（5）下拉菜单。下拉菜单（select）有多个选项，不点击时节省空间，表单显得整洁。下面是用户在地址中选择省（市）名的代码：

```
城市：<select size=1>
        <option>上海市</option>
        <option>江苏</option>
        <option>安徽</option>
   </selection><br>
<! - -表单内部 - ->
```

下拉菜单 size 属性指定菜单上可以同时显示多少个选项。如果 size 为 1，则菜单最初显示第一个选项和一个下拉按钮。发送到服务器端程序的数据包括每个所选选项的名/值对。

（6）提交按钮。表单的提交按钮如下：

```
<input type =“submit”value =“提交”/>
```

使用有意义的按钮名称，如提交、登录等，表示表单的用途。

表单可以有多个具有不同值的提交按钮。例如，会员申请表单可能有 Trial 按钮，用于普通会员和测试会员。发送到服务器端程序的数据包括被单击的提交按钮的 submit =“value”。

例 2-30 单行、多行文本框、口令框、单选按钮、复选框和下拉菜单构成的表单网页，cha2-30.htm 代码如下：

```
<html>
<head>
<title>单行、多行文本框、口令框、单选按钮、复选框和下拉菜单</title>
</head>
<body>
<form ACTION="do_submit.asp" METHOD="POST">
姓名：<input type="TEXT" NAME="USERNAME"><BR>              <!--多行文本框-->
密码：<input type="PASSWORD" NAME="USERPWD"><BR>          <!—密码框-->
性别：<input type="RADIO" NAME="SEX" CHECKED>男            <!—单选框-->
      <input type="RADIO" NAME="SEX">女  <BR>
```

```
性格：<input type="CHECKBOX" CHECKED>热情大方          <!--复选框-->
      <input type="CHECKBOX">温柔体贴
      <input type="CHECKBOX">多情善感<BR>
简介：<textarea rows="3" cols="30"></TEXTAREA><BR>     <!--多行文本框-->
城市：<select size=1>                                  <!--下拉菜单-->
      <option>上海市</option>
      <option>江苏</option>
      <option>安徽</option>
      </select><br>
      <input type="SUBMIT" VALUE="提交">
      <input type="RESET" VALUE="清理">
</form>
</body>
</html>
```

例 2-30 显示结果如图 2-41 所示。

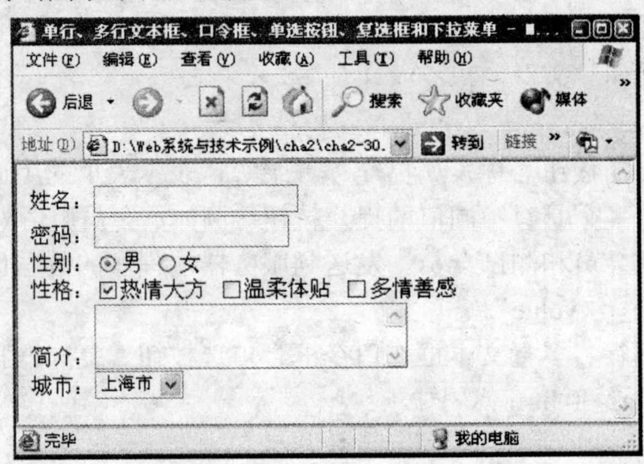

图 2-41　例 2-30 显示结果

3. 表单布局

表单是 Web 站点的关键组件，一定要使表单的视觉布局清晰、易于使用。包含表单的页面是要遵循的以下一些规则：

（1）表单通常使用单列格式。相关项目（如姓名、口令）可以组织到同一行。

（2）控件的命名要一致，label 标记用于将控件名绑定到控件上。

（3）用于解释表单的文本要放在表单之前、之外。

（4）各个条目的说明可以放在每个条目前面、后面或下面，但站点中所有表单要一致放置。

（5）必要的与可选的条目要明确标示。

（6）避免长表单。将相关项目组合起来，把长表单分解为适当小、便于管理的不同部分。

（7）避免重复请求同一信息。

在实际中，表单通常用表格布局显示，用于组织与对齐输入控件与标签。更多的表单应用与服务器的处理程序开发在下册继续讨论。

小　结

XHTML 的语法用标准通用标记语言（Standard Generalized Markup Langage，SGML）定义。SGML 是 ISO（国际标准化组织）的标准语言，用于定义标记语言。HTML 所用的 SGML DTD 规范了 head、body、hl、p 之类标记。通过修订与扩展 DTD，可以方便地扩展 HTML。XHTML1.0 的三个版本（Strict、Traditional 与 Frameset）用不同 DTD 支持。XHTML 一般语法规则如下：

（1）所有标记以“<”开始，以“>”结束。标记名放在开始标记后面，标记名一定要拼写正确，标记格式如下：

<标记名 属性名 1=“属性名 1 值”；属性名 2，=“属性名 2 值” …>控制内容/标记名>。

其中属性值区分大小写。

（2）浏览器忽略不识别的标记与属性。

（3）大多数标记都有开始标记与结束标记。但有些标记（如
与<img…/>（内联图像））没有结束标记，称为空标记。空标记的反斜杠前面加一个空格“/>”。

（4）标记格式严格，不能缺少开始标记或结束标记，不能错误地嵌套标记。

（5）标记属性有的必需，有的是可选的，可以按任何顺序定义。如果未定义某个属性，即使用其默认值。

（6）标记与其属性之间、属性中的等号前后允许有一个空格和换行符。属性值中也允许有换行符和空格，但应尽量避免，因为不同浏览器可能用不同方法进行处理。

（7）body 标记只能包含块标记，不能把独立文本和内联标记直接放置在 body 标记中。

（8）HTML 源代码中的注释以“<!--”开始，以“-->”结尾。

块标记和内联标记放置网页内容。文本的空白符用于分隔单词，多余的空白符会折叠起来。文本排成行时可以左对齐、居中或右对齐。可以用三种不同列表组织和表示信息。图像可以内联到标记中，可以按多种方式对齐。

HTML 标记及其属性主要用于提供文件结构。标记可以用 style 属性定义样式，id 唯一地标识一个标记对象，class 用于样式表（见第 3 章）关联。

h1～h6 用于节标题，p 用于段落，br 用于换行，与 blockquote 用于内联和块引文，hr 用于水平线，ul 用于无序列表，ol 用于有序列表，dl 用于定义列表（包括 dt 与 dd），img 用于内联图像，map 用于图像映射（包含 areas），a 用于超链接，span（div）连接样式属性。

超链接可以把文本或图像用作定义点，定义点指向不同 URL。除了 Web 页面之外，URL 还可以链接 FTP、Telnet 与 email 之类的 Internet 服务。

在 XHTML 中，所有标记和属性采用小写字母，所有属性值要放在双引号中。适用所有标记的重要属性有：id、style、class 与 title。

习 题

1. title 标记提供的信息在哪里显示？
2. 试举出三个没有结束标记。
3. HTML 文件中如何进行注释？
4. HTML4.01 与 XHTML1.0 有什么关系？
5. 页面中的标题、短行、段落如何水平居中？
6. 样式声明中如何指定长度单位？样式声明中如何指定颜色？
7. 列出并说明 HTML 中三种不同的列表元素。如何控制列表的项目符号样式？
8. 什么是完整 URL？相对 URL？相对 URL 有哪两种？
9. 链接本地文件的 URL 采用什么形式？
10. 通常使用的图像格式有哪些？为什么图像标记是一个内联标记？
11. 图像能否锚定超链接？链接在图像上会产生什么效果？
12. 什么是图像映射？它有什么作用？图像映射放在 HTML 文件中的什么地方？图像与图像映射如何关联？
13. 制作简单的个人主页，向世界介绍你自己，提供简历、照片、兴趣、专长等。
14. 在 Web 页面上试用不同字体、字行、行高设置。设置不同于图像原始尺寸 width 与 length，看看显示效果。
15. 在页面上某些标记中放上 id，从另一页面边接到这个页面位置，是否可行？
16. 下列超链接的标记，说明各部分的作用

<a id=“first note” href=“URL”>点击这里 /a>

第3章 样式表

3.1 CSS页面格式模型

3.1.1 CSS概述

XHTML标准前的HTML要同时描述页面的结构与样式。随着Web的演变，人们趋向于把网页结构和样式分开。这样，同一网页结构可以连接不同的样式，从而在处理和显示网页时提供更大的灵活性。

XHTML 淘汰了许多样式相关的标记与属性。HTML 的重点已经转到网页结构上，使其可以由程序控制处理。W3C 推荐的网页文档对象模型（Document Object Model，DOM）提供了标准编程接口，可以在程序控制下访问页面文档的对象，动态地控制页面显示。显示样式由级联样式表 CSS（Casecading Style Sheets，CSS）完成，级联样式表简称样式表，它提供了很强的控制样式的能力。

从第2章介绍可以看出，HTML既要描述网页文档结构，又要描述其显示样式。介绍了的样式的许多属性，如字体、对齐、颜色、长度、边框等，属性取值及其它们对页面显示样式的影响，这些是CSS的最基本概念。在此基础上，本章进一步介绍CSS及其运用。

3.1.2 CSS块框布局

CSS页面样式规范了标记对应的块框，它是页面样式标准的基础。块标记产生对应的块框，文本与内联标记产生对应的内联框。<p>、<hn>、<ul>、<li>、<table>、<div>等属于块标记。标记可以嵌套，外层的块标记叫父标记，内层的块标记叫子标记。父标记形成的框叫父框，子标记形成的框叫子框。<div>属于块标记，但是，它一般用来组织、定位块框。

<em>、<strong>、<a>、<span>、<img>、<sub、<sup>等标记只用于块标记内部，属于内联标记。内联标记、图像和文本形成内联框。

<body>或<frame>标记构成初始框，也叫根框，根框标记确定在特定位置

显示一个根框，按 XHTML 标准，根框不可以直接布局文本或图像等内联标记。在这个根框中，不同的块标记，产生叠起或平铺的块框。每个标记的框包含一个内容区和内容区周围的填空、边框与边距（图 3-1），内容区显示标记控制的内容。

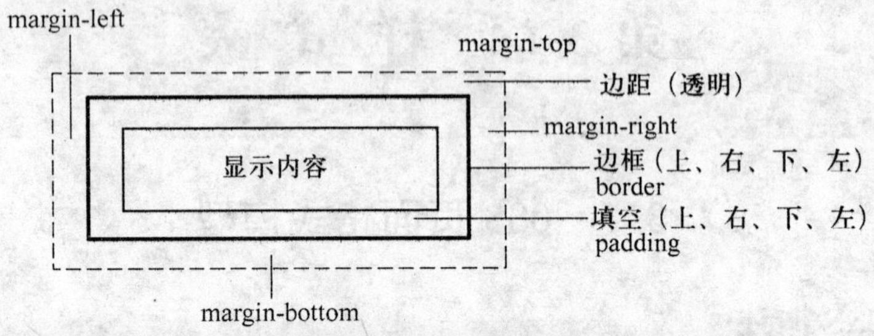

图 3-1　CSS 块框模型

块框与内联框有各自不同的布局规范。

块框布局中如果父块标记只包含块标记，则子标记对应的块框重叠布局（图 3-2（a））或上下平行布局（图 3-2（b））。每个子块框默认宽度与父框可用宽度相同，即父框可用宽度成为子框宽度：

可用宽度=左（边距+边框+填空）+内容+右（边距+边框+填空）。

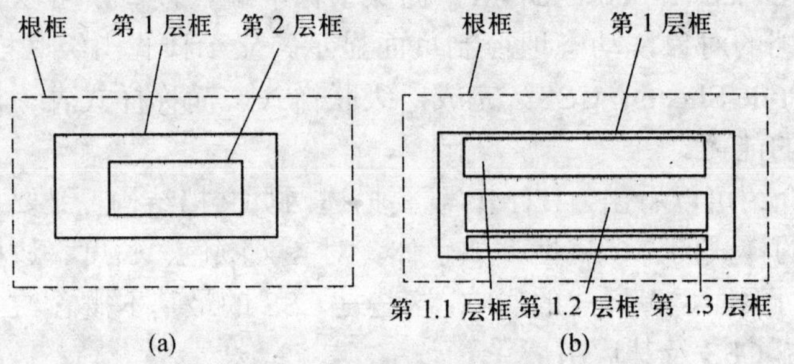

图 3-2　块框构成的结构规范

块框嵌套布局对应标记嵌套，为了管理标记嵌套，每个标记设置一个 z-index 属性描述其在 z-轴上的层叠层次），根框的 z-index 为 0。x 与 y 方向对应浏览器视窗，而 z 方向与视窗垂直。层次较大的标记框位于嵌套层次较小的标记框前面，前面的标记框会遮住后面的标记框。由于 background-color 的初始值为 trasparent（透明），因此可以透过前面的元素看到后面的元素。但如果把 background-color 设置成别的值，则无法透视。

每个块框设置得可以放下其内容。块框之间的垂直间隔由相邻框的上下边距属性确定。在正常排版中，相邻的块框垂直边距重叠成为一个边距，其高度等于两个相邻边距中较大的边距（图 3-3）。

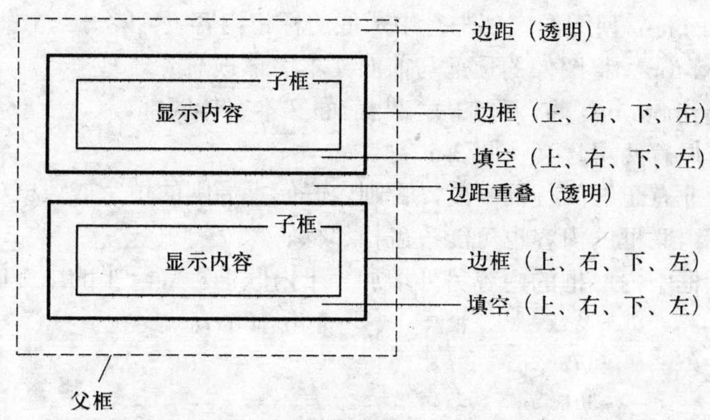

图 3-3　块框模式下块框之间的布置

3.1.3　内联布局

如果父块标记包含内联标记与文本，则子标记按内联布局格式化。内联框文本沿行宽排列，并在必要时自动换行以形成多行，这时必须考虑水平边框、边距和填空。

在一行中包含内联框的矩形区域称为行框（图 3-4）。行框的高度为内联框加上上下各一半行距（行距=行高−字形大小：line-height-font-size）。这样，文本内联框的高度就是行高（line-height），而 img 内联框的高度就是图像高度加行距。上下边界、边距与填空不影响内联框的高度。行中的内联框可以按 vertical-align 属性垂直对齐。vertical-align 取值如下：

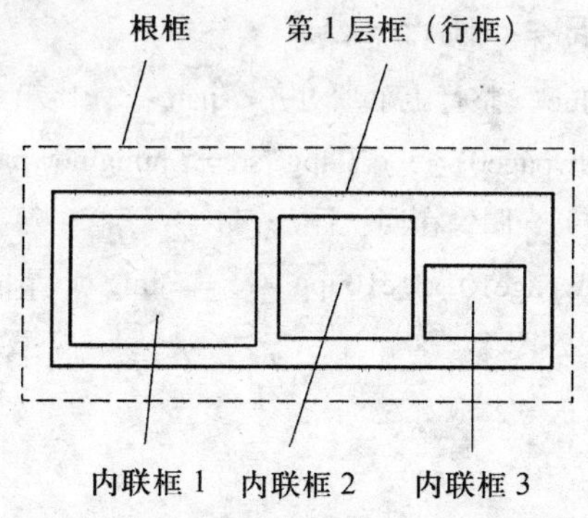

图 3-4　内联模式下行框中内联框的布局

（1）top：使图像顶部与行中最高的标记内容（可能另一个图像）对齐。

（2）bottom：使图像底部与行中最低的标记内容（可能另一个图像）对齐。

（3）baseline：使图像底部与行中最低的标记内容（可能另一个图像）对齐。

（4）text-top：将图像的顶部与前面文本字体顶对齐。

（5）text-bottom：将图像的底部与前面文本字体底部。

内联布局有两层含义（图 3-5）：

（1）除非有足够的行框高度，否则内联元素周围的填空或边框可能和相邻的行重叠。内联框的内容也可能覆盖相邻行。

（2）行框中内联框的内容另外增加等于内联框行高一半的上下间距。

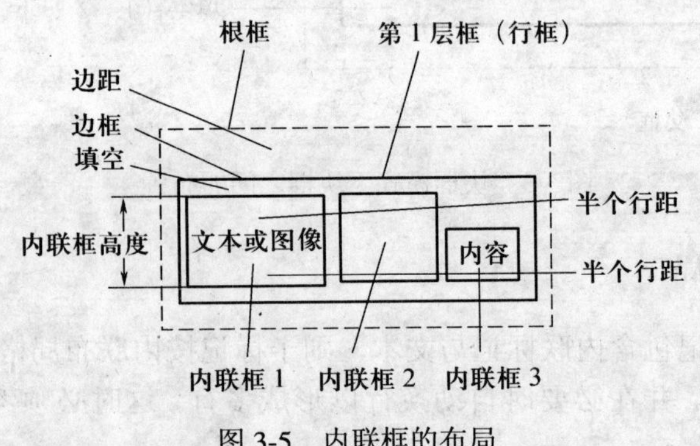

图 3-5　内联框的布局

例 3-1　利用块框、内联框布局页面。cha3-1.htm 内容如下：

```
<html>
<title> 使用样式规则定义 h1、h2、h33 字号、颜色</title>
<body>
<h3 style ="color:blue" >整行对齐  </h3>                <!--第 1 个块框包含文本-->
<p> <!--第 2 个块框，包含 5 个内联框-->
   <span style ="color:blue" >整行上下顶对齐</span>     <!--第 1 个内联框-->
   <img alt = "..\img\newpage01_r5_c20.jpg" src= "..\img\newpage01_r5_c20.jpg"
style="vertical-align:top"/>与另一图像在同一行          <!--第 2，3 个内联框-->
   <img alt ="..\img\newpage10_r3_c10.jpg" src ="..\img\newpage10_r3_c10.jpg"
style="vertical-align:baseline" />图像                  <!--第 4，5 个内联框-->
</p>
</body>
</html>
```

图 3-6 显示了例 3-1 不同模式框的布局，它包含两个不同高度的块框。第一个块框对应于 h3 标记，此块框包含标题文本的内联框。第二个块框对应于 p 标记，包含 5 个内联框，按指定方式上下对齐，其边界用虚线标出。

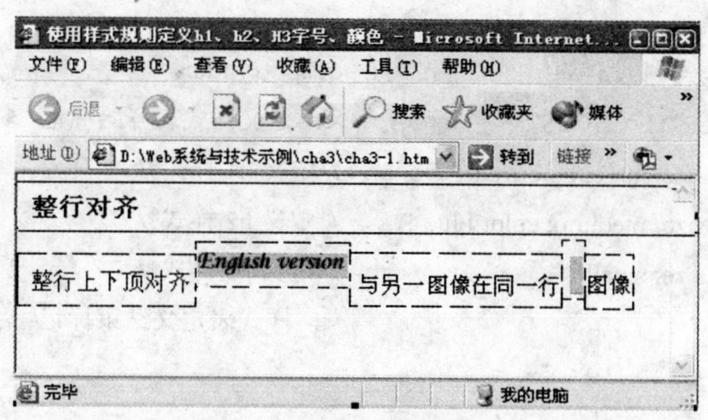

图 3-6　不同模式框的布局

3.2　样式表规则

按 XHTML 标准，Web 页面由两个基本部分组成：XHTML 代码与 CSS 代码。样式表定义一组样式规则。XHTML 页面标记引用相匹配的样式表规则，控制页面的样式。如果没有这种样式规则，浏览器就只能使用默认样式和用户设置的样式来显示 HTML 标记控制的内容。

样式表可以在 HTML 网页中定义，也可以作为样式表文件独立保存，其后缀为.css。在样式表中，注释语句放置在“/*”与“*/”之间。

CSS 的样式规则构成如下：

选择器（即选择符）{属性 1：属性值 1；属性 2：属性值 2；属性 3：属性值 3}

例如：h1　{font–size：large；color：red}

选择符 h1 定义所有一级标题的字号为 large，这是 CSS 预定义 h1 的字号，定义字的颜色为深蓝。这条规则只影响字号、颜色，其他样式属性保持预定义的值，例如标题的字体仍然保持预定义的粗体。类似可以定义二级标题 h2、三级标题 h3。

h2　{font–size：medium；color：blue}

h3　{font–size：small；color：blue}

HTML 网页的标记如果与 CSS 的样式规则的选择符匹配，标记的样式属性引用相应样式规则。

例 3-2　使用样式表样式规则定义 h1、h2、h3 标题的字号和颜色。cha3-2.htm 内容如下：

```
<html>
```

```
<head>
<title> 使用样式规则定义 h1、h2、h3 字号、颜色</title>
  <style   type="TEXT/CSS">                    <!--定义样式表开始标记-->
    h1 { font-size: large; color:red }          /*定义 h1 样式*/
    h2 { font-size: medium; color:blue }        /*定义 h2 样式*/
    h3 { font-size: small }                     /*定义 h3 样式*/
  </style>                                      <!--样式表定义结束标记-->
</head>
<body>
  <h1>第 3 章  样式表</h1>
  <h2>3.1 CSS 页面格式模型</h2>
  <h3>3.1.1 CSS 概述  </h3>
  <h3>3.1.2 CSS 块框布局</h2>
  <h2>3.2 CSS 样式规则</h2>
  <h3>3.2.1  选择符规则</h3>
  <h3>3.2.2  选择类规则</h3>
</body>
</html>
```

例 3-2 显示结果如图 3-7 所示。

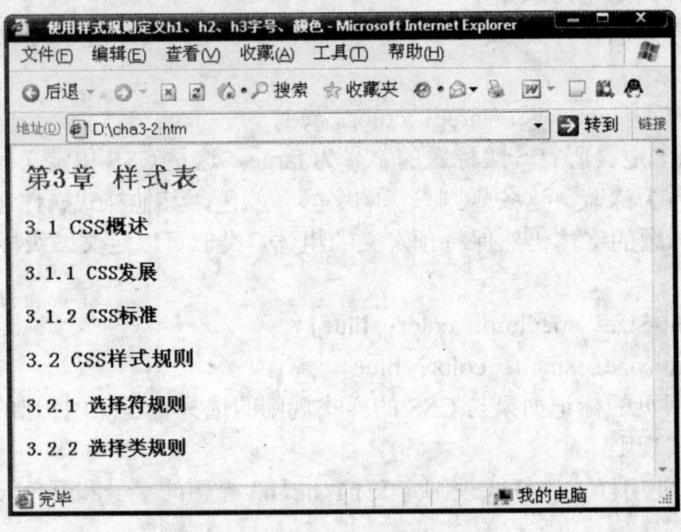

图 3-7　例 3-2 运行结果

3.3 定义样式表的三种方式

网页定义样式表有三种方式：head 内定义、body 内定义和作为独立的样式表文件定义

3.3.1 head 内定义

在 head 标记中利用 style 标记定义样式规则，其格式如下：

```
<style   type="TEXT/CSS">              <!--定义样式表开始标记-->
@import ure（样式表文件名）;            <!--定义样式表样式表规则-->
</style>                               <!--定义样式表结束标记-->
```

style 标记的属性 type 取值"TEXT/CSS"，它们告诉浏览器定义了新的样式表，网页的标记要按对应的新定义的样式规则设置样式属性值。

例 3-3 使用样式表定义 h1 标记的颜色、字号和段 p 的底色。cha3-3.htm 内容如下：

```
<html>
<head>
<title></title>
<style type="TEXT/CSS">
  h1 {color:green;font-size:37px;}          /*标题 h1 样式规则重定义颜色和字号*/
  p {background:yellow;}                    /*段标记样式规则重定义底色*/
</style>
 </head>
 <body>
 <h1>第 3 章  样式表  </h1>
 <p>
从第 2 章介绍可以看出，HTML 既要描述网页文档结构，又要描述其显示样式。不同的 HTML 标记配合不同显示样式属性、不同的样式属性值，文档结构描述与显示样式描述掺和在一起，这是 HTML4.01 以前的 HTML 标准的缺点。因为这样的样式描述在网页之间不可共享，在同一网页不同部分也难于共享。
</p>
</body>
</html>
```

例 3-3 显示结果如图 3-8 所示。

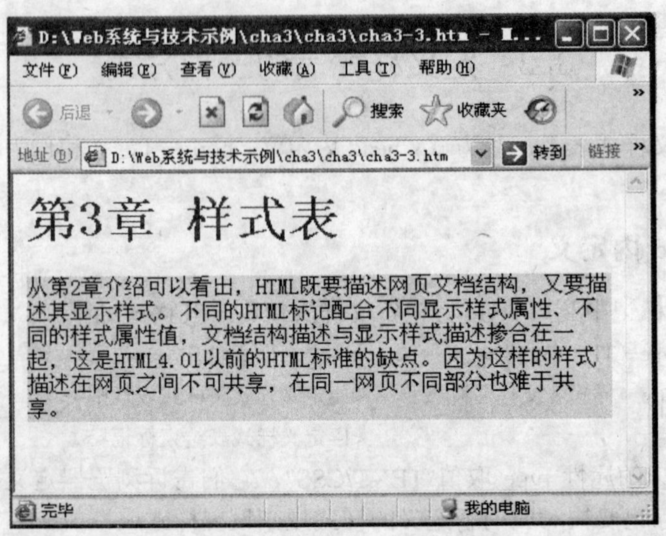

图 3-8 例 3-3 显示结果

3.3.2 body 内定义

body 内定义样式表如例 3-4 所示。显然，这种方式不适应多个相同标记间的样式规则共享，是不推荐使用的方式。

例 3-4 body 内定义样式表，其显示效果与例 3-3 相同。cha3-4.htm 内容如下：

```
<html>
<head>
<title>Body 内引用样式表</title>
</head>
<body>
<h1 style="color:green;font-size:37PX">第 3 章  样式表</h1>
<p style ="background:yellow">
```

从第 2 章介绍可以看出，HTML 既要描述网页文档结构，又要描述其显示样式。不同的 HTML 标记配合不同显示样式属性、不同的样式属性值，文档结构描述与显示样式描述掺和在一起，这是 HTML4.01 以前的 HTML 标准的缺点。因为这样的样式描述在网页之间不可共享，在同一网页不同部分也难于共享。

```
</p>
</body>
</html>
```

3.3.3 定义外部样式表文件

样式表存放为文件，后缀为.css。例如，存放的样式表文件名为 myCss.css，其规则如下：

```
h1 {color:green;font-size:37px;}   /*标题 h1 样式规则重定义颜色和字大小*/
p {background:yellow;}             /*段标记样式规则重定义底色*/
```

不同的页面引用该样式表文件有两种形式：关联链接方式（link）和导入方式（import）。

1. 关联链接方式

如例 3-5 所示，网页首部利用标记 link 的属性定义链接的样式表文件，其格式如下：

```
<link rel="STYLESHEET" href="myCss.css" type="TEXT/CSS">
```

link 属性说明如下。rel：样式表；href：引用的样式表文件的地址（路径+文件名）；type：文件内容类型。

例 3-5 关联链接方式引入样式表，其显示效果与例 3-3、例 3-4 相同；这里，样式表 cha3-5.css 和链接网页在同一路径下，cha3-5.htm 内容如下。

```
<html>
<head>
<title></title>
<link rel="STYLESHEET" href="cha3-5.css" type="TEXT/CSS">
</head>
<body>
<h1>第 3 章  样式表</h1>
<p>
从第 2 章介绍可以看出，HTML 既要描述网页文档结构，又要描述其显示样式。不同的 HTML 标记配合不同显示样式属性、不同的样式属性值，文档结构描述与显示样式描述掺和在一起，这是 HTML4.01 以前的 HTML 标准的缺点。因为这样的样式描述在网页之间不可共享，在同一网页不同部分也难于共享。
</p>
</body>
</html>
```

样式表文件 cha3-5.css 内容如下：

```
h1 {color:green;font-size:37px;}   /*标题 h1 样式规则重定义颜色和字大小*/
p {background:yellow;}             /*段标记样式规则重定义背景颜色*/
```

2. 导入方式

如例 3-5 所示，页面首部利用样式标记 style 实现样式表文件的引入，其格式如下：

```
<style type="TEXT/CSS">
        @import url(cha3-5.css);
</ style >
```

style 属性说明如下。type：文件内容类型；@import：导入样式表文件；url（cha3-5.css）：样式表文件地址（路径+文件名），这里 cha3-5.css 和导入网页在同一路径下。

例 3-6 导入样式表。cha3-6.htm 内容如下：

```
<html>
<head>
<title></title>
  <style type="TEXT/CSS">
          @import url (cha3-5.css);
  </style>
<body>
<h1>第 3 章  样式表</h1>
<p>
从第 2 章介绍可以看出，HTML 既要描述网页文档结构，又要描述其显示样式。不同的 HTML 标记配合不同显示样式属性、不同的样式属性值，文档结构描述与显示样式描述掺和在一起，这是 HTML4.01 以前的 HTML 标准的缺点。因为这样的样式描述在网页之间不可共享，在同一网页不同部分也难于共享。
</p>
</body>
</html>
```

3.4 网页标记匹配 CSS 的规则的方式

网页的 HTML 标记引用 CSS 样式表规则有五种方法：标记选择器、通用类选择器、类选择符、id 选择器、上下文类选择器。

3.4.1 标记选择器

HTML 标记都可以作为 CSS 的样式规则的选择器。上面列举的例子都是以标记作为样式规则的选择器。例如：

```
h1 {color:GREEN;font-size:37px;}   /*标记 h1 为选择器*/
p {background:YELLOW;}             /*段标记 p 为选择器*/
```

CSS 样式规则通过这样的标记选择器来被 HTML 标记继承。

3.4.2 通用类选择器

CSS 的样式规则以通用类选择器的定义格式如下：

[*].类名{样式属性名 1：样式属性名 1 值；样式属性名 2：样式属性名 2 值}

注意：类名前必须有英文字符点“.”或“*”。

例如，定义文本居中对齐，颜色为蓝色的通用类选择符样式规则如下：

```
.center {text–lign:center; color: blue}
```

或者 `*.center {text–lign:center; color: blue}`（有的不支持“*”当头）

标记通过属性 class 的值匹配该样式规则，示例如下：

```
<h1 class = “center” > 一级标题居中 </h1>
<h3 class = “center” >三级标题居中 </h3>
<p class = “center” > 段内容居中 </p>
<table class = “center” …>
    ……<!--表格单元内容居中-->
</table>
```

XHTML 的标记设置 class 属性，利用它可以引用定义的类选择符样式规则，大大增加了引用样式表的灵活性。

例 3-7 通用类选择器构成的样式规则。cha3-7.htm 内容如下：

```
<html>
<head>
<title>通用类选择器的样式规则</title>
<style type="TEXT/CSS">
    *.center {text-align:center; color: red}
</ style >
</head>
<body>
<div class="center">这是 DIV 文本对中！ </div>
<p class="center">这是 P 文本对中！ </p>
</body>
</html>
```

由例 3-7 可以看出，通用类选择器的样式规则，可以由多个不同标记共享。例 3-7 显示结果如图 3-9 所示。

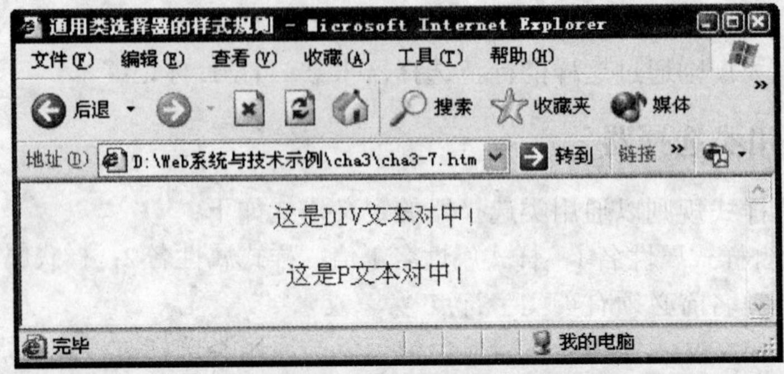

图 3-9　例 3-7 显示结果

3.4.3　类选择符

CSS 的类选择符的样式规则定义格式如下：

标记.类名{样式属性名 1：样式属性名 1 值；样式属性名 2：样式属性名 2 值}

例如：定义 cap 类选择符，要求所有 h1、h2 标题的字符大写，类选择符样式规则如下：

```
h1.cap { text–transform: uppercase }
h2.cap { text–transform: uppercase }
```

下面的 h1、h2 标记引用 cap 类选择符样式表：

```
<h1 class="cap" >The Erste Capital </h1>
<h2 class="cap" >The Second Section </h2>
```

定义 anchor 样式类，它消除了图像的边框：

```
img.anchor {border: none }
```

下面的图像标记引用了 anchor 类：

```
<img class="anchor"src="img2-1.jpg" alt="no-img" />
```

3.4.4　#id 选择器

CSS 样式规则的选择器为#id。其中，id 为 XHTML 标记的属性。#id 选择器样式规则定义格式如下：

#id 属性值 {样式属性名 1：样式属性名 1 值；样式属性名 2：样式属性名 2 值}

该规则只适用于 HTML 标记定义了其 id 属性的情况，如：

<标记　id="id 属性值" > ……</标记>

网页标记的 id 用来与#id 选择器的 id 匹配，所以 XHTML 设置标记的 id 属性的重要性是可想而知的。

例 3-8 样式规则的选择器为#id 属性值的示例。cha3-8.htm 内容如下：

```
<html>
<head>
<title></title>
<style type="TEXT/CSS">
  #section1 {color:"red" }
</style >
</head>
<body>
    <p id=section1>这是 id 选择符号！ </p>
</body>
</html>
```

3.4.5 上下文类选择器

上下文类选择器用于标记控制的文本的第一行或第一个字母的样式，其样式规则如下：

```
    /*首行字母大写*/
 p.initial:first-line {text-transform:uppercase;text-indent:2em}
```

上下文类选择器更常用于显示不同状态的超链接，以便浏览器客户方便地辨认超链接还未访问、已经访问、准备单击（鼠标位于链接上）和正在单击四种情况，这四种情况对应的超链接上下文类选择器如下：a:link、a:visited、a:active 和 a:hover。

例 3-9 上下文类选择器样式规则示例。cha3-9.htm 内容如下：

```
<html>
<head>
<style type="TEXT/CSS">    <!--定义样式表-->
    p.drop:first-letter            /*类选择器 p.drop，上下文标识：first-letter */
      { font-size: 280%;          /*首个字母字号放大*/
        font-weight:bold;         /*首个字母粗字形*/
        float:left;               /*首个字母浮动左对齐*/
        margin-right:3px;         /*首个字母右填空距离*/
        margin-bottom:-6px        /*首个字母下填空距离*/
```

```
        }
    p.raise:first-letter
    { font-size:280%;               /*首个字母字号放大*/
      font-weight:bold;
      letter-spacing:2px;           /* not margin */
     }
    p.initial:first-line
     {text-transform:uppercase;     /*首行字母大写*/
        }
  </style>
</head>
<body>
<p class="raise"> 该样式应用于块标记时，可控制文本第一行第一个字符的上凸、放大。
</p>
<p class="drop">
该样式应用于块标记时，可控制文本第一行第一个字符的下凹、放大。
</p>
<p class="initial"> 该样式应用于块标记时，可控制文本第一行的字母的大写。
</p>
</body>
</html>
```

例 3-9 显示结果如图 3-10 所示。

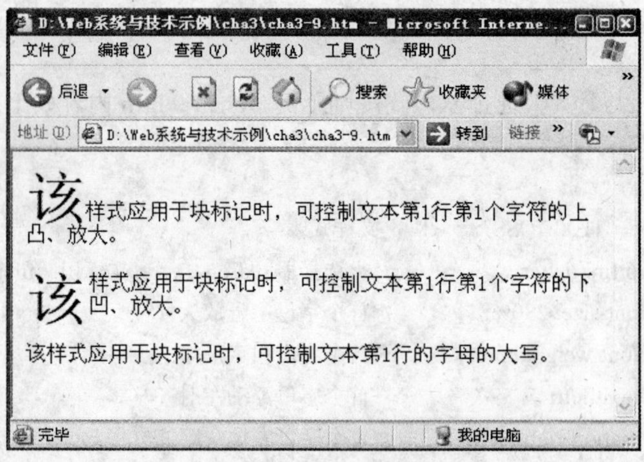

图 3-10　例 3-9 显示结果

例 3-10　超链接上下文类选择器示例,它实现指示不同状态的超链接(还未访问、准备单击、已经访问)。cha3-10.htm 内容如下:

```
<html>
<head>
    <title>伪类选择器示例 </title>
    <style type="TEXT/CSS">
    a:link{color:red ;font-size:9pt;text-decoration:none}
    a:visited{color:blue;font-size:9pt;text-decoration:none}
    a:hover{color:green;font-size:15pt;text-decoration:underline}
    </style>
</head>
<body>
<a  href="#">这是超级链接</A>   <!-- #链接当前位置   -->
</body>
</html>
```

例 3-10 显示结果如图 3-11 所示。

图 3-11　例 3-10 显示结果

3.5　页面总体样式设置

站点页面的外观一致是 Web 设计的最基本要求。定义页面边界、字体、前景与背景颜色及文本、标题、行高和链接样式，构成了页面总体样式的基本规则，然后将其用于站点的各个页面。设计合理的站点应该在所有页面中使用一致的字体、字号和行高设置。CSS 规则很容易实现这个效果。

3.5.1 body 标记的文本样式表设置

body 标记大多数样式属性设计适用于整个页面。前面曾介绍过，字体、字号、行距（行分隔）可以影响整个站点的外观和可读性。建议使用标准 CSS 字号，而不用像素和磅值设置。这样，字体在不同屏幕大小和分辨率时都能顺利显示。此外，使用大一点的行距以增加可读性。例如：

```
body
{ font: small 宋体,仿宋体;
    color: black;                    /*文本颜色 */
    background–color:white;          /*文本颜色（1）*/
    margin:0px 0px 30px 0px;         /*设置上、右、下、左边距*/
    border:none:                     /*不显示边框（2）*/
}
```

整个页面的文本设置为 small（比 medium 小一级）。font 样式属性可以定义所有与字体相关的属性，其一般形式如下：

font: style variant weight size/line–height family

其中只有字号（size）与字体（family）是必要的。

通常，line-height 等于 font-size 的 120%。为了提高屏幕上文本的可读性，建议将行距定义为字号的 1.5 倍，如下所示：

h1，h2，h3，p，li { line–height:150% }

background-color 属性设置为白色（见上面（1）），这是初始值，也可以设置一幅图像作为背景。页面只有底边距设置为 30 像素，其他 3 边设置边距为 0，页面不用边框（见上面（2））。

3.5.2 标题文本样式表设置

标题文本样式表设置一般如下：

```
h2                                        /*页面 2 号标题样式*/
{   font–weight: bold;                    /*页面 2 号标题字体粗*/
    text–transform: capitalize;           /*页面 2 号标题文本大写*/
    color:#666;
    font–size: medium;                    /*定义字号*/
}
h2.red {color: #933; }                    /*页面 2 号标题字颜色*/
strong.Heading                            /*页面副标题样式*/
 {font–weight: bold; display:block; }     /*字体粗，块框显示 */
```

结合上述样式规则构成样式表文件，名为 cha3-11.css。

例 3-11　页面总体样式表 cha3-11.css。cha3-11.htm 程序如下：

```
<html>
<head> <title> 总体样式表 </title>
<link rel = "stylesheet" href = "cha3-11.css"
   type = "text/css" title = "例" </link>
</head>
<body style = "margin-top:30px">
<! - - enter div below on one line - - >
<h2 class="red">3.5 css 应用</h2>
<h3>3.5.1  页面总体样式</h3>
<p>
<strong class="Heading">
      站点页面的外观一致是 Web 设计的最基本要求。
</strong>
</p>
<p class="abstract">
  定义页面边界、字体、前景与背景颜色及文本、标题、行高和链接样式，构成
了页面总体样式的基本规则，然后将其用于站点的各个页面。设计合理的站点应该
在所有页面中使用一致的字体、字号和行高设置。CSS 规则很容易实现这个效果。
</p>
</body>
</html>
```

例 3-11 显示结果如图 3-12 所示。

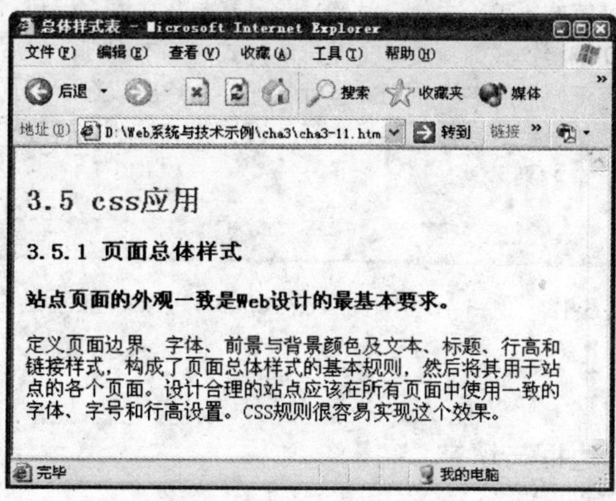

图 3-12　例 3-11 显示结果

3.5.3 文本对齐、缩进与凸出

为了文本的对齐，可以设置属性 text–align。text-align 属性适用于块元素，控制其内容对齐方式，取值为 left（左对齐）、right（右对齐）、center（对中）和 justify（两边对齐）。例如：

h2，h3{text–align: center}使所有 2 号、3 号标题行对中。

要让段首行缩进，可以用下列样式：

p {text–indent:1em}使段首行缩进 2 个字符。

使整个段落缩进，可以增加左右边距。例如：

p.abstract {margin–left:3em; margin–right:3em }

这会使段落居中，并将左右边距各增加 3em。

如果在 cha3-11.css 样式表中增加上述段首行缩进、整体对中缩进的规则(见 cha3-11-1.css)，同样的例 3-10 引用 cha3-11-1.css 样式表，显示结果如图 3-13 所示。

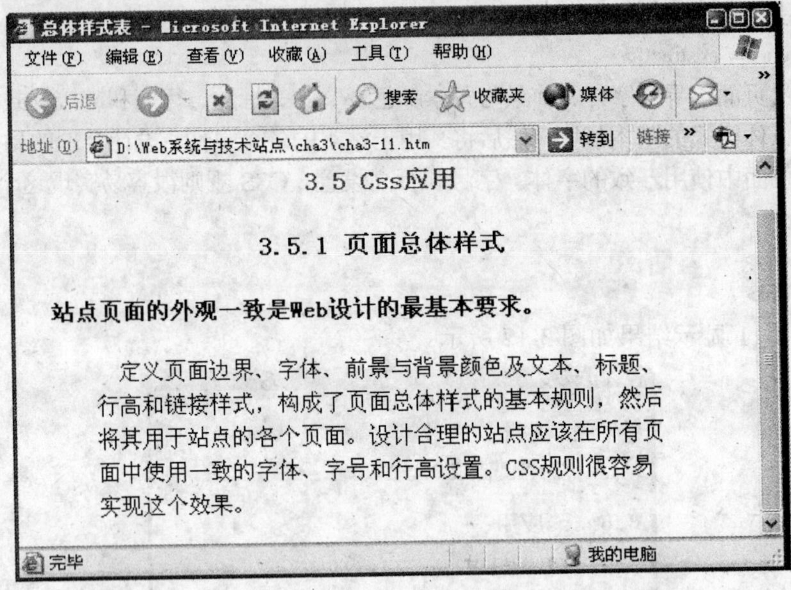

图 3-13 例 3-10 引用样式表 cha3-11-1.css 显示结果

3.5.4 文本布局

1. 设置边距、边框与填空

边距使用下列属性设置：

margin–top: length　　　　margin–right:length

margin–bottom: length　　　margin–left: length

边框与填空的设置方法与之类同，还可以使用简写方法。例如：

padding:2px

将四条边的填空设置为两像素。

margin: 50px10%　50px10%　　/*上、右、下、左 */

设置四个边距。利用这种简写方法，可以取 1 个～4 个值：

（1）一个值：用于所有边。

（2）两个值：第一个值用于上下边，第二个值用于左右边。

（3）三个值：分别用于上边、左右边和下边。

（4）四个值：分别用于上、右、下、左四边。

看起来很复杂，其实很有规律：数值按上、右、下、左顺序设置。如果不足四个值，则缺少的值从对相对外的一边取。如果边距为负，则边框侵占相邻框的边距。

填空区使用与内联标记本身相同的背景。边框颜色和样式用专门边框属性设置。边距总是透明的，因此可以透视父元素。两个显示标记的内容之间的垂直边距（如段落与表格）是上方元素的下边距与下方元素的上边距中较大的边距。这种特性也称为边距重叠。

框的水平宽度等于标记内容宽度（即文本或图像）加上填空、边框与边距区的宽度。框的垂直高度取决于字号（或图高）和行高设置。

设置四个边框的样式（border-style）、宽度（border-width）和颜色（border-color）。

border-style 属性的值可以取 dotted、dashed、solid、double、groove、ridge、inset 或 outset。三维项目用边框颜色产生三维效果。border-style 属性可以取四条边（上、右、下、左）的四个值之一，缺少的值从对边取。

border-width 值可以取 thin、medium、thick 或一个长度。border-color 值可以取任何颜色。border-width 和 border-color 两个属性也可以取一个 4 值代表四个值，也可以独立设置 border-top-width、border-right-width、border-bottom-width 与 border-left- width。

属性 border-top、border-right、border-bottom 与 border-left 都可以取值为长度、颜色和边框样式，例如：border–left: thin #000 solid。

2. 控制内联文本的水平对齐方式

块标记利用 text-align 属性控制内联文本的水平对齐方式，更进一步可以控制字母间距、词间距、行高、水平与垂直对齐方式、首行缩进、装饰和变换。

（1）word-spacing：控制词间距，取值为 normal 或正常间距加减一个长度。

（2）letter-spacing：控制字符间距，取值为 normal 或正常间距加减一个长度。

（3）line-height：控制文本行间距离，设置相邻基线间的高度。取值为长度值、百分比。百分比相对于当前字号，是标记或子标记所用的字号的倍数。

（4）vertical-align：控制文本、图像等内联元素的垂直对齐方式。取值为 sub 与 super 及 2.18 节介绍的设置。

（5）text-align：控制文本的水平对齐方式（参见 2.11 节）。

（6）text-indent：控制文本首行缩进，取值为长度或百分比。

（7）text-decoration：控制文本装饰，取值为 none：不加修饰；underline：加下划线；overline：加上划线；line-through：加删除线；blink：闪烁。

（8）text-transform：控制文本进行某种转换，取值为 capitalize：首字母大写；uppercase：字母大写；lowercase：字母小写；none：不转换。

3.6 样式表应用示例

3.6.1 导航栏

1. 利用边框属性布局导航栏

醒目、方便、操作容易的导航栏是一个 Web 站点制作的重要技术。从浏览器客户角度看，希望了解自己在站点中当前的位置、怎么到希望到的位置。好的导航系统必须明确标识每个页面，并提供一致的视觉和超链接状态的区分。

导航栏把重要的链接集中到一个地方，访问者希望从页面上方和左边找到导航结构。通常，右边和下边还提供辅助导航链接。鼠标光标放在超链接上时，超链接可以显示“超链接的描述”或“下一层次导航栏”，这就是所谓的“悬停”效果。下面示例定义具有“悬停”效果的不同导航栏样式，这些导航栏结构清晰，使用方便。

例 3-12 利用文本内联标记边框属性构造一个具有“悬停”效果的导航栏。例 3-12.htm 程序和对应的样式表文件 cha3-12.css 如下。为了便于阅读，这里把导航栏代码分成多行，浏览器显示该网页实际上是一行，没有多余空格。cha3-12.htm 内容如下：

```
<html>
<head> <title>导航栏利用边框分界</title>
<link rel="stylesheet" href="cha3-12.css" type="text/css"    title="navborder" />
</head>
<body style="margin:0 0 30px 0">
```

```
<table width="100%" border="0" cellpadding="0" cellspacing="0">
<tbody>
<tr><td style="width:44px"></td>
      <td colspan="2">
      <div style="margin-right: 20%">
            <h2 align=center>导航栏利用边框分界<br /><br /></h2>
         <div class="navbar">
            <a href="index.html">概  论</a>
            <span class="self">INTERNET</span>
            <span class="self"><a href="http.htm">HTTP</a>
            <span class="self"><a href="html.htm">HTML</a>
            <span class="self"><a href="css.htm">CSS</a>
            <span class="self"><a href="javascript.htm">JavaScript</a>
            <span class="self"><a href="returt.htm"> 返回首页 </a>
            <span class="self"> </span>
         </div>
     <p> </p>
     </div>
</tr>
</tbody>
</table>
</body>
</html>
```

样式表文件 cha3-12.css 设置导航栏的样式如下：

```
div.navbar                                 /* div with class navbar */
{ font-family: Arial, Helvetica, sans-serif;
  white-space: nowrap
}
div.navbar     span.self                   /* span.self 继承 div.navbar*/
{    font-weight: bold;                    /*黑体字*/
     color: #c80;                          /*设置底色*/
     border-left: 1px #000 solid;          /*设置左边框*/
     margin-left: -1px;                    /*边界重叠*/
     padding: 1px 2px;                     /*设置填空*/
```

```
}
div.navbar    a:link                      /* 超链接继承 navbar */
{   padding: 1px 2px;                     /*设置填空*/
    color: #300;                          /*设置超链接字颜色*/
    border-left: 1px #000 solid;          /*设置左边框*/
    margin-left: -1px;                    /*边界重叠*/
    text-decoration: none                 /*不设置下划线*/
}
div.navbar   a:hover                      /*鼠标指向超链接*/
{   background-color: #eb0;               /*设置底色*/
    color: #200;                          /*设置超链接字颜色*/
    padding: 1px 2px;                     /*设置填空*/
    border-top: 1px #000 solid;           /*设置顶边框*/
    border-bottom: 1px #000 solid;        /*设置底边框*/
    margin-left: -1px;                    /*设置左边距*/
    text-decoration: none                 /*不设置下划线*/
}
```

例 3-12 显示结果如图 3-14 所示。

图 3-14　例 3-12 显示结果

该样式的导航栏可以放在任何合适的页面中，提供站内导航。此导航栏具有下列特点：

（1）用竖线可视地分隔链接。

（2）鼠标放在导航栏中的链接上时，背景变成金色。

（3）当前页面的链接不活动，以金色粗体字显示，从而便于标识。

（4）显示链接时不用通常的下划线，使导航栏更加整洁。

2. 按钮式导航栏

例 3-13 模仿按钮，按下凹进，保持到其他点击才抬起。cha3-13.htm 内容如下：

```
<html>
<head> <title>按钮样式的超链接</title>
<link rel="stylesheet" href=" cha3-14.css" type="text/css"    title="buttons" />
</head>
<body style="margin:0 0 30px 0">
<table width="100%" border="0" cellpadding="0" cellspacing="0">
<tbody>
<tr><td style="width:44px"></td><td colspan="2">
    <div style="margin-right: 20%">
        <h2>按钮样式的超链接<br /><br /></h2>
    <div>
     <a class="button" href=#> 按钮样式超链接 </a><br /><br/>
     </div>
   </div>
</td></tr>
</tbody></table></body></html>
```

例 3-13 显示结果如图 3-15 所示。

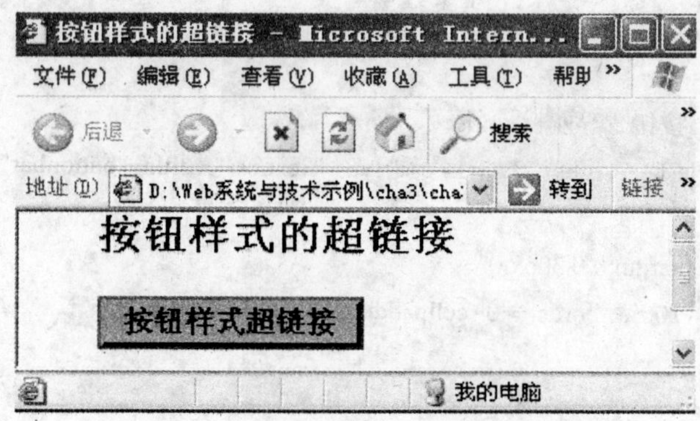

图 3-15 例 3-13 显示结果

按钮式的样式表如下：

```
a.button                               /*按钮样式的类*/
{   font-family: 宋体;                  /*字形宋体*/
    font-weight: bold;                 /*粗体文本*/
```

```
    text-decoration: none;                  /*无下划线*/
    background-color: #eb0;                 /*底色*/
    color: #200;
    padding: 2px;                           /*填空*/
    border-width: 3px;                      /* 3D 效果需要的边宽*/
    border: outset;                         /*未按下样式*/
    border-color: #eb0;                     /* 3D 效果需要的边框颜色*/
}

a.button:active                             /*按击时*/
{   border: inset;   }                      /*按下样式*/
```

button 类的 border 取值 outset（第二行），这是 3D 像素边框（第一行）。设置指定边框颜色（第三行），使上边和左边更淡更亮，下边和右边更深更暗，使浏览器显示三维边框。样式规则选择器 a：active.button 用于 button 类中的活动的链接。一般来说，活动链接（a：active）继承<a>标记所有样式。这里，a.button：active 继承 a.button 的样式。a.button：active 样式将边框样式从 outset 变成 inset（第四行），产生按下按钮的凹进的样子。

这种按钮单个用处不大，利用它可以构造导航栏，下面就是一个示例。

例 3-14　利用例 3-13 的模仿的按钮，构造导向栏。所有模仿按钮式具有相同宽度，上下排列，周围留少量空间，按钮名称一般居中显示。这一切都是用样式表 cha3-14.css 完成的。cha3-14.htm 内容如下：

```
<html>
<head> <title>按钮式导航栏</title>
<link rel="stylesheet" href="cha3-14.css" type="text/css"  title="buttonbar" />
</head>
<body style="margin:0 0 30px 0">
<table width="100%" border="0" cellpadding="0" cellspacing="0">
<tbody>
<tr>
  <td style="width:44px"></td>
  <td colspan="2">
        <div  style="margin-right: 20%">
           <h2>按钮式导航栏</h2>
           <div class="dbar">
```

```
            <div><a class="button" href=#>第一章</a></div>
            <div><a class="button" href=#>第二章</a></div>
            <div><a class="button" href=#>第三章</a></div>
            <div><a class="button" href=#>第四章</a></div>
            </div>
        </div>
</td>
</tr></tbody></table></body></html>
```

例 3-14 显示结果如图 3-16 所示。

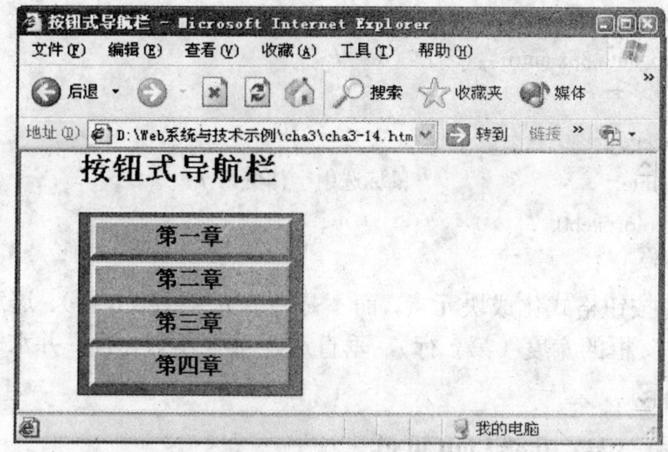

图 3-16 例 3-14 显示结果

按钮在样式 cha3-14.css 中设置，为导航栏提供宽度、背景、填空和文本居中属性：

```
div.dbar                /*（a） */
{   background-color: #a70;
    border: 1px #630 solid;
    width: 170px;
    padding: 3px;
    text-align: center;
}
/*这里 a.buttoon 定义是在前面例 3-13 中定义的 a.buttoon 基础上增加了三个属性设置（第 b~d 行）*/
a.button
{   font-family: Arial, Helvetica, sans-serif;
```

```
    font-weight: bold;
    background-color: #eb0;          /*背景金黄色*/
    color: #200;                     /*字颜色稍暗*/
    padding: 2px;
    border-width: 3px;
    border-color: #eb0;
    border: outset;
    text-decoration: none;
    display: block;                  /*另加的 3 个属性设置（b）*/
    width: 94%;                      /*（c）*/
  margin: 3px auto 3px auto          /*（d）*/
  }
  a.button:hover
  {   color: white;                  /*鼠标选中字体变白*/
     border-color: #eb0;
  }
```

浏览器将按钮格式化成块元素，而不是内联元素（第 b 行）。这意味着按钮是块框，94%父框的宽度（第 c 行），垂直边距重叠（第 d 行）并水平居中（第 d 行）。

3.6.2 定位、层次重叠与可见性

1. 定位

页面中定位块框和内联框可以利用下列位方式：正常、相对、绝对、固定。

（1）正常：块框和内联框在页面布局按正常排版的方式。

（2）相对：相对元素首先根据正常排版布局，然后在所在块中尽量向左或向右移动。内容可能在相对元素一边排列。

（3）绝对：绝对定位标记完全从正常排列中独立出来，相对于所属块（父框）设定位置。

position 属性设置标记其在页面布局中如何定位：

① position:static：标记遵循正常排版，这是标记默认定位方式。

② position:relative：标记正常布局，然后从正常位置向上、下、左、右移动。相对定位可以调整相邻元素位置的小幅度调整。

③ position:absolute。这个属性只适用于块元素。标记从正常排版中独立出来，其位置用相对于父块的 left、right、top 与 bottom 属性指定。bottom（right）

设置块框下边（右边）到所在框下边（右边）的距离。

例如，在样式边 dbar 中设置下列定位说明：

```
div.dbar
{position:absolute;
top: 30px;                /* 30 pixels from top */
left: 20px;               /* 20 pixels from left */
}
```

例 3-15 利用定位属性列表项目符号后面设置较大的空间。cha3-15.htm 内容如下，其显示结果如图 3-17 所示。

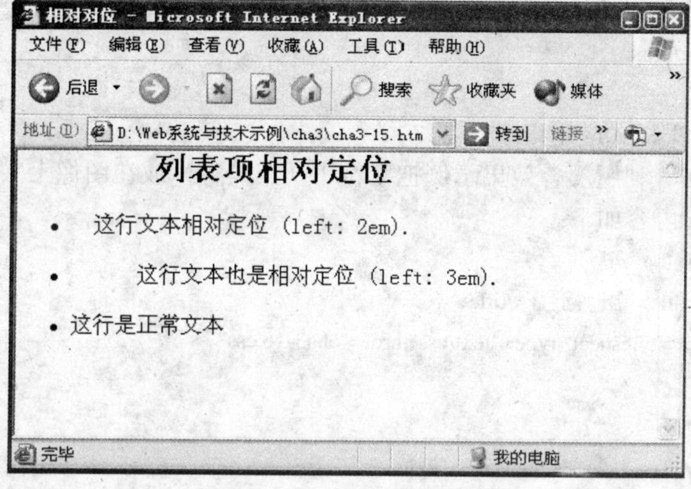

图 3-17 例 3-15 显示结果

控制定位的样式表 cha3-15.css 如下：

```
p.spacing {position:relative;left:1em}
p.morespacing {position:relative;left:3em}
```

cha3-15.htm 程序如下：

```
<html>
<head> <title>相对定位</title>
<link rel="stylesheet" href="cha3-16.css"
    type="text/css"   title="positioning" />
</head>
<body style="margin:0 0 30px 0">
<table width="100%" border="0" cellpadding="0" cellspacing="0">
<tbody>
```

```
<tr>
<td colspan="2"><div class="exhand" style="margin-right: 20%">
<h2  align="center">列表项相对定位</h2>
<ul>
<li> <p class="spacing">这行文本相对定位 (left: 1em).</p></li>
<li> <p class="morespacing">这行文本也是相对定位 (left: 3em).</p></li>
<li> <p>这行是正常文本</p></li>
</ul>
</div></td>
</td></tr></tbody></table>
</body></html>
```

2. 层叠

层叠效果样式应用很多。

例 3-16 利用层叠效果示例把字符串（第一行）放在图像上（第二行），cha3-16.htm 内容如下：

```
<html>
<head><title> 层次重叠</title>
<link rel="stylesheet" type="text/css" href="cha3-16.css" />
</head>
<body>
<div id="text1" class="caption">旅游
</div>                                    <!--（1）-->
<p><img id="image" class="photo" src="img2-2.jpg" alt="走天下" /></p> <!--（2）-->
</body>
</html>
```

样式表 cha3-16.css 将照片和文本标题以相同的位置定位（浏览器窗口）。字符串在图片前面，控制字符串的层的 z-index 为 1，父亲层的 z-index 默认为 0，字符串所在层右对齐。

```
body { background-color: grey }
img.figure
{ position: absolute;     /*绝对定位*/
left: 10px;
top: 10px;
}
```

```
div.caption
{ position: absolute;          /*绝对定位*/
    left: 300px; top: 12px;
    z-index: 1;
    text-align: right;
    font-weight: bold;
    color:red;
    font-size:xx-large
}
```

CSS 属性 visibility 可以设置为 visible（默认）或 hidden。隐藏标记并不会呈现出来，即使它可能在页面布局中占据空间。这样，就可以把隐藏标记看成是完全透明的。

在 JavaScript 控制下，定位、叠层、可见性和其他样式属性可以组合起来，产生有趣的动态效果。

利用层叠效果把字符串写在图像上如图 3-18 所示。

图 3-18　利用层叠效果把字符串写在图像上

3.7　样式表有效顺序规则

Web 页面可以使用不同来源的多个样式表：页面制作者、用户（通过设置浏览器选项）和浏览器默认样式。用户可以通过浏览器选项选择超链接下划线之类的样式规则，而浏览器总是具有HTML元素的默认样式；样式表还可以用@import 导入其他样式表。这一切会引起同一元素关联到多个样式表，它们可能相互冲突。CSS层叠顺序规则可以确定其中的多数情形：

（1）用户样式规则覆盖浏览器默认规则。

（2）页面制作者的样式表覆盖用户设置的样式表。页面制作者的样式表中相冲突的规则基于选择符规定进行选择。

（3）如果一切相同，则样式表中新的规则覆盖前面的规则。

小　结

Web页面由描述文档结构的HTML代码和描述文档样式的CSS代码组成。CSS使定义Web样式的能力大大增强。

CSS规范了块框和内联框在显示页面上布置的规则。上下边界用于设置内联框的垂直间隔，它只受line-height的控制，而块框的垂直间隔则受边界、填空和边框设置的控制。

定义CSS样式表一般有三种方式：

（1）在head中设置style标记，定义样式规则。

（2）在body中设置style标记，定义样式规则。

（3）CSS 定义成外部文件，在网页头部利用 link 关联样式表文件，或用@import导入样式表文件。外部文件的样式表可以被多个Web页面共享，页面可以方便地切换用不同样式表。这种布局为页面样式和站点维护带来了极大的灵活性。

HTML标记一般有多种匹配CSS样式表选择器的方式：HTML标记、类选择器（.class选择器、tag.class选择器、#id选择器、上下文类选择器设置超链接样式、:first-line与:first-character可以设置文本第一行第一个字符样式。

CSS定位分为正常、相对、绝对几种，利用不同定位可以灵活地放置页面元素。

习　题

1. 文档结构与文档样式分离有什么好处？
2. 什么是样式规则？Web页如何引用样式表文件？
3. 举例说明不同的CSS样式选择器。
4. 可以用哪几种方法消除作为链接锚点的图像周围的边框？

5. 举例说明一个样式表如何包括另一个样式表。

6. 什么是样式冲突，如何解决？

7. 什么是 CSS 页面的格式模型。

8. 如何说明背景图像定位。Position 属性有什么意义？

9. 使用图像按钮构造左导航栏。用样式规则设置导向栏的图像都没有图像边框。

10. 使用按钮式导航栏制作一个 Web 页面。

11. 将 h2 标题放在表格单元格中。选择一个图像，放在同一表格行的下一个单元格中。用样式规则将标题底边与图像底边对齐。

12. 考虑 table 的 cellpadding 与 cellspacing 属性。它们影响表格中的所有单元格。如果要在第一行与第二行或第二列与第三列之间增加一些空间，会出现什么情况？运用样式规则知识，建立具有这些特性的表格。

13. 演示用尽可能多的方式把一系列图像放到一行中，它们之间没有间隙。保证图像不会因为浏览器窗口改变大小现时变成多行。

14. 将两个图像放在表格行的相邻单元格中，保证不管浏览器窗口如何改变大小，图像都不会换行。

15. 将两个图像放在表格列的相邻单元格中，保证图像之间没有空白。

16. 可以对 div 元素设置背景颜色或背景图像吗？试试看。

第 4 章　脚本语言 JavaScript 基础

4.1　JavaScript 概述

4.1.1　JavaScript 的特点

HTML 给网页创作者提供了丰富的标记，为网页制作提供了很大灵活性。但 HTML 本身是静态的，制作完成的网页文件不允许用户修改，只能利用超链接去访问。脚本是一种语言，用它书写的程序嵌入在 HTML 网页之中，目的是使浏览器客户与页面之间实现交互、页面内容、样式的变化，这就是通常人们所说的动态页面技术（DHTML）。DHTML 并不是标记语言，而是通过网页编程增加 Web 页面动态效果的技术。W3C 围绕 DHTML 的各个方面标准化，包括 HTML、JavaScript、DOM，目的是使 DHTML 适用于所有兼容的浏览器。

JavaScript 程序嵌入在 HTML 网页中，由浏览器解释执行。浏览器是 JavaScript 程序的运行环境，同时为它提供访问环境中各种对象的方法（DOM）。JavaScript 不能自定义类，正因为如此，JavaScript 语言人们称它是基于对象的语言。

JavaScript 语言简单，它的变量类型是采用弱类型，并未使用严格的数据类型。JavaScript 是一种安全性语言，它不允许访问本地的硬盘，并不能将数据存入到服务器上，不允许对网络文档进行修改和删除，只能通过浏览器实现信息浏览或动态交互，从而有效地防止数据的丢失。

JavaScript 对用户的响应是采用以事件驱动的方式。所谓事件驱动，就是指客户在网页中执行了某种操作，比如按下鼠标、移动窗口、选择菜单等（也叫事件），会引起相应的事件处理，达到人机交互的目的。

4.1.2　脚本标记 script

JavaScript 程序在 HTML 文件中的插入位置可以是任意的。将语法正确的 JavaScript 程序嵌入到 HTML 文件中标记<script>和</script>之间就行，格式如下：

```
<script   type="text/JavaScript" >
        ……//JavaScript程序，“//”是注释
<script>
```

例4-1　利用document.writeln()在网页上输出一行字符串。脚本程序嵌入到网页head部分和body部分，执行时嵌入head部分的程序将先于其他部分被解释。cha4-1.htm代码如下：

```
<html>
<head>
<script type="text/JavaScript">
  document.writeln("这是head部分JavaScript        输出！");
                //输出空格被忽略
</script>
</head>
<body>
<pre>
<script type="text/JavaScript">
document.writeln("这是body部分JavaScript        输出！");
                //输出空格因pre而保留
</script>
</pre>
</body>
</html>
```

例4-1显示结果如图4-1所示。

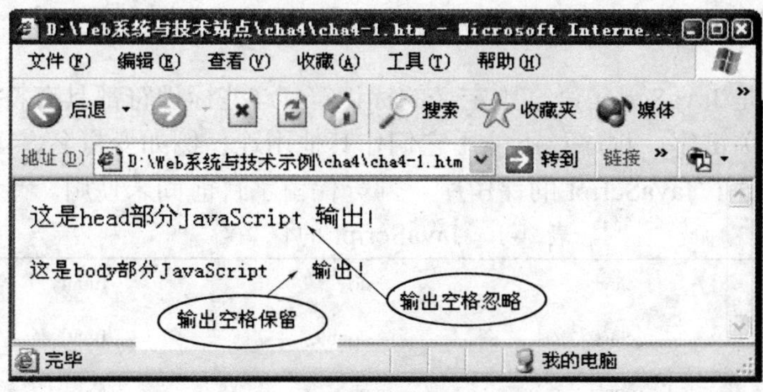

图4-1　例4-1显示结果

document.writeln()向网页输出，并非直接写在网页上，其输出的内容仍然要由浏览器按CSS规则解释显示。例如，document.writeln()输入的过多的空格会被忽略。如果在<pre>标记内使用document.writeln()，会保持其输出格式。

4.2 JavaScript 基本语法

4.2.1 标识符

程序中要用到许多名字，诸如变量名、函数名，标识符就是用来标记它们的名字。JavaScript标识符第一个字符必须是大写或小写ASCII字母、或美元符、或下划线，标识符中可以使用数字、ASCII字母、美元符、下划线。标识符中使用下划线来分隔独立的单词，标识符的长度是任意的。标识符分为两类：保留字及用户定义标识符。

例如下述是合法的 JavaScript 标识符：

var_name   Var_name100   a2006 $12   _abc

下述是不合法的 JavaScript 标识符：2a（以数字 2 开头）；break（禁止使用保留字）；TWO WORDS（含有空格）；.NO（不允许字符圆点开头）。

另外一个不严格的约定是标识符中的第一个单词的第一个字母使用小写字母，变量名中的其他单词都可以大写字母开头，例如 string_First_Name。目的是阅读易懂。

某些版本的 Web 浏览器，可能不能识别变量名中的美元符$，因此应尽量避免使用$。

JavaScript 区分标识符大小写，因此标识符 Varabc 和变量 varabc 是两个不同的变量。

4.2.2 保留字

保留字是 JavaScript 语言预定义的标识符，这些标识符都具有特定的含义，保留字又称关键字，程序员不能用它们作其他用途，例如变量名、函数名等。表 4-1 中列出了 JavaScript 的保留字。部分保留字目前尚未使用。

表 4-1 JavaScript 的保留字

abstract	char	do	finally
boolean	class	double	float
break	const	else	for

（续）

byte	continue	Extends	function
case	default	false	goto
catch	delete	final	if
implements	new	static	true
import	null	super	try
in	package	switch	typeof
instanceof	private	synchronized	var
int	protected	this	while
interface	Public	throw	with
long	Return	throws	native
short	transient		

4.2.3 注释

注释用来对程序中的代码做出解释。注释的内容在程序编译时被忽略，因此，注释部分的有无对程序的执行不产生任何影响，但不要认为注释毫无用处。在一个程序中，尤其是一个复杂的程序中，加注释可增加程序的可读性，也有利于程序的修改、调试和交流。注释可出现在程序中任何可出现分隔符的地方，JavaScript使用两种方法注释：

（1）“//”单行注释。表示从此开始，直到行尾都是注释。

（2）“/*……*/”块注释。在“/*”和“*/”之间都是注释，这种注释不能嵌套。

4.2.4 分隔符

空格、逗号、分号及行结束符称为分隔符，规定任意两个相邻标识符、数、保留字或两个语句之间必须至少有一个分隔符，以便解释程序能识别。为便于阅读，程序也需要如同自然语言一样，恰当地使用分隔符。值得指出的是，这些分隔符不能互相代用，即该用空格的地方只能用空格，该用逗号的地方只能用逗号。

4.2.5 基本数据类型

JavaScript 有四种基本数据类型：数值类型、字符串类型、布尔类型和null 值。

（1）数值类型。例如，-0.25，310，0 等。

（2）字符串类型。例如，“Java”，“asdf”等。字符串用双引号和单引号括起来。

（3）布尔类型。布尔类型值只有两个：真（true）或假(false)，一般用于逻辑判断和流程控制等方面。

（4）null 表示空对象类型，它不同于零或空字符’　’。

JavaScript 语言自己使用了一些字符表示特定含义如：单引号、双引号、空格、换行等，如程序中使用这些字符，例如，输出的字符串中出现这类字符，必须使用它们的转义字符，通常用“\char”来表示。表 4-2 列出了部分转义字符。

表 4-2　转义字符

转义序列	字　符	转义序列	字　符
\b	空格	\t	水平制表符
\f	换页	\’	单引号
\n	换行	\”	双引号
\r	回车	\\	反斜杠

4.2.6　变量与常量

1. 变量

变量是用来存放不同类型的值，在程序运行过程中它存放的值是可变的。变量名是合法的 JavaScript 标识符，变量名定义式如下：

[var] 变量名=常量值;

或

[var] 变量名 1=常量值 1，变量名 2=常量值，……;

或

var 变量名;

保留字 var 说明创建一个变量，var 并不是必须的，但是，使用 var 保留字是建议的编程习惯。同时和其他的编程语言不同的是 JavaScript 说明变量时并没有、也不容许说明变量的类型。变量的类型是由赋给变量值的类型所决定。JavaScript 的解释器会自动地判断变量中所存储的数据类型。

例 4-2　JavaScript 变量说明。

```
first_var="windows";          //字符串
first_var=3;                  //整型数
```

```
first_var=1.2;              //浮点数
first_var=true;             //布尔量
first_var=null;             //空值,对象类型
var Second_var=123；        //Second_var 是整数类型
var First_var="text",second_var=100,third_var=1.2;
var vars;                   //var 说明的变量 vars 可以不赋值
```

说明变量的时候可以为它赋值，但这不是必须的。程序可能会在稍后为它赋值，然而，说明一个没有赋值的变量必须使用 var 关键字。如使用一个没有说明的变量或者使用一个不存在的变量时，就会返回一个未定义的值。

不管说明一个变量时是否为它赋了值，都可以在程序中的任何地方使用赋值语句改变变量值。

JavaScript 变量的数据类型在程序的执行过程中可以改变。如果当对字符串或空值变量执行算术运算时会出现错误。因此 JavaScript 引入了 typeof()运算符，使用它可以判断变量的数据类型，如表 4-3 所列。

表 4-3 typeof()运算符的返回值

返回值	描述	返回值	描述
number	数值类型	object	对象类型
string	字符串类型	function	函数
boolean	布尔类型	undefined	未定义的变量

例 4-3 具有不同类型的一个变量，cha4-3.htm 的程序如下：

```
<html>
<head>
<title>显示数据类型</title>
</head>
<body>
<pre>
<script type="text/JavaScript" >
<!--
var varType="A string";
document.writeln("The varType is "+typeof(varType ));
varType =15;       //同一变量可以赋予不同类型的值
document.writeln("The varType is "+typeof(varType ));
varType =1.5;
```

```
document.writeln("The varType is "+typeof(varType ));
varType =false;
document.writeln("The varType is "+typeof(varType ));
varType =null;
document.writeln("The varType is "+typeof(varType ));
-->
</script>
</pre>
</body>
</html>
```

例 4-3 显示结果如图 4-2 所示。

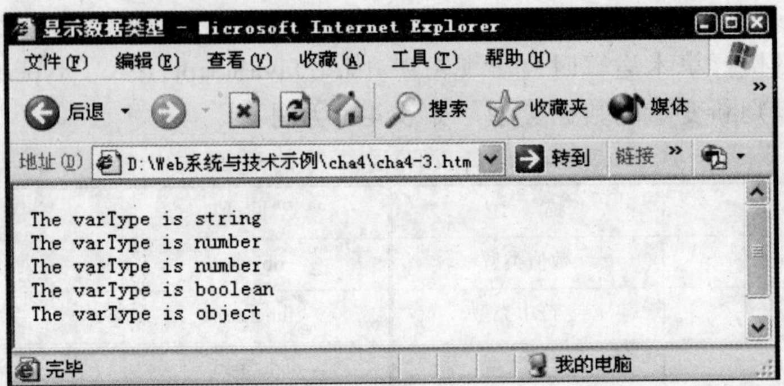

图 4-2 例 4-3 显示结果

2. 常量

常量是指在程序运行过程中其值不变的量。常量在表达式中用文字串表示，它区分不同类型，如数值型常量 123、-15，布尔常量 true，字符串类型常量“Test”。

4.2.7 表达式和运算符

表示各种不同运算的符号称为运算符，参与运算的数据称为操作数。操作数的类型定义了对该类型操作数可进行的运算。例如，数值型的操作数可以进行加（+）、减（-）、乘（*）、除（/）。

表达式是由操作数和运算符按一定语法形式组成的符号序列，以下是合法的表达式例子：a+b、 (a+b)*(a-b)、"name="+"李 明"

每个表达式经过运算后都会产生一个确定的值。一个常量或一个变量是最简单的表达式。表达式作为一个整体还可以看成一个操作数参与到其他运算中，形成复杂的表达式。

JavaScript 解释器能够对表达式求值，产生一个结果，而运算符就是使用在表达式中对操作数进行操作的符号。

JavaScrip 支持下列运算符类型：算术运算符、关系运算符、逻辑运算符、字符串运算符、赋值运算符。

1. 算术运算符

算术运算符用来在 JavaScript 中完成数学计算，比如加（+）、减（-）、乘（*）、除（/）和求两个数相除得的余数（%）。

对于数字字符串进行运算时，JavaScript 解释器会试图把字符串值转换为数字。下面代码示例中的变量分配了字符串值而不是数字值，因为它们包含在双引号中。不过 JavaScript 解释器能够正确地执行乘法操作并返回一个值 8。

```
x="2";
y="4";
return value=x*y;   //返回值为 8
```

当使用加法运算符时，JavaScript 解释器不会把字符串转换为数字。当对字符串使用加法运算符时，字符串被组合在一起而不是相加。在下面的例子中，运算的返回结果是 24，这是因为变量 x 和变量 y 中包含的是字符串而不是数字：

```
x="2";
y="4";
return value=x+y;    //返回值为 24
```

为了避免混淆，建议算术表达式中的操作数是数值类型。

使用一元运算符可以对一个单独的变量执行算术运算。递增(++)或递减（--）运算符可以用作前缀或后缀运算符。前缀是表示先进行运算，再传递变量，而后缀是先将变量传递再进行运算。与递增运算符和递减运算符不同，求反运算符不能用作后缀，只能放在操作数之前。

例 4-4 求算术运算表达式的值。cha4-4.htm 程序如下：

```
<html>
<head>
<title>算术运算符示例</title>
</head>
<body>
<pre>
<script language="JavaScript">
<!--
```

```
var number=100;
var result;
result=number+50;
document.writeln("Result after addtion="+result);
result=number/4;
document.writeln("Result after division="+result);
result=number-25;
document.writeln("Result after subtraction="+result);
result=number*2;
document.writeln("Result after multiplication="+result);
result=++number;
document.writeln("Result after increment="+result);
-->
</script>
</pre>
</body>
</html>
```

例 4-4 显示结果如图 4-3 所示。

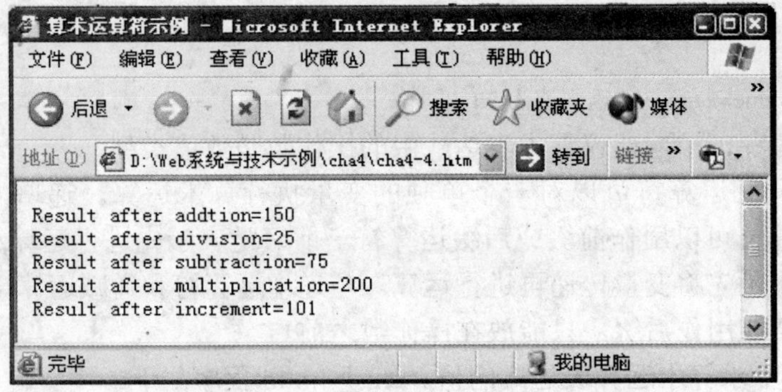

图 4-3　例 4-4 显示结果

2. 关系运算符

关系运算符有==（等于）、!=（不等于）、<（小于）、<=（小于等于）、>（大于）、>=（大于等于）6种。关系运算符用来比较两个变量是否相等，并判断一个数字值是否大于另一个。比较两个操作数后会返回一个布尔值true或false。数字或字符串可以用作关系运算符的操作数。如果一个操作数是数字另外一个是字符串，则JavaScript解释器会试图把字符串转换为数字。如果不能转换数字，就返回一个false。

例 4-5　关系运算

```
10>5;           //结果为true
10.5>5;         //结果为true
'A'=='B';       //结果为false
true>false;     //结果为false
```

例 4-6　求关系表达式的值，cha4-6.htm 代码如下：

```
<html>
<head>
</head>
<body>
<pre>
<script type="text/JavaScript">
<!--
var var_one="first string";
var var_two="second string";
returnValue=var_one==var_two;
document.writeln("var_one equal to var_two:"+returnValue);
var_one=30;
var_two=35;
returnValue= var_one==var_two;
document.writeln("var_one equal to var_two:"+returnValue);
returnValue= var_one!=var_two;
document.writeln("var_one not equal to var_two:"+returnValue);
returnValue= var_one>var_two;
document.writeln("var_one greater than var_two:"+returnValue);
returnValue= var_one<var_two;
document.writeln("var_one less than var_two:"+returnValue);
returnValue= var_one>=var_two;
document.writeln("var_one greater than or equal to var_two:"+returnValue);
returnValue= var_one<=var_two;
document.writeln("var_one less than or equal to var_two:"+returnValue);
-->
</script>
</pre>
```

```
</body>
</html>
```

例 4-6 显示结果如图 4-4 所示。

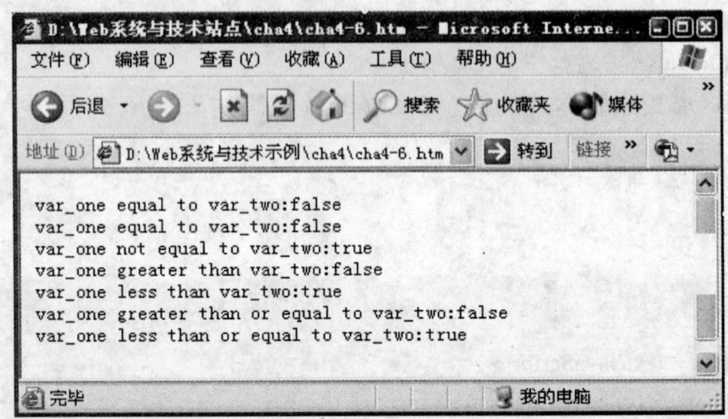

图 4-4　例 4-6 显示结果

3. 逻辑运算符

逻辑运算符有四个：!（非）、&&（与）、||（或）、^（异或）。这些运算符要求的操作数和结果值都是布尔型。

例4-7　逻辑运算

```
        !   false      //结果为 true
        !   true       //结果为 false
false   ||   true      //结果为 true
false   ||   false     //结果为 false
true    ||   true      //结果为 true
true    &&   false     //结果为 false
true    &&   true      //结果为 true
true    ^    false     //结果为 true
```

逻辑运算符用来比较两个布尔操作数是否相等。和关系运算符相同，比较两个操作数后会返回一个布尔值 true 或 false。表 4-4 列出了 JavaScript 中的逻辑运算符。

表 4-4　逻辑运算符

运 算 符	描　述
&&（与）	左操作数和右操作数都是 true 就返回 true，否则返回 false
||（或）	左操作数或右操作数都是 true 就返回 true，否则返回 false
!（非）	表达式为 false 返回 true，表达式为 true 返回 false

例 4-8　求逻辑运算表达值，cha4-8.htm 程序如下：

```
<html>
<head>
<title>逻辑运算符实例</title>
</head>
<body>
<pre>
<script type="text/JavaScript">
<!--
var trueValue=true;
var falseValue=false;
document.writeln(!trueValue);
document.writeln(!falseValue);
document.writeln(trueValue||faleValue);
document.writeln(trueValue&&falseValue);
-->
</script>
</pre>
</body>
</html>
```

例 4.8 显示结果如图 4-5 所示。

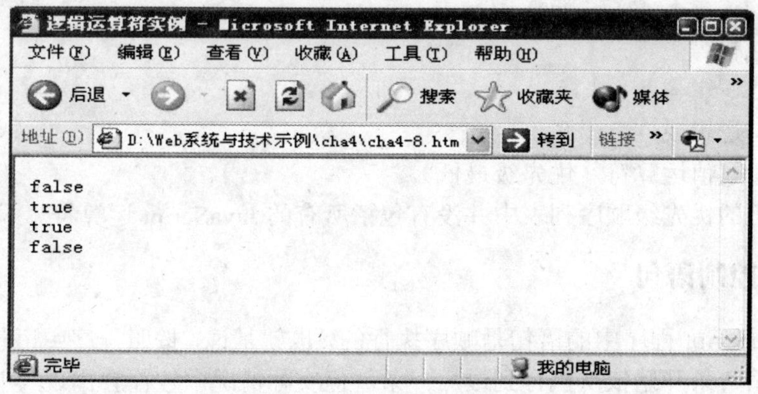

图 4-5　例 4-8 显示结果

4. 字符串运算符

JavaScript 中有两个运算符可以用于字符串：+和+=。加号和字符串一起使用时称为连接运算符。连接运算符（+）用来组合两个字符串。注意如果字符串值和数字一起使用相加时，那么它们将组合成一个新的字符串。下面列举示例使用字符串运算符：

```
var_one="first string";
var var_two="second string";
var_one+ var_two="first stringsecond string "
n1="111.1";
n2="222.2";
n3=222.2;
n1+n2="111.1222.2";
n1+n3="111.1222.2";
eval(n1)+n3=333.29999999999995;  //eval()求值
```

5. 运算符优先级

在 JavaScript 中创建表达式时要注意运算符的优先级。运算符优先级是一个表达式中运算求值的优先顺序。表达式按照从左到右的原则求值，而且首先计算运算符优先级最高的。JavaScript 中的运算符的优先级顺序如下：

（1）圆括号、方括号、点号（优先级最高）；

（2）求反、递增；

（3）乘、除、求模；

（4）加、减；

（5）关系；

（6）相等；

（7）逻辑与；

（8）逻辑或；

（9）赋值运算符（优先级最低）。

以上的优先级顺序列表中并没有包括所有的 JavaScript 运算符。

4.2.8 控制语句

JavaScript 程序中的语句是顺序执行的，也就是说，按照程序中语句出现的次序从第一条开始依次执行到最后一条。但实际情况中往往会出现一些特别的要求，比如，根据某个条件来决定下面该进行什么操作，或是某些事情应根据需要不断重复地去做。这时就需要用到流程控制语句来控制程序中语句的执行顺序。JavaScript 语言提供了以下几种流程控制语句：赋值语句、分支语句、循环语句和 with 语句等。

1. 赋值语句

赋值运算符“=”用来把右边表达式的值赋给左边的变量，即将右边表达式的值存放在变量名所表示的存储单元中，这样的语句又叫赋值语句。它的语法格式如下：

变量名=表达式;

例如：

```
varName1=123;
varName2=456;
```

赋值运算符“=”的含义如图4-6所示。varName1、varName2代表它们计算机内存分配的地址，给它们赋值就是把数值存放在变量对应的内存空间中，丝毫没有相等的意思。

除赋值运算符“=”外，JavaScript 还有其他一些赋值运算符。这些附加的赋值运算符对一个表达式中的变量执行数学计算，然后将新值赋给左操作数。表 4-5 列出了常用的 JavaScript 赋值运算符。

使用+=可以组合两个字符串或者累加两个数字。当对字符串进行操作时，运算符左边的字符串与运算符右边的字符串组合，并把新值赋给左操作数。在组合操作数之前，JavaScript 解释器会试图把非数字操作数转换为数字。如果一个非数字操作数不能转换为数字，就会产生一个“非数值”的标志。

123	varName1
456	varName2

图 4-6 赋值运算符的含义

表 4-5 赋值运算符

运算符	描 述
=	把右操作数赋给左操作数
+=	组合或相加右操作数和左操作数，并把结果赋给左操作数
-=	左操作数减去右操作数，并把结果赋给左操作数
*=	左操作数乘以右操作数，并把结果赋给左操作数
/=	左操作数除以右操作数，并把结果赋给左操作数
%=	左操作数除以右操作数，并把余数赋给左操作数

例4-9 赋值运算：

```
float a=1.0f,   b=1.2f,   x=5.0f,   y;
y=a*a-b*b;        // a*a-b*b 的值赋给 y
x=x*x;            // x*x的值赋给x，从数学观念看这里等于“=”是不可能的，
                  //但这里是指把x原来的值取出，求x*x的值，再存到x中去。
```

例 4-10 创建一个使用赋值运算的 HTML 文档，cha4-10.htm 程序如下：

```
<html>
<head> <title>赋值运算实例</title></head>
<body>
<pre>
<script type="text/JavaScript">
<!--
var num="first string";
num+="&second string";
document.writeln("after addtion assignment="+num);
num=100;
num+=50;
document.writeln("after addtion assignment="+num);
num-=30;
document.writeln("after subtraction assignment="+num);
num*=8;
document.writeln("after multiplication assignment="+num);
num/=2;
document.writeln("after division assignment="+num);
num%=300;
document.writeln("after modulus assignment="+num);
-->
</script>
</pre>
</body>
</html>
```

例 4-10 显示结果如图 4-7 所示。

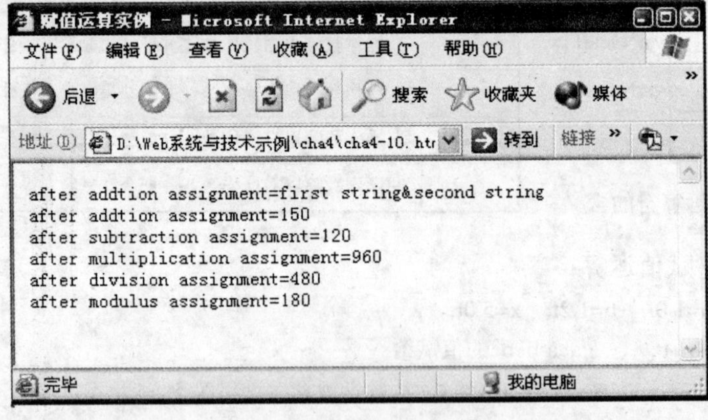

图 4-7 例 4-10 显示结果

赋值运算符“=”与等号有完全不同的语义，由a=a+1看出，a+1与a是不相等的，但是a+1是指将变量a内存的值10读出，然后与1相加，所得结果11写入a的内存位置。

2. 分支语句

（1）if 语句。if 语句语法如下：

```
if（条件表达式）{
    语句 1;
    语句 2;
    ……
    }
    后续语句
```

if 语句根据判定条件表达式的真假来执行两种操作中的一种，其流程如图4-8 所示。

（2）if…else 语句。If…else 语句的语法如下所示：

```
if(条件表达式){
   语句 1;
……
   }
else{
   语句 2;
……
   }
后续语句
```

If…else 语句流程如图 4-9 所示。

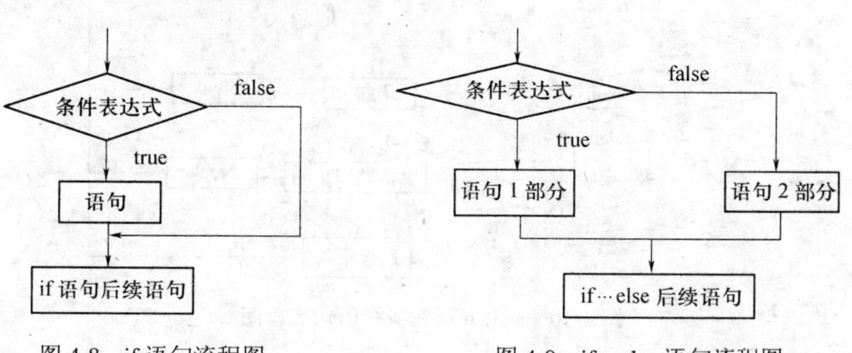

图 4-8 if 语句流程图　　图 4-9 if…else 语句流程图

程序从上往下依次判断条件表达式的条件，一旦某个条件满足（即条件表达式的值为 true），就执行相关的语句，然后就不再判断其余的条件，直接转到 if 语句的后续语句去执行；else 总是与离它最近的 if 配对。

（3）switch 语句。switch 语句的语法如下所示：

```
switch(表达式){
        case 变量值 1: 语句 1;
                      语句 2;
            …
                      break;
        case 变量值 2: 语句 1;
                      语句 2;
            …
                      break;
      …
        default:      语句 1;
                      语句 2
            …
        }
```

switch 语句执行的流程图如图 4-10 所示。

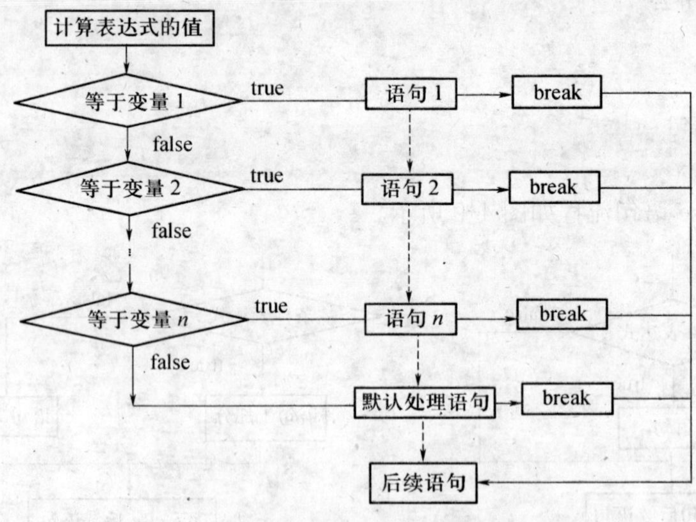

图 4-10 switch 语句执行语句流程图

switch 语句中的每个“case 语句”称为一个 case 子句，代表一个 case 分支的入口。

使用 switch 语句要注意以下几点。

（1）表达式的结果必须是整数、字符、布尔类型，而不能使用小数类型，也不能为一个字符串。

（2）switch 语句将表达式的值依次与每个 case 子句中的常量值相匹配。如果匹配成功，则执行该 case 子句中常量值后的语句，直到遇到 break 语句为止。

（3）case 子句中常量的类型必须与表达式的结果类型相同，而且每个 case 子句中常量的值必须是不同的。

（4）default 子句是可选的，当表达式的值与所有 case 子句中的值都不匹配时，就执行 default 后的语句。如果表达式的值与所有 case 子句中的值都不匹配且没有 default 子句，则程序不执行任何操作，而是直接跳出 switch 语句，进入后续程序段的执行。

（5）break 语句用来在执行完一个 case 分支后，使程序跳出 switch 语句，执行 switch 语句的后续语句。因为 case 子句只是起到查找匹配的入口，然后从此处开始执行，对后面的 case 子句的值不再进行比较，而是直接执行其后的语句。因此，一般情况下，每个 case 分支后要用 break 来终止后面的 case 分支语句的执行。

（6）通过 if…else 语句可以实现 switch 语句所有的功能。但通常使用 switch 语句更简练，可读性强。

例 4-11 创建一个求一元二次方程根的 HTML 文档。Cha4-11.htm 程序如下：

```
<html>
<head>
<title>分支语句实例</title>
</head>
<body>
<pre>
<script type="text/JavaScript">
document.write("if--else 语句求一元二次方程的根!"+"<br>");
var a=1;
var b=4;
var c=1;
```

```
var b24ac=b*b-4*a*c;
document.write("b2-4ac=" +b24ac+"<br>");
if (b24ac==0)                    //if … else 语句
   { x1=-b/(2*a);
      document.write("x1=x2=" +x1+"<br>");
   }
else
   {if (b24ac>0)
      { x1=(-b+Math.sqrt(b24ac))/(2*a);
        x2=(-b-Math.sqrt(b24ac))/(2*a);
        document.write("x1=" +x1+"<br>");
        document.write("x2=" +x2+"<br>");
      }
   }
</script>
<script type="text/JavaScript">
document.write("switch 语句求一元二次方程的根!"+"<br>");  //上面定义的变量有效
switch(b24ac==0)              //case 语句
{
      case true:
                  x1=-b/(2*a);
                  document.write("x1=x2=" +x1+"<br>");
                  break;
      case false:
                  if(b24ac>0){
                  x1=(-b+Math.sqrt(b24ac))/(2*a);
                  x2=(-b-Math.sqrt(b24ac))/(2*a);
                  document.write("x1=" +x1+"<br>");
                  document.write("x2=" +x2+"<br>");
                  }
                  break;
      default: document.write("erroe!");
}
</script>
```

```
</pre>
</body>
</html>
```

例 4-11 显示结果如图 4-11 所示。

图 4-11　例 4-11 显示结果

3. 循环语句

（1）while 语句。while 语句格式如下：

```
while（循环条件表达式）{
    语句 1;
    语句 2;
    …
    }
  while 语句的后续语句
```

其中，while 是 while 语句的关键字；循环条件表达式是布尔表达式；{}为循环体，当循环体为多个语句时应构成复合语句。

while 语句流程图如图 4-12 所示。

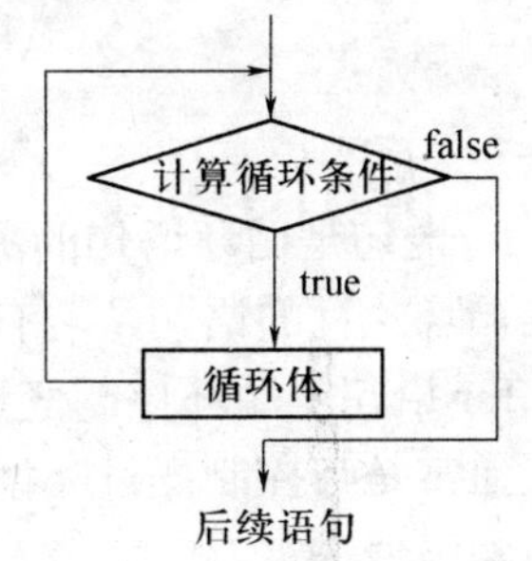

图 4-12　while 语句流程图

while 语句执行时，首先判断布尔表达式的值，当布尔表达式的值为 true，则执行循环体，然后再判断条件，直到布尔表达式的值为 false，停止执行语句。

使用 while 语句应注意以下两点。

① 该语句是先判断后执行，若一开始条件就不成立，则不执行循环体。

② 在循环体内一定要有改变条件的语句，否则是死循环。

例 4-12 求 sum=1+1/2+1/3+…+1/100

```
<html>
<head>
<title>循环语句while示例</title>
</head>
<body>
<script type="text/JavaScript">
var sum=0;        //初始值一定为0
var i=1;
while(i<=100)    //while  语句
     { sum=sum+1.0/i;
       i++;    //增加循环变量值
     }
document.writeln("1+1/2+1/3+...+1/100="+sum+"<br>");
</script>
</body>
</html>
```

当满足条件(i<=100)为true时，从1开始，sum依次累计1,1/2,…,1/i，循环变量每次增加1，直到循环判定条件为false时，跳出循环，执行循环语句的后续语句。

（2）for 语句。for 语句的格式如下：

```
for(初始化循环变量;判断循环条件;更新循环变量)
   {  语句 1;
      语句 2;
       …
   }
  后续语句
```

for语句是循环语句的另一种表示形式。其中，for是for语句的关键字；循环体是循环执行的语句，若有多个语句，需构成复合语句。

for 语句中循环控制变量必须是常用的整型、字符型。循环控制变量初值和终值通常是与控制变量类型相一致的一个常量，也可以是表达式。循环次数由初值和终值决定。

for 语句流程图如图 4-13 所示。

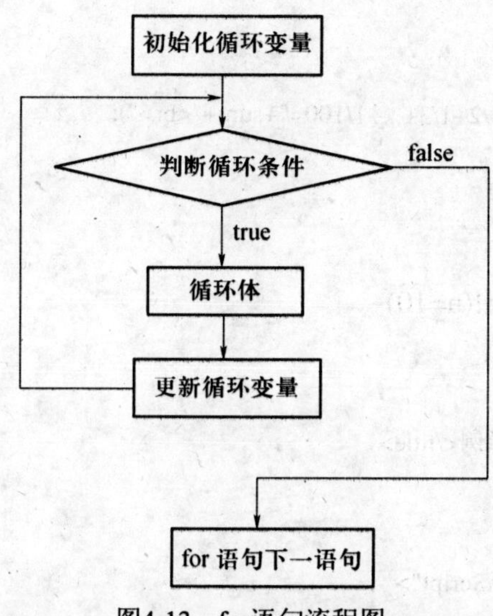

图4-13 for语句流程图

① 初始化循环条件，将初值赋给循环控制变量。

② 判断循环条件是否成立，即判断控制变量的值是否越过终值（未越过终值为条件成立，越过终值为条件不成立），若条件不成立，则转到步骤⑥。

③ 若条件成立，则执行循环体。

④ 更新循环变量。对于递增型为原控制变量值的后续；对于递减型为原控制变量值的前导。

⑤ 返回步骤②。

⑥ 结束循环。

使用 for 语句还需注意：循环体内修改循环控制变量，往往会带来预想不到的结果，因此应慎用。

例 4-13 求 sum=1+1/2+1/3+…+1/100

```
<html>
<head>
<title>循环语句 while 示例</title>
</head>
<body>
<script type="text/JavaScript">
var sum=0;
var i;
for(i=1;i<=100;i++)    //while  语句
```

```
  {   sum=sum+1/i;
  }
document.writeln("1+1/2+1/3+...+1/100="+sum+"<br>");
</script>
</body>
</html>
```

例 4-14　求 sum=n!(n=10)

```
<html>
<head>
<title>循环语句 for 示例</title>
</head>
<body>
<script type="text/JavaScript">
var sum=1;
for(i=1;i<=10;i++)      //while 语句
          {   sum=sum*i;
          }
document.writeln("1*2*3*4*…10="+sum+"<br>");
</script>
</body>
</html>
```

（3）for…in 语句。for…in 语句格式如下:

```
for(变量 in 对象)
{
  语句 1;
  语句 2;
  …
}
```

4. break 和 continue 语句

break除了可以用在switch语句中之外，亦可以用于循环语句中，这时它对循环的执行起限定转向的作用。

（1）break语句。对于JaveScript中的三种类型的循环：while、do-while和for来说，正常退出循环的方法是测试条件变为false，但有时即使测试的条件为true，也希望循环立即终止，这时可以用break语句实现此功能。此时，break

语句的功能是终止break所在的循环，转去执行其后的第一条语句。在有多重循环时，它只能使循环从本层的循环跳出来；此时程序一定转移到本层循环的下一个语句。

```
var index=0;
while(index<=10)
{   index+=1;
  if (index==4)
                    // 当 index 的值等于 4 时，使循环回到 while 语句处，而不像正常处理
                    // 那样去执行后面的输出语句
    continue;       // 使循环回到 while 语句处继续检查循环条件
    document.writeln("The index is    "+index+"<br>");
}
```

（2）continue语句。continue语句只能在循环语句中使用，它和break语句的区别是：continue语句只结束本次循环，而不是终止整个循环的执行；而break语句则是结束当前循环语句的执行。

continue语句用来结束本次循环，即跳过循环体中continue语句后面的语句，回到循环体的条件测试部分继续执行。

```
var index=0;
while(index<=9)
{   index+=1;
  if (index==4)     //当 index 的值等于 4 时，结束当前一层循环
    break;;         //回到 while 语句后面的语句执行
  document.writeln("      The index is    "+index+"<br>");
}
```

例4-15　continue和break语句的例子。cha4-15.htm程序如下：

```
<html>
<head>
<title> break 和 continue 语句</title>
</head>
<body>
<script type="text/JavaScript">
var index=0;
while(index<=5)
{   index+=1;
```

```
 if (index==3)
                    // 当 index 的值等于 40 时，使循环回到 while 语句处，而不像正常处理
                    // 那样去执行后面的输出语句
     continue;   // 使循环回到 while 语句处
     document.writeln("       The index is    "+index+"<br>");
 }
</script>
</body>
</html>
```

显示结果如图 4-14、图 4-15 所示。

图 4-14 例 4-15 continue 显示结果

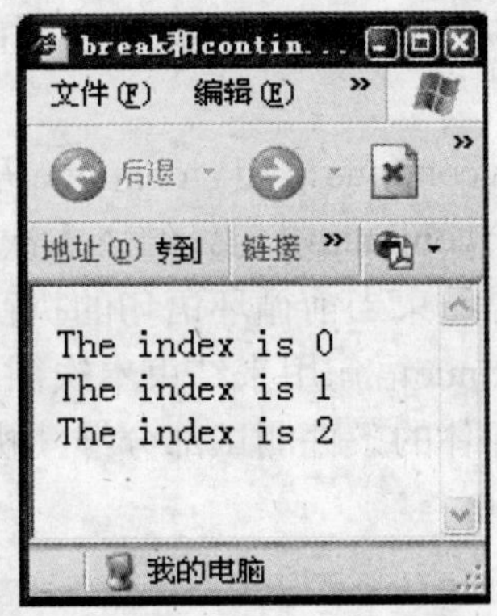

图 4-15 例 4-15 break 显示结果

5. with 语句

with 语句可以用在一系列语句中，消除重复对象名称。如果将语句放在 with 语句的范围中，则就没有必要在每个属性前面重复输入对象的名称。可以在语句中简单的直接使用属性的名字，而不用在属性前面加上所属的对象的名字。with 语句的语法如下所示：

```
with（对象）{
语句 1;
语句 2;
…
}
```

圆括号中是您想引用的对象的名字。大括号中，则是需要用到这个对象属性的语句和语句体。下面的代码将 document.writeln()方法重复了三次：

```
document.writeln("windows");
```

```
document.writeln("linux");
document.writeln("macos");
```

在上面的代码里完全可以去掉每个语句前面的 document 对象，以 with 语句代替新的代码如果所示:

```
with(document){
writeln("windows");
writeln("linux");
writeln("macos");
}
```

例 4-16　求 0～100 的偶数的和，求 1～99 的奇数的和。cha4-16.htm 程序如下：

```
<html>
<head>
<title>循环语句示例</title>
</head>
<body>
<script type="text/JavaScript">
var sum=0;
var i=0;
while((2*i)<=100)     //while  语句
  {  sum=sum+2*i;
     i=i+1;
  }
document.write("0+2+4…+100=" +sum+"<br>");
</script>
<script type="text/JavaScript">
var sum=0;
var i;
for( i=0;(2*i+1)<100;i++)        //for  语句
  { sum=sum+(2*i+1);
  }
document.write("1+3+5…+99="+sum+"<br>");
with(document)    //with 语句和 for  语句
for(var j=0;j<=2;j++)
```

```
    {
        writeln("windows"+"<br>");
        writeln("linux"+"<br>");
    }
</script></body></html>
```

例 4-16 显示结果如图 4-16 所示。

图 4-16 例 4-16 显示结果

4.3 函 数

4.3.1 函数定义

函数是具有一定功能的程序段，目的是为了反复使用。JavaScript 函数定义的格式如下：

```
function 函数名([形式参数表])          //函数首部说明，参数是可选的
{                                      //函数体开始
  语句 1;
  语句 2;
  ……
  [return 变量名; ]                    //返回语句是可选的
}                                      //函数体结束
```

例如，求两数之中的最大数的函数如下：

```
function max(a,b)
```

```
{
  var  max;
  if (a>=b) max=a
  else
     max=b;
  return max;
}
```

函数定义必须以关键词 function 开始，使用函数之前，首先必须先定义函数。函数名为合法标识符。

函数名之后的小括号中列举函数所需的形式参数，形式参数的使用仅限在函数体内部，它可以提高函数功能的灵活性。形式参数简称为形参，一个函数可以没有形参。

函数首部是函数编制者与函数调用者之间的一种约定，函数调用者按照函数首部的形式调用函数。

函数体是位于花括号“{”和“}”之间的语句，每一句话要用分号分隔，函数体具体实现了函数的功能。

4.3.2 函数的调用

函数定义后不会自动执行，必须在程序的其他地方调用此函数，通常在<head>部分定义，在<body>部分调用。无返回值的函数调用形式如下：

函数名(实参列表)；

有返回值的函数调用形式如下：

变量=函数名(实参列表);

例如：调用上述 max 函数：

var m=max(12,34);

完成 max(12,34)调用后，变量 m 的值为 34。

例 4-17 求一元二次方程的根的函数。

```
<html>
<head>
<title>求一元二次方程的根的函数示例</title>
<script type="text/JavaScript">
function roots(a,b,c)    //这是函数首部，a、b、c 为形式参数
{document.write("方程： "+a+"x"+"<sup>2</sup>"+"+"+b+"x"+"+"+ c+"=0"+" <br>" );
  var b24ac=b*b-4*a*c;
```

```
    if (b24ac==0){
        x1=-b/(2*a);
        document.write("      "+"x1=x2="+x1+"<br>" );
      }
    if (b24ac>0){
        x1=(-b+Math.sqrt(b24ac))/(2*a);
        x2=(-b-Math.sqrt(b24ac))/(2*a);
        document.write("      "+"x1="+x1+"<br>" );
        document.write("      "+"x2="+x2+"<br>" );
    }
}
</script>
</head>
<body>
<script>
  roots(1,2,1);   //这是函数调用，实参与形参对应
  roots(3,5,1);
</script>
</body>
</html>
```

有的时候一个函数产生一个结果，需要赋给其他变量，这时需要使用 return value 语句返回一个值。

例 4-18 求最大数。

```
<html>
    <head>
    <title>循环语句示例</title>
        <script type="text/JavaScript">
        function max(a,b){
          var   max;
          if (a>=b) max=a
          else
              max=b;
          return max;
        }
```

```
        </script>
        </head>
    <body>
    <script>
        document.write(max(1.2,1.01)+"<br>");       //write 语句中调用 max 函数
        var max1=max(-1.2,-1.01);                    //返回函数值
        document.write(max1+"<br>");
    </script>
    </body>
    </html>
```

4.3.3 变量作用域

变量作用域是指一个定义的变量可以用在程序的什么地方，变量作用域可以是全局的和局部的。

全局变量在函数外定义，程序的任何部分都可使用。局部变量在函数内部定义，只能在定义它的函数内部使用。当函数结束时，局部变量就不存在了。函数局部变量与全局变量同名时，函数为局部变量赋了一个新值，这个值就会成为全局变量的值。

例 4-19 变量作用域示例。

```
var num="windows";          //num 全局可用
function fun_name(){
    var num="linux";        //num 不再为全局变量
}
fun_name();                 //调用函数
document.writeln(num);
```

函数运行结束后，全局 num 变量的值也变为 linux。

例4-20 函数定义与调用，cha4-20.htm程序如下：

```
<html>
<head>
<title>function </title>
<META http-equiv="content-Script-type"content/JavaScript>
<script type="text/JavaScript">
function roots(a,b,c)                //定义函数
    { document.write("求一元二次方程的根:a="+a+",b="+b+",c="+c +"<br>");
```

```
    var b24ac=b*b-4*a*c;        //内部变量
    if (b24ac==0){
      x1=-b/(2*a);              //内部变量
      document.writeln("x1=x2="+x1+"<br>");
    }
    if (b24ac>0){
      x1=(-b+Math.sqrt(b24ac))/(2*a);
      x2=(-b+Math.sqrt(b24ac))/(2*a);       //内部变量
      document.writeln("x1"+x1+"<br>");
      document.write("x2="+x2+"<br>");
      }
   else
     document.writeln("no roots!" +"<br>");
}
</script>
</head>
<body>
<p align="center">
<script type="text/JavaScript">
roots(1,4,1);                  //调用函数
roots(1,-4,1);
</script>
</p>
</body>
</html>
```

例4-20显示结果如图4-17所示。

图4-17　例4-20显示结果

4.3.4 内部函数

JavaScript 中的内部函数大多数情况下使用数字与字符串作为调用参数，调用它们将数字与字符串相互进行转换。

（1）eval()：求字符串或字符串表达式的值

例：value1=eval（"856.8"）；　　//求数字串部分的值

　　value2=eval("8+9+5/2");　　//求字符串表达式的值

（2）parseInt ()：返回整数

parseInt ("856.8")　　//结果为 856

（3）isNan()：测试变量是否是数字字符串。如果不是数字字符串，返回 true，否则返回 false。

例 4-21　JavaScript 内部函数，cha4-21.htm 程序如下：

```
<html>
<head>
<title>JavaScript 内部方法—与对象无关</title>
</head>
<body>
<pre>
<script type="text/JavaScript">
var str1=prompt("请输入一字符串！");
if(isNaN(str1))
  { alert("输入的字符串不是数字字符串！");}
else
  {alert("输入的字符串是数字字符串！");}
document.write("eval(1+3+5+6.0)="+eval("1+3+5+6.0")+"<br>");
document.write("parseInt('1543.8')="+parseInt("1543.8")+"<br>");
-->
</script>
</pre>
</body>
</html>
```

cha4-21.htm 程序运行时，出现图 4-18（a），提示客户输入一字符串，然后点击“确定”，出现图 4-18（b），这时提醒客户输入的字符串是否是数字字符串。然后点击图 4-18（b）的“确定”，进入图 4-18（c）。

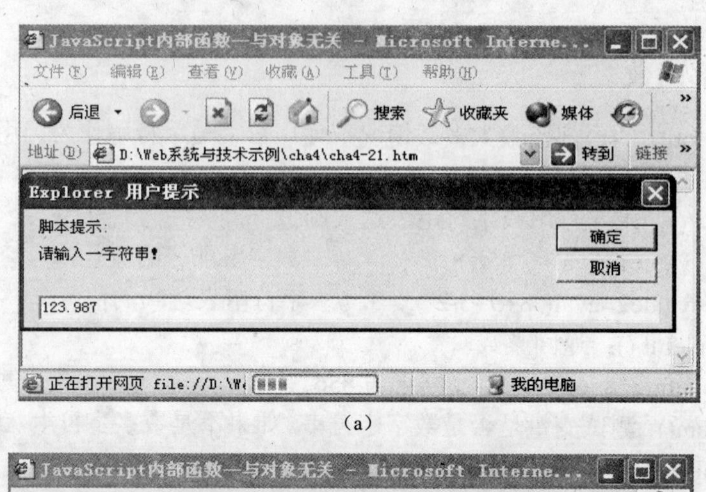

(a)

(b)

JavaScript内部方法—与对象无关 - Microsof...

文件(F) 编辑(E) 查看(V) 收藏(A) 工具(T) 帮助(H)

后退 搜索 收藏夹

地址(D) D:\Web系统与技术示例\cha4\cha4-21.htm 转到 链接

eval(1+3+5+6.0)=15
parseInt('1543.8')=1543

完毕 我的电脑

(c)

图 4-18 cha4-21 程序运行

(a) 提示客户输入一字符串；(b) 判断输入的字符串是否是数字字符串；

(c) 函数 eval()和 parseInt()计算示例。

4.4 一 维 数 组

4.4.1 一维数组定义

JavaScript 数组是一种线性表（图 4-19），数组中的元素是按顺序排列的。数组用来存储、管理数据,包括对象。

一维数组定义方式有多种，其中一种格式如下：

```
var    x=new Array([length]);
```

其中，var、new、Array 是保留字；var 可以省缺；varArray 为数组名；length 为数组元素个数。

new 关键字为一个数组分配内存空间,这时可以给定数组的长度，以确定所定义数组的内存空间的大小。例如：

```
var   x = new Array（8);            //见图 4-19
```

数组下标的范围在 0～length-1 之间。访问未定义数组单元时会得到无定义的值。

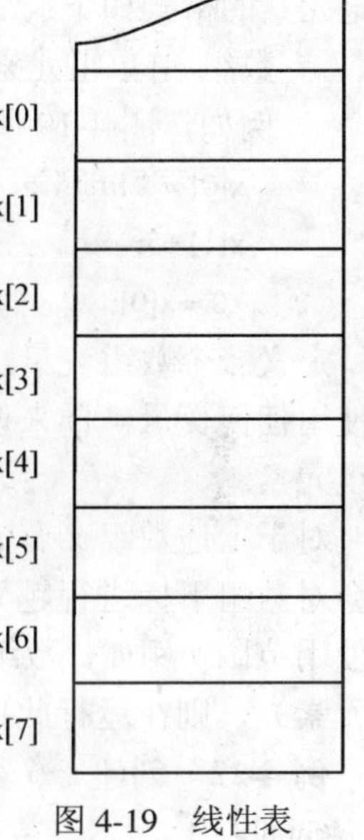

图 4-19 线性表

4.4.2 数组的初始化

数组初始化就是为数组元素赋予初始值。数组初始化方式有两种：一种方式是在定义数组的同时进行初始化；另一种方式是在定义之后再构造数组，然后为每个元素赋值。

例如：

```
var a_Array = new Array (1 , 3,12 ,34 ,2 , 3.2);
var b_Array ={1 , 3,12 ,34 ,2 , 3.2};
```

上述语句创建了数组 a_Array 和 b_Array，并且为数组的每个元素赋值即初始化，使 a_Array[0]=1,a_Array[1]=3,a_Array[2]=12，a_Array[3]=34，a_Array[4]=2,a_Array[5]=3.2。

由上可见，数组初始化也可由方括号“[]”括起的一串由逗号分隔的常数组成，逗号“，”分隔数组元素中的值。在语句中不必明确指明数组的长度，因为它已经体现在所给出的数据元素个数之中，系统会自动根据所给的元素个数为数组分配一定的内存空间。

4.4.3 数组元素的访问

数组元素的下标对数组中的每个成员编号，从零(0)开始。引用数组的一个特定元素的格式如下：

数组名[数组元素的下标[i]　(i=0,1,3…)

例如，图 4-19 所示的数组 x：

```
x[0] = "first" ;        //向数组单元赋值（字符串）
x[1] =5;                //向数组单元赋值（数值）
x0 = x[0];              //引用数组单元的值
```

定义一个数组变量，并用 new 语句为它分配内存空间后，就可以在程序中像使用任何变量一样来使用数组元素，即可以在任何允许使用变量的地方使用数组元素。

对于上述数组 x 有 8 个元素，不存在 x[9]）。JavaScript 在对数组元素操作时会对数组下标进行越界检查，以保证安全性。若在程序中超出了对数组下标的使用范围（例如，数组的最大下标为 9，但是在程序中存取了下标为 10 或–4 的元素），则在运行此程序时将出现错误信息。

例 4-22　创建一个数组，它保存 1 年中的所有月份，cha4-22.htm 程序如下：

```
<html>
<head>
<title>Months of the Year</title>
</head>
<body>
<pre>
<script language="JavaScript">
var monthsOfYear=new Array ( "January", "February", "March", "April", "May", "June",
"July", "August", "September", "October", "November", "December" );
    for (i=0;i<=11;i++)
        {document.writeln(monthsOfYear[i]);
        }
</script>
</pre>
</body>
```

```
</html>
```

例4-22显示结果如图4-20所示。

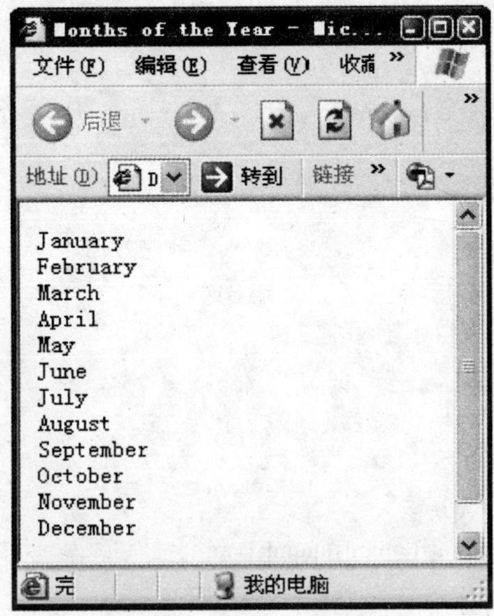

图 4-20　例 4-22 显示结果

例 4-23　创建一个数组，其中放置 12，-34，20，156，23.1，67，2.98，23.78，13.2，98 十个数，求其中最大数、最小数、平均数。cha4-23.htm 程序如下：

```
<html>
<head>
<title>求数组的最大数、最小数和平均数</title>
</head>
<body>
<pre>
<script language="JavaScript">
var num=new Array(12,-34,20,156,23.1,67,2.98,23.78,13.2,98);
var max,min,av;
max=num[0];
min=num[0];
av=num[0];
for(i=1;i<=9;i++)
    {if(num[i]>max) max=num[i];
    }
```

```
document.writeln("最大数："+max);
for(i=1;i<=9;i++)
    {if(num[i]<min) min=num[i];
    }
document.writeln("最小数："+min);
for(i=1;i<=9;i++)
    {av=av+num[i];
    }
av=av/10;
document.writeln("平均数："+av);
var m;
for(i=0;i<=9;i++)
    for (j=i+1;j<=9;j++)
     {if   (num[j]<num[i])
         {m= num[i];num[i]=num[j];num[j]=m;
         }
     }
document.write("数组：");
for(i=0;i<=9;i++)
{ document.write(num[i]+",");
}
</script>
</pre>
</body>
</html>
```

例 4-23 显示结果如图 4-21 所示。

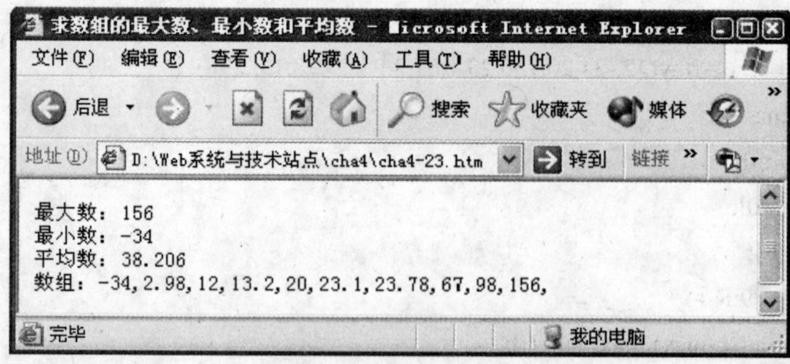

图 4-21　例 4-23 显示结果

4.5 JavaScript 对象

4.5.1 对象与类的一般概念

1. 对象

在面向对象的技术中，对象是最基本的概念。上面介绍的变量，其类型是数值或者是字符串、布尔量，它们只能描述一个简单特征的对象。现实世界的对象往往是复杂的，一个对象具有多个特征，例如二维坐标中的点，必须用两个数值变量来描述。一个人的住址，要用国、省市、街道、牌号四个字符串变量来描述。

对象不仅有多个特征，而且对象包含针对自身的操作，例如二维坐标中的点，求点到原点的距离；以点画一个小圆，表示小城市；以点画两个同心小圆，表示中等城市等。对一个人的住址，要问他（她）是哪国人？要问他（她）是哪个城市的人？住在哪条街？门牌号多少？每个问题都是一个操作。

计算机启动 IE 浏览器，打开一个浏览器窗口对象，宽 600，长 400，这些是其窗口的简单属性；它的地址栏（location）、后退（history）、前进（forward）、状态等是窗口比较复杂的属性。另外，浏览器窗口对象具有多种操作，通过它们可以关闭、缩放、移动窗口对象（图 4-22）。

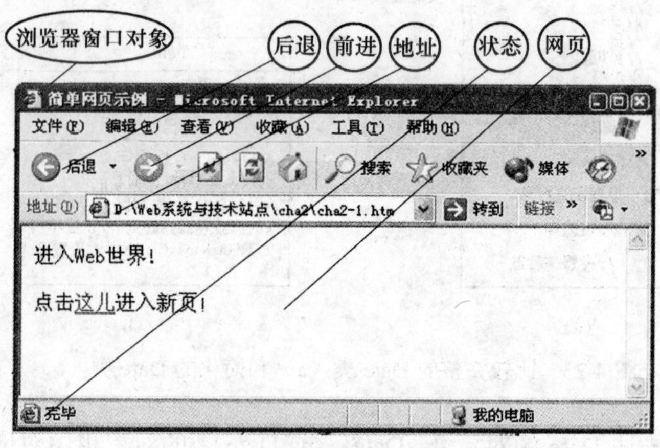

图 4-22 一个浏览器窗口对象的外观

2. 对象类

浏览器窗口类描述窗口共同的属性：窗口标题、宽、长、地址（URL）、后退、前进。窗口的方法，即操作打开、关闭、缩放等。

日期也是一种类，具体日期、时间，如 2006 年 12 月 31 日 23 点 59 分 59 秒是日期时间类的一个对象，即实例；2006 年 12 月 31 日 23 点 59 分 60 秒是它的另一个实例。

类描述具有相同特征和方法的众多对象，类与对象的关系犹如零件的图纸与按图纸制造出的零件关系一样。

JavaScript 内部定义了许多必须的类（Date、String、Image、Math、Array 等）供网页制作员使用，JavaScript 不支持网页制作员定义自己的类。这样，使语言简化，易于学习、使用。JavaScript 不支持定义新类，由于这一点，人们叫 JavaScript 是基于对象的语言，不叫面向对象的语言。

上面介绍的数组，实际上也是 JavaScript 内部定义的类。var_Array=new Array(length)是创建一个数组类 Array 对象，对象名为 var_Array，它就是数组类的对象名。

为了理解更直观，类、对象一般用可视化的类图、对象图来描述。图 4-23 描述了日期类，从图中看出，单个类由三部分构成：类名、类属性、类方法。

类图按照讨论问题的需要，有时描述可以简化，如只列出必要的类特征、方法（图 4-23（b）），但是类名是必不可缺的。

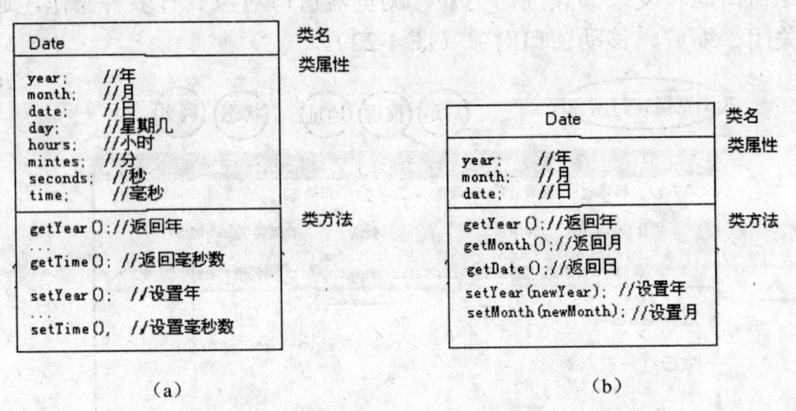

图 4-23　比较完整的 Date 类（a）和简化的 Date 类（b）

图 4-24 描述 Date 的对象 thisDate、thatDate 类的对象也由对应的三部分构成：对象名、对象特征、对象方法。对象方法和对应的类方法都一样，但是，对象方法只对该对象的特征产生作用、影响。为了清楚地表达一个对象对应的类，对象图中对象名往往加上对象类名，中间用冒号隔开。类名、对象名符合 JavaScript 标识符规定。但是，类名头字母建议大写。

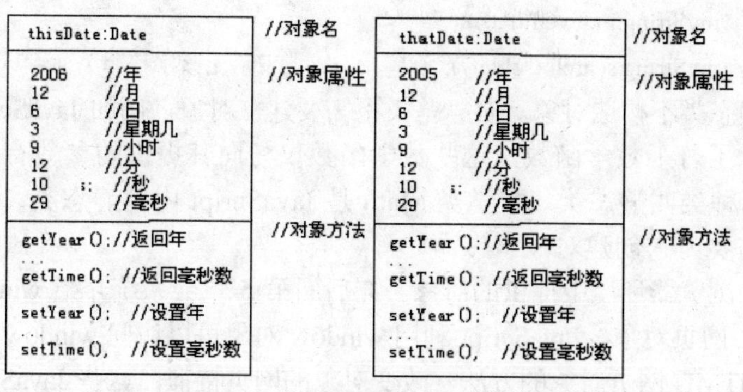

图 4-24 Date 类的对象 thisDate、thatDate

3. 内部对象的构造

对象由其类的构造方法来构造，类的构造方法与类同名，例如，类 Date 的构造方法为 Date()。一个类可以有多个构造方法，其差别在于方法的参数数、参数的类型不同。JavaScript 中按的对象构造的情况不同分为三种：

（1）new 运算符构造类对象。JavaScript 的内部类，如日期类 Date、数组类 Array 等必须使用 new 运算符创建类对象。

例如：myDate=new Date()；//构造运行时的日期

Date 对象的属性一般不能直接访问，只能通过对象类提供的获取和设置属性的方法去访问。获取日期的时间方法如图 4-23 所示。

（2）不显式构造对象。JavaScript 提供了一些非常有用的常用内部类，如：string（字符串），它不必显式地创建该类的对象。如果一个变量是字符串类型，它就是隐含建立了字符串对象，就可以访问字符串类的方法。例如：

var myString="asvdrfgy";

myString 变量就是字符串对象，它可以访问字符串对象的不同方法部分如下：

```
myString.toUpperCase();        //全部字母大写
myString.toLowerCase();        //全部字母小写
myString.length;               //字符串长度
myString.bold();               //粗体显示
myString.big();                //大体显示
myString.italics();            //斜体显示
myString.small();              //小体显示
myString.substring(1,4);       //取子串
```

```
myString.indexOf('f',0));
myString.search ("cldef");          //-1 表示无该字符串
```

（3）静态类不构造对象。有一些类不需要建立对象，例如 JavaScript 的 Math 类，它包含了若干数学函数，这些数学函数仅与向其提供的参数有关，与类对象无关，这种类叫静态类。数学类 Math 是 JavaScript 内部静态类，引用该类的方法时不需要为它创建对象。

（4）由浏览器环境中提供的对象。在后面第 5 章会系统介绍 window 对象、各种 HTML 网页对象，JavaScript 利用 window 对象可以访问 window 的属性与方法；利用 HTML 网页对象的方法，改变对象的网页特征，这些 JavaScript 语言的主要操作对象。上面调用的 document.write()就是调用的页面对象 document 的方法。

4. 引用对象的属性和方法

一个对象在被引用之前，这个对象必须存在，否则引用将出现错误信息。引用一个对象的方法或属性的格式如下：

对象名.对象方法；

对象名.对象属性；

例如：

```
document.write（"123456"）；     //引用 document 对象方法 write()
var myDate=new Date();           //内部类先构造对象 myDate
year=myDate.getYear();           //引用 myDate 对象方法 getYear()
myString="123456";               //默认构造字符串对象 myString
len=myString.length;             //引用 myString 的属性 length
```

对于静态类引用其方法如下：

类名.类方法

例如：

```
var    num=Math.cos(90)）；    //引用 Math 的方法 cos();
```

Math 主要方法有：求绝对值 abs()、求正弦 sin()、求余弦 cos()、求反正弦 asin()、求反余弦 acos()、求正切 tan()、求反正切 atan()、四舍五入 round()、平方根 sqrt()、幂值 pow(base,exponent)。上述的方法除 pow()外的方法只有一个数值参数。

例 4-24 Date 类对象的构造及其方法的引用，cha4-24.htm 程序如下，其显示结果如图 4-25 所示。注意，这里显示结果与当时的运行时间有关。

```
<html>
<head>
<title>Date 对象方法实例</title>
</head>
<body>
<script type="text/JavaScript">
```

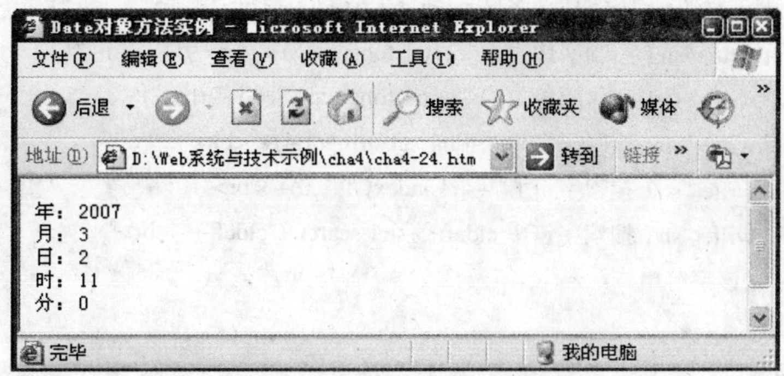

图 4-25　例 4-24 显示结果

```
var myDate=new Date();
document.write("年："+myDate.getYear()+"<br>");
document.write("月："+myDate.getMonth()+"<br>");
document.write("日："+myDate.getDay()+"<br>");
document.write("时："+myDate.getHours()+"<br>");
document.write("分："+myDate.getMinutes()+"<br>");
</script>
</body>
</html>
```

例 4-25　内部字符串对象方法与特征的引用，cha4-25.htm 程序如下：

```
<html>
<head>
<title>字符串对象法的引用</title>
</head>
<body>
<script type="text/JavaScript">
var str1="abcdefgh";
document.write("str1 字母全部大写："+str1.toUpperCase()+"<br>");
document.write("str1 字母全部小写："+str1.toLowerCase()+"<br>");
document.write("str1 字母总数："+str1.length+"<br>");
document.write("str1 粗体字显示："+str1.bold()+"<br>");
document.write("str1 大体显示:"+str1.big()+"<br>");
document.write("str1 斜体字显示:"+str1.italics()+"<br>");
document.write("str1 小体字显示:"+str1.small()+"<br>");
```

```
document.write("str1 固定高亮字显示:" +str1.fixed()+"<br>");
document.write("str1 控制字体大小:" +str1.fontsize(8)+"<br>");
document.write("str1 字体颜色方法:" +str1.fontcolor('red')+"<br>");
document.write("str1 返回子字串:" +str1.substring(1,4)+"<br>");
document.write("str1 搜索字符 f:" +str1.indexOf('f',0)+"<br>");
document.write("str1 搜索字符串 cldef:" +str1.search ("cldef")+"<br>");
//-1 表示无该字符串
</script>
</body>
</html>
```

例 4-25 显示结果如图 4-26 所示。

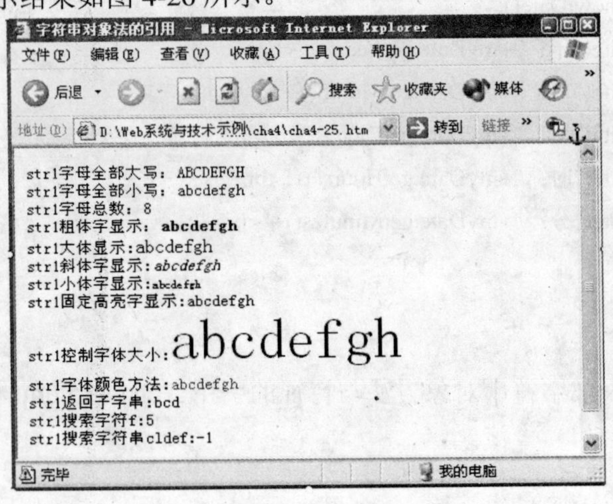

图 4-26　例 4-25 显示结果

4.5.2　JavaScript 的环境对象 window

JavaScript 脚本程序主要目的是动态访问、控制 HTML 页面的对象。如果可以有效地把页面对象组织、管理起来，向 JavaScript 提供访问、控制的接口，那么，动态地控制 HTML 页面的结构和样式就不困难了。当打开一个浏览器，就建立了一个浏览器窗口对象（window），如果在浏览器窗口对象的地址栏输入一个 URL，这就打开一个 HTML 页面，浏览器同时解析网页文档，构成网页文档对象(document)，如图 4-27 所示。文档对象 document 包含当前 HTML 页面中所创建的所有标记对象。例如 html 对象对应<html>标记，它由 title、meta、link、base 等对象组成。table 对象对应<table>，它由其属性及其 tr 对象组成。

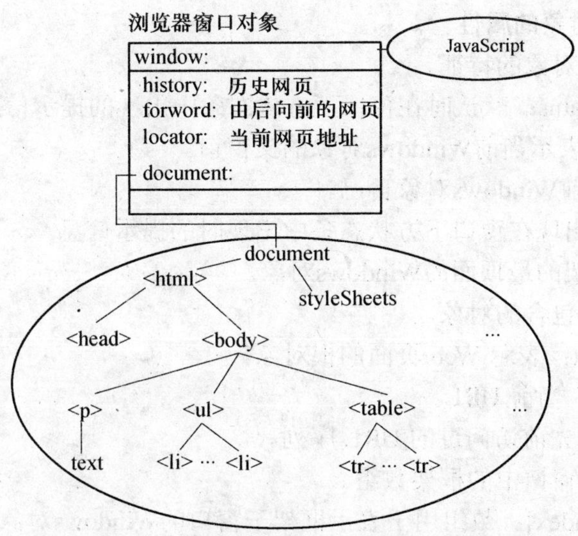

图 4-27 动态地控制 HTML 页面的结构

如图 4-28 所示，浏览器窗口对象类主要包括：Document、Frame、Location、History。其中网页文档类 Document 包含不同的对象数组，如该图中 Form[]或 Image[]等，这些数组对象的成分则是 HTML 文档的对应标记。由此可见，JavaScript 的代码通过 window 对象可以访问网页文档对象及其下属的所有网页内部对象。

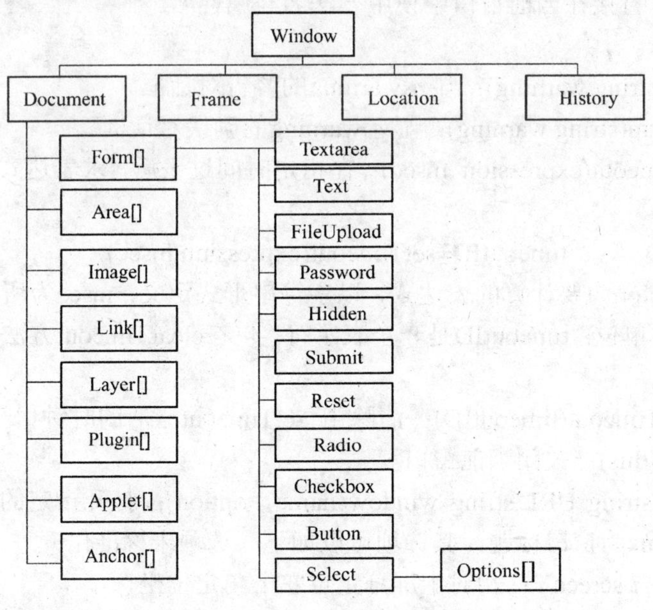

图 4-28 JavaScript 的窗口对象类

1. window 对象的属性

（1）window对象的特征。

① defaultStatus：默认时在窗口下方状态条中出现的提示信息。

② parent：表示当前Windows对象的父窗口。

③ self：当前Windows对象自己。

④ status：出现在窗口下方状态条中出现时的提示信息。

⑤ top：框架的最顶面的Windows对象。

（2）window包含的对象。

① document：表示 Web 页面的根对象。

② location：当前 URL。

③ history：先前访问过的 URL 序列。

④ frames：窗口中的框架数组。

⑤ frames[index]：数组用于表示框架子窗口的Windows对象。

窗口的 history 对象提供前后翻找访问过的页面的操作。例如：

```
history.back ( );            // 重载前一页
history.forward ( );         // 重载下一页
history.go(-3);              // 返回第三页
```

history 是 window.history 的缩写。由于 JavaScript 代码在当前窗口环境中工作，因此可以直接在当前窗口中使用方法名与属性名。

（3）方法。

① alert(string warning)：显示warning的警告对话框。

② confirm(string warning)：显示warning的确认对话框。

③ setTimeout(expression ,msec)：在指定时间过去后，求表达式的值，其语法为：

timeoutID=setTimeout(expression,msec)

其中，expression为要计算的表达式，以字符串形式定义；msec为所给定义的时间，以毫秒为单位；timeoutID是一个表示符，仅在clearTimeout方法中用于取消时钟。

④ clearTimeout(timeoutID)：清除由 setTimeout激活的时钟信号。

⑤ close(this)：关闭当前窗口。

⑥ open(string URL,string window_name，option)：打开指定的 URL ，并以window_name为窗口标题，其选项可以如下（选项未标准化）：

screenX 与 screenY：相对于屏幕定位左上角定位坐标。

dependent：使新窗口成为当前窗口的子窗口，在关闭当前窗口时自动关闭。

location：显示 location 项目与否。

menubar：增加菜单栏与否。

resizable：允许缩放与否。

scrollbars：支持滚动条与否。

status：增加底部状态栏与否。

toolbar：包括工具栏与否。

⑦ prompt(string prompt_string)：显示一个包含 prompt_string的提示对话框，该对话框包含一个输入域。

⑧ blur（）和focus（）：blur 用于将焦点移出窗口，而focus将焦点移到窗口中。

⑨ scrollTo()：将光标移到窗口内指定的位置。

⑩ setTimeout("expression",delay)：在指定 delay 毫秒延迟后一次性对引号中的表达式求值，可以是函数调用。如果 expression 中使用斜体变量或函数参数，则应指定为全局变量。

⑪ setInterval ("expression", interval)：在每一个指定的时间间隔（毫秒）重复对这个表达式求值或调用函数。

（4）事件处理。

① onload——当浏览器载入一个窗口或载入一个 frameset中的所有框架时，将产生一个 load（装载）事件，onload属性的值是用户定义的load事件处理函数。

② onunload：当退出窗口时，unload 事件激发，处理函数将被执行。onunload 属性的值是用户定义的 unload 事件处理函数。

例 4-26 利用 window 对象的方法，建立一个确认对话框，如图 4-29 所示。cha4-26.htm 内容如下：

```
<html>
<head><title>Alert</title></head>
<body>
<h2>An Alert Window</h2>
<script type="text/javascript">
    window.alert("打开新网页的确认提示!");        //确认对话框
    window.location="cha4-1.htm";                 //打开新网页
</script>
</body>
</html>
```

图 4-29 window 对象建立一个确认对话框

例 4-27 利用 window 对象的方法 setTimeout(“expression”,delay)，建立滚动文本，如图 4-30 所示。cha4-27.htm 程序如下：

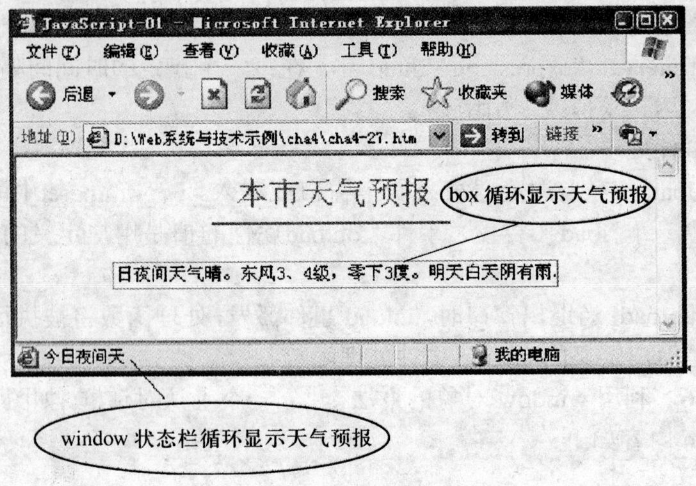

图 4-30 建立滚动文本和反复显示

```
<html>
<head>
<title>JavaScript-01</title>
<meta http-equiv="content-Script-type"content/JavaScript>
<script type="text/JavaScript">
var msg1="今日夜间天气晴。"
  var msg2="东风 3、4 级，零下 3 度。"
  var msg3="明天白天阴有雨。"
```

```
    var msg4="最高温度 8 度。"
    var msg=msg1+msg2+msg3+msg4
        //利用 form 的 box 循环显示天气预报
  function disp()
  {
        setTimeout("disp()",500);
        msg=msg.substring(2,msg.length)+msg.substring(0,2);
        document.scroll.box.value=msg;
                    // 引用网页内部对象，对象名为：标记的 name 属性值
  }
                    // 利用 windows.statue 显示天气预报
var mmsg=msg1+msg2+msg3+msg4;
var interval = 220;
var spacelen = 220;
var space10=" ";
var seq=0;
function scroll() {
len = mmsg.length;
window.status = mmsg.substring(0, seq+1);
seq++;
if ( seq >= len ) {
seq = 0;
window.status= ' ';
window.setTimeout("scroll();", interval );
}
else
window.setTimeout("scroll();", interval );
}
scroll();
</script>
</head>
<body>
<p align="center">
<font size=5 color="#ff0000">本市天气预报<I></I></font>
```

```
<hr color="#ff0000" width="40%">
<center>
<form name="scroll">
<input name="box"type="text" size=45>
</form>
</center>
<script type="text/JavaScript">
 disp();             //程序中调函数
</script>
</p>
</body>
</html>
```

2. 网页文档对象 document

document对象描述当前窗口中打开网页对象的属性和方法。

（1）document对象的特征。

① aLinkColor：活动的超链接颜色，即当鼠标按下但不松开时显示活动的超链接。

② vLinkColor：可视的超链接颜色。

③ linkColor：超链接颜色。

④ anchors[index]：锚名字符串数组，与当前表单中定义的锚相对应。

⑤ bgColor：网页背景颜色。

⑥ fgColo：文本前景颜色。

⑦ location：此对象相当于浏览器的地址栏网页URL。

⑧ referrer：当前引用文件的主机名。

⑨ title：文件的标题。如果该文件标题未定义，则其值为Untitled。

（2）方法。

① clear()：清除当前的文件窗口。

② close()：关闭当前的文件窗口。

③ write(string output)：将output字符串输出到当前的文件。

④ writeln(string output)：将output字符串及换行符输出到当前文件。

（3）所属对象。document对象的父对象是 window对象。

（4）事件处理。对于document对象，未定义事件处理函数。虽然 onload及onunload 事件处理是在<body>中设定的，不过这两者也算是Window对象事件。

3. history 对象

history 对象常用方法如下：

back() ： 后退浏览器的历史网页一页。

forward()：加载浏览器的历史网页中的下一页。

go(“url” or nummer)：按 url 加载浏览器的历史网页中页，或要求浏览器移动指定的页面数。

4. Location 对象

该对象相当于IE浏览器的地址栏，它包含了当前URL的信息，它提供了重新加载窗口当前URL的方法。

location对象的属性如下。

（1）host：URL的主机名和端口。

（2）hostname：URL的主机名部分。

（3）href：完整的URL字符串。这是常用的属性，利用它达到链接到要求的网页。

location对象的方法如下。

（1）assign(“url”)。

（2）reload()：重新加载当前页。

（3）replace(“url”)：加载“url”页，替代当前页。

例 4-28 打开新网页，一般由超链接完成，这个示例说明，利用设置 location.href 属性值打开一个新网页。cha4-28-1.htm 程序如下：

```
<html>
<head>
<title>设置 location.href 属性值打开新网页</title>
</head>
<body>
 <p>
    设置 location.href 属性值，打开新网页
 </p>
<script type="text/JavaScript">
    var url=prompt("请输入一 URL！例如：cha4-1.htm ");
    location.href=url;      //链接到 URL！例如：cha4-1.htm
</script>
</body>
</html>
```

运行 cha4-28-1.htm 程序，出现用户提示窗口，输入要求链接的网页地址，点击“确定”，则进入链接的网页。

例 4-28 显示结果如图 4-31 所示。

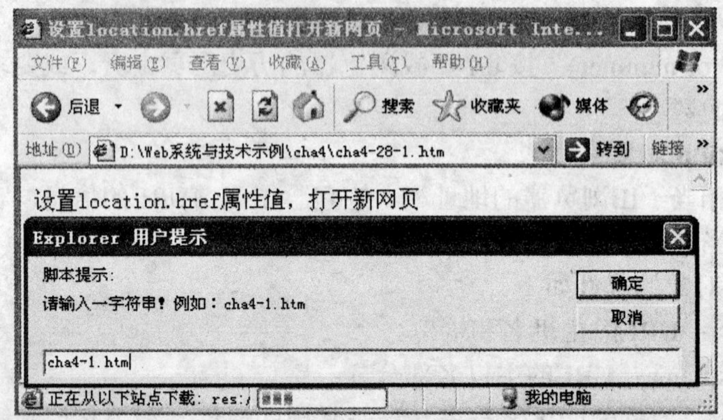

图 4-31 例 4-28 显示结果

4.6 基于 JavaScript 的事件编程

4.6.1 事件和事件处理函数

JavaScript 的函数可以由程序调用，这通常叫程序驱动运行。但是，图形界面的人机接口，JavaScript 的函数更多地是由客户与网页的交互的动作（即事件）激发。交互的动作也叫事件，JavaScript 事件是网页标记的属性，不同的标记支持不同的事件。以下的事件是常用事件：窗口事件、按钮事件、鼠标事件。

1. 窗口事件

onLoad（加载页面）与 onUnload（卸载页面）属性是标记 body 和 frameset 标记中的属性。

例如：<body onLoad=”window.alert(“装入新网页！”)> …….</body>

其中，onLoad 是 body 的一种事件属性，其值是：window.alert(“装入新网页！”)，它打开一个对话框。

由于 window 是网页根对象，window.alert(“装入新网页！”)略写成 alert(“装入新网页！”)。

例 4-29 利用 body 标记的 onload 事件属性，打开一个新网页，如图 4-32 所示。

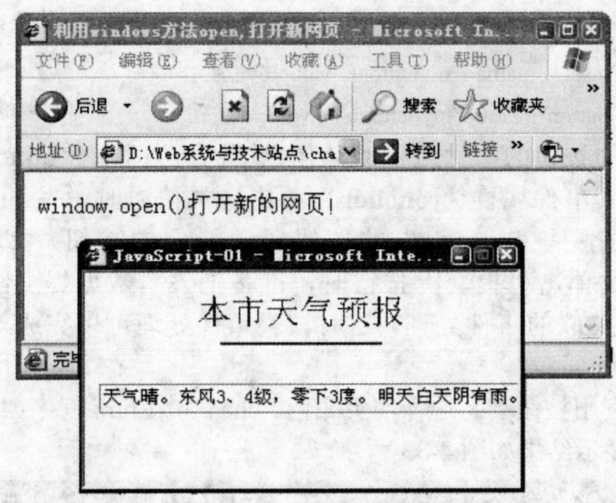

图 4-32　利用 windows 方法打开新网页

cha4-29-1.htm 程序如下：

```
<html>
<head>
<title>利用 windows 方法 open,打开新网页</title>
<script type="text/JavaScript">
 function new_win()
     {   //window.open(….)   略写为 open(…)
     open("cha4-27.htm","my","toolbar=no,
         left=150,top=200,menubar=no,width=300,height=150");
     }
</script>
</head>
<body onload="new_win()">
<p>
 window.open()打开新的网页！
</p>
</body>
</html>
```

2. 按钮事件

按钮事件是网页中最常见的事件。正如下面所示，利用<input>标记的属性 type，可以将按钮设置为不同类型的按钮。

```
<input type="submit" name="mybuttons" value="提交" >
<input type="reset"    name="mybuttonr" value="重置" >
<input type="button" name="mybuttonb"    value="按钮" >
```

不同类型的按钮的事件激发的动作也不同。类型是“button”的按钮属于普通按钮，其事件属性为 onclick，单击这类按钮时激发 onclick 关联的事件处理。类型是“submit”的按钮属于特定的按钮，其事件属性为 onsubmit，当发单击“提交”按钮时，准备把表单数据提交给服务器前，激发 onsubmit 关联的事件处理，这时该类事件处理可以完成对表单数据单元的正确性检查。

例 4-30　利用按钮动态选择网页底色。cha4-30-1.htm 程序如下，运行时点击橙色按钮，显示结果如图 4-33 所示。

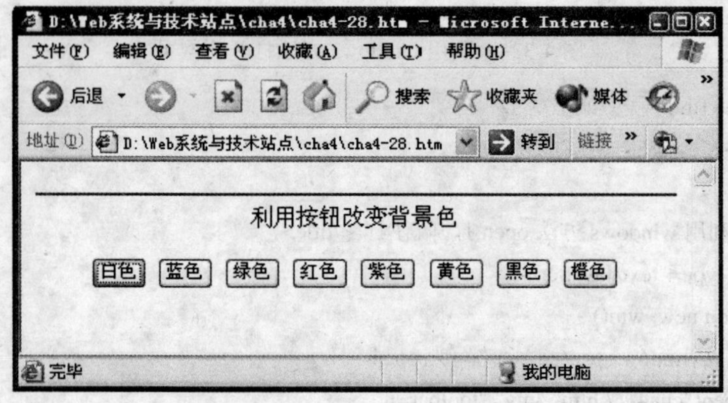

图 4-33　例 4-30 显示结果

按钮的点击是客户与网页交互的事件，按钮事件是<input>标记的属性，事件发生时，事件由 JavaScript 函数 backdisp()来处理。

```
<html>
<head>
<meta http-equiv="content-Script-type"content="text/JavaScript">
<script type="text/JavaScript">
   function backdisp(col)              //col 为颜色参数
   { document.bgColor=col;          //设置底色
   }
</script>
</head>
<body>
```

```
<hr color="#ff0000">
<div style="font-size:small;text-align:center">          <!--利用 div 设置样式-->
   利用按钮改变背景色
<form>
<input type="button" value="白色"onClick="backdisp('white')">
<input type="button" value="蓝色"onClick="backdisp('blue')">
<input type="button" value="绿色"onClick="backdisp('green')">
<input type="button" value="红色"onClick="backdisp('red')">
<input type="button" value="紫色"onClick="backdisp('violet')">
<input type="button" value="黄色"onClick="backdisp('yellow')">
<input type="button" value="黑色"onClick="backdisp('black')">
<input type="button" value="橙色"onClick="backdisp('orange')">
</form>
</div>
</body>
</html>
```

例 4-31 利用“submit”按钮事件处理，检查输入的字符串是否是数字串，如果是，向服务器提交。cha4-31-01.htm 程序如下。

```
<html>
<head>
<title>提交按钮事件</title>
<script type = "text/javascript" >          <!—JavaScrit 脚本程序-->
  function check()
   var n1=document.myform.num1.value;
   var n2=document.myform.num2.value;
   { if(isNan(n1) ||isNan(n2)){
          return true;
              }
      else
          {return false;}
</script>
</head>
<body>
<p>
```

```
<form name="myform" action="cha4-31-2.htm" method="POST" onSubmit="return check()">
操作数一：<input type="text" name="num1"><BR> <!--单行文本框-->
操作数二：<input type="text" name="num2"><BR> <!--单行文本框-->
</p>
</P>        <input type="submit" value="提交">
            <input type="reset" value="清理">
</form>
</body>
</html>
```

例 4-31 显示结果如图 4-34 所示。

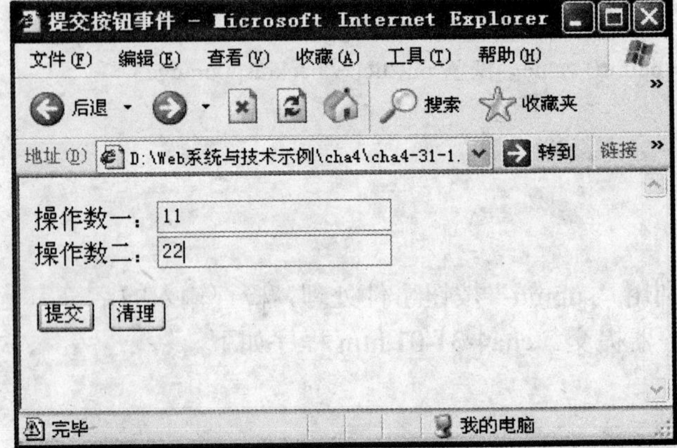

(a)

(b)

图 4-34　例 4-31 显示结果

(a) 输入两个数字串后点击“提交”；(b)“提交”按钮事件处理提示输入的是数字串。

3. 鼠标事件

onClick（鼠标单击）、onDblclick（鼠标双击）、onMousedown（鼠标按下）、onMouseup（鼠标释放）、onMousemove（鼠标移动）、onMouseover（鼠标移到标记控制的元素上）、onmouseout（鼠标从标记控制的元素上移开）属性是大多数 HTML 4.0 标记具有的属性。

例如：<img src="img2-2.pjg onMouseover="dispayBorder()"> 图像边框显示 </img>
其中，onMouseover 是 img 的一种事件属性，其值是：dispayBorder(color)。它使定位点图像显示边框，以示选中。其中，dispayBorder('orange')为下列定义的函数：

```
function dispayBorder(ob) {
  ob.style.border=1;
}
```

4.6.2 HTML 标记的事件属性

HTML 标记及其相关事件如表 4-6 所列。

表 4-6　HTML 标记和相关事件

标　记	描　述	事　件
<a>…</a>	链接	click,onmouseover,mouseout
<img>	图像	abort,error,load
<area>	区域	mouseover,mouseout
<body>…</body>	文档体	blur,error,focus,load,unload
<frameset>…</frameset>	框架集	blur,error,focus,load,unload
<frame>…</frame>	框架	blur,focus
<form>…</form>	表单	submit,reset
<input type="text">	单行文本框	blur,focus,change,select
<textarea>…</textarea>	多行文本框	blur,focus,change,select
<input type="submit"	提交	click
<input type="reset"	重置	click
<input type="radio"	单选框	click
<input type="checkbox">	复选框	click
<select>…</select>	下拉菜单	blur,focus,change

4.6.3 JavaScript 的事件编程示例

例 4-32 利用 JavaScript 的函数把下拉菜单的选择关联到目标页面。图 4-35 显示的导航栏是图书选购网站的下拉菜单。

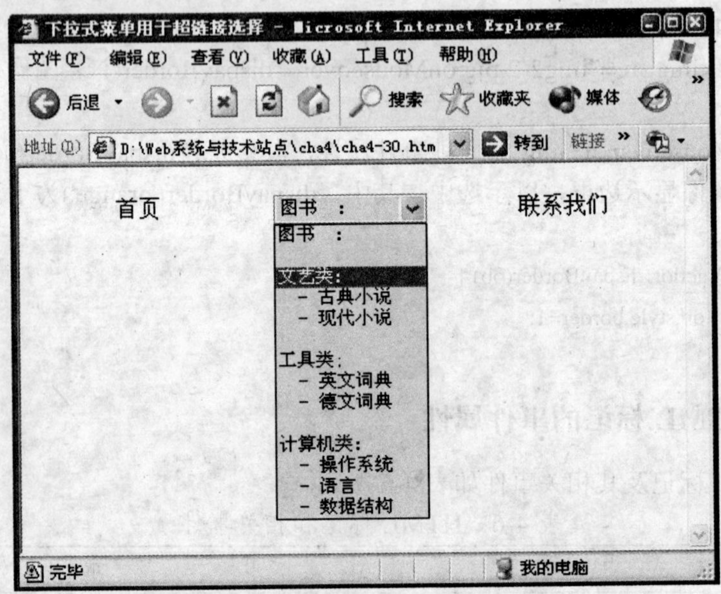

图 4-35 下拉式菜单用于超链接选择

下拉菜单选项值为目标地址 URL 或-1（分隔符）。选择选项时，调用 onchange 事件处理程序。cha4-30.htm 程序如下：

```
<html>
<head> <title> 下拉式菜单用于超链接选择 </title>
<script type = "text/javascript" >            <!—JavaScrit 脚本程序-->
function menuAction (sel)                     //参数为 select 对象
    {   var index = sel.selectedIndex;   //由 sel. selectedIndex 获得下标
        var url = sel.options [index].value;
        document.writeln(url) ;
        sel.selectedIndex = 0;                //所选索引重置为 0
        if (url != -1)                        // url 值为-1，则什么也不做;
        { window.location = url ;             // 加载 url 超链接地址
        }
    }
```

```
</script>
<style type="TEXT/CSS">      <!--样式表-->
 table.menubar
   {   border-top: solie #0f6 20px;
       background-color: #dde3e8;
       font-weight: bold;
   }
table.menubar select
{   background-color: #dde3e8;
    font-weigth: bold;
    display: block   /*使用块显示框，以消除下面多余的换行符*/
}
table.menubar a
{   text-decoration: none;
    color: black;
    display: block
}
table.menubar td {width:150px}
</style>

<body>
<table class = "menubar" cellspacing = "5">
<tr valign = "middle" align = "center">
<td> <a href = "cha2-1.htm" >首页</a> </td>
<td>
     <select name = "selur1" id = "selur1" size = "1" onchange = "menuAction (this)" >
         <option value = "-1" >图书  : </option>
         <option value = "-1"> </option>              <!—空一行-->
         <option value = "2-1.htm">文艺类: </option>
         <option value = "2-1.htm ">   -  古典小说  </option>
         <option value = "2-1.htm ">   -  现代小说  </option>
         <option value = "-1"   </option>             <!—空一行-->
         <option value = "2-1.htm">  工具类; </option>
```

```
            <option value = "2-1.htm">   - 英文词典 </option>
            <option value = "2-1.htm">   - 德文词典 </option>
            <option value = "-1">  </option>          <!—空一行-->
            <option value = "2-1.htm"> 计算机类: </option>
            <option value = "2-1.htm">   - 操作系统 </option>
            <option value = "2-1.htm">  - 语言 </option>
            <option value = "2-1.htm">   - 数据结构 </option>
          </select>
    </td>
    <td> <a href = "cha2-1.htm" > 联系我们 </A> </td>
    </tr> </table>
    <head>
    </body>
    </html>
```

小　结

JavaScript 是标准的脚本语言，可以控制浏览器、窗口和网页对象，实现网页与客户的交互。JavaScript 程序是浏览器在客户端执行的程序。

JavaScript 程序可以放在独立文件中，后缀为.js，它用下列代码引入到 Web 页面中：

```
<script type="text/javascript" src = "filename.js"></script>
```

也可以用下列语句将 JavaScript 程序直接布置在 HTML 文件中：

```
<script type="text/javascript" >
      //JavaScript 程序
… </script>
```

JavaScript 的变量类型不严格，提供内部函数，如 eval 等；提供内部类及其构造对象的方法，如 Date 等；另外提供了控制网页有关的对象，如 windows、document 等，使 JavaScript 编程更为容易。

HTML 标记一般都规范了 onEvent 属性，这种事件属性的值设置为事件处理函数。事件发生时，自动构成事件对象，通过事件处理函数访问事件对象的信息，如所按的键、所单击的鼠标键、鼠标事件的 x 与 y 坐标等。网页的事件分为以下 4 类：窗口事件、鼠标事件、输入控制事件、键盘事件。JavaScript 处理用户激发的事件，从而增加页面的交互性和动态性。

习　题

1. 编写求 $F(x,y)=x^2+xy+y^2$ 值的 javaScript 函数，并求 f(2,3)的值。

2. 利用第 1 题的函数求 f(cos(2)),sin(2))的值。

3. 编写求一元二次方程根的函数，并考虑虚根情况。

4. 求 1～100 的奇数的和：1+3+5+…+99。

5. 求 0～100 的偶数的和：2+4+6+…+100。

6. JavaScript 中可以用哪些方法创建数组？如何访问数组单元？如何为数组单元赋值？

7. 数组 a={1.3,20,50.-56,90,-34,32.5,78,0}，编写求其最大数、最小数，由大到小和由小到大排序的程序。

8. 编程显示北京时间（日期，小时，分钟）。

9. 编程在数组中删除一个元素，插入一个元素。

10. JavaScript 中如何生成新窗口？新窗口特性用什么选项控制？

11. JavaScript 中如何编程在一字符串中查找一子串，并说明包含几个这样的子串，每个从第几个字符开始？

12. 利用 body 的 onload 事件，打开一网页，提示人们有新的病毒 XX 出现。

13. 编写介绍 Web 系统与技术网站各章各节内容的下拉菜单式导航栏。

14. 编程在 window 的状态栏流动显示天气预报。

15. 利用表单输入下列课程分数：计算机基础、Java 语言、Web 系统与技术和软件工程。检查各科目输入的分数都是小于等于 100 的分数才提交给服务器处理程序。

第 5 章　文档对象模型 DOM 与动态 HTML

5.1　文档对象模型

5.1.1　概述

网页文档模型 DOM（Document Object Model）是 W3C 制定的访问 HTML、XML 文档的标准。

文档对象模型 DOM 就是按把页面文件转化为规范的页面对象：文档对象（docment）、各种标记对象；属性对象、文本对象、事件对象、样式表对象等，并且为脚本程序提供了统一的编程接口（API）。脚本程序通过这些接口，访问页面对象（图 5-1）。

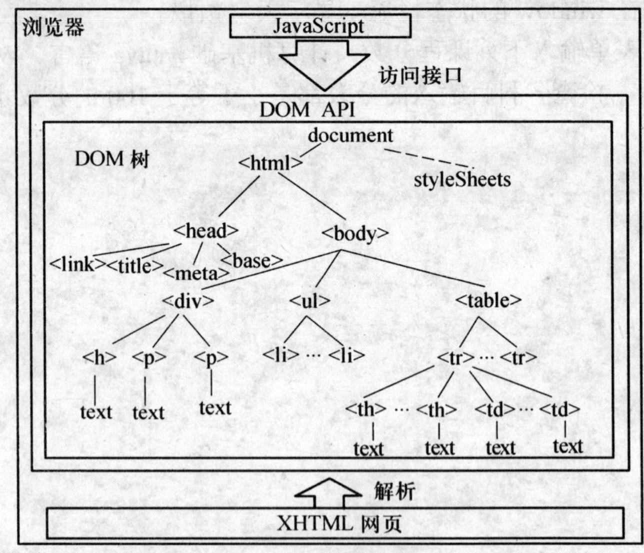

图 5-1　DOM 树、JavaScrip 和 XHTML 网页之间的关系

页面对象构成树型结构（DOM 树），它反映了页面文档的自然结构。页面的 HTML 标记映射为 DOM 树节点。脚本程序通过 DOM API 可以在页面文档结构中搜索、添加、修改或删除页面的对象。页面节点包含引用的样式表，DOM 树的每个标记节点有与之对应样式对象，它描述这个标记的显示样式。这样，通过 DOM 树可以访问、操作标记节点及其样式。

为了清楚起见，图 5-1 没有考虑标记的属性、样式。树的节点对应页面相应的标记对象。这里说标记对象而不说标记是因为一个相同的标记，如<p>，在 DOM 树形结构中可以出现多个节点。一个网页文档中同一标记可以出现多个标记对象。但是，网页标记的 id 属性是唯一的，所以，利用网页标记的 id 属性可以确定唯一 DOM 树中唯一的一个标记对象。

动态 HTML（DHTML）就是指通过客户端的脚本程序动态控制页面的内容与显示样式，DHTML 不是指什么新标记语言，也不是指什么软件工具。为了这样的网页代码与浏览器有清晰的接口，必须对涉及的 JavaScript（第 4 章）、CSS（第 3 章）、HTML（第 2 章）标准化。

5.1.2 DOM 树节点对应的类

DOM 树描述了对应页面相应的标记对象的结构，节点与对应的节点类是密切相关的，节点类描述了节点对象的属性与方法。DOM 树主要节点类关系如图 5-2 所示。Node 类是 DOM 树中所有节点类的基类，为其他节点类定义了公用的属性与方法。

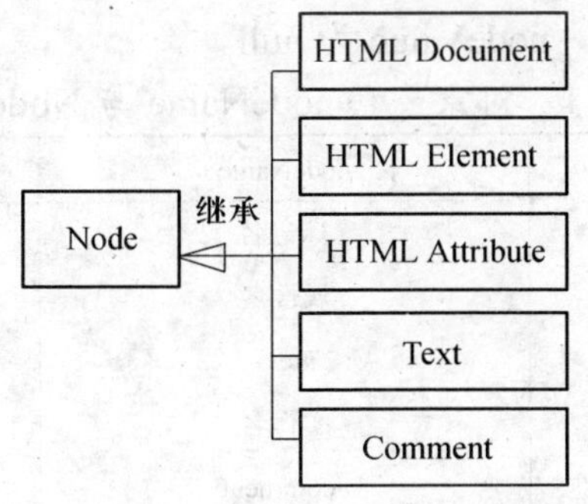

图 5-2 DOM 树主要节点类关系

1. Node 类

Node 类抽象了 DOM 树节点共同的属性和方法（图 5-3）。

（1）nodeType。nodeType 表示节点的类型，其值用下列符号化常数表示。

```
Node
---------------------------------------------
nodeType              //节点类型
nodeName              //节点名
nodeValue.            //节点名的值
parentNode            //父节点
firstChild            //第1个子节点
childNodes[*]         //子节点集合
attributes[*]         //属性集合
---------------------------------------------
normalize( )
document.documentElement.normalize( );
hasChildNodes( )
hasAttributes ( )
appendChild (child)
removeChild (child)
insertBefore (child, target)
replaceChild (child, target)
```

图 5-3 Node 类的属性与方法

ELEMENT_NODE = 1; 树标记节点

ATTRIBUTE_NODE = 2; 属性节点

TEXT_NODE = 3; 文本节点

COMMENT_NODE = 8; 注释节点

DOCUMENT_NODE = 9; 根节点

（2）nodeName 与 nodeValue。nodeName 与 nodeValue 分别表示节点名与节点值，具体意义取决于节点类型，见表 5-1。例如，Element 类型的 node 节点的 nodeName 为标记名，nodeValue 为 null。

表 5-1 对象节点 nodeName 与 NodeValue 的意义

节点类型	nodeName	nodeValue
Element	标记名	null
Attribute	属性名	属性值字符串
Text	#text	文本字符串
Entity	实体名	null
Comment	#comment	注释字符串

（3）内部接点与其相关联的节点。DOM树中document是其根节点（图5-1），对应的类型为HTMLDocument。它有两个子节点：html和styleheets。html节点最多有两个标记子节点（head和body）。如图5-1所示，text节点是DOM树的叶节点，它对应的节点类型为Text，它们没有后续节点。其他节点叫树的内部节

点，对应的类型为HTMLElement。

一个典型的内部接点与其相关联的节点之间的关系如图 5-4 所示。它有一个父节点（parentNode），可以有多个兄弟节点（previouseSibling、nextSibling），多个子节点(childNodes[*])，HTML 标记的属性集(attributes[*])。

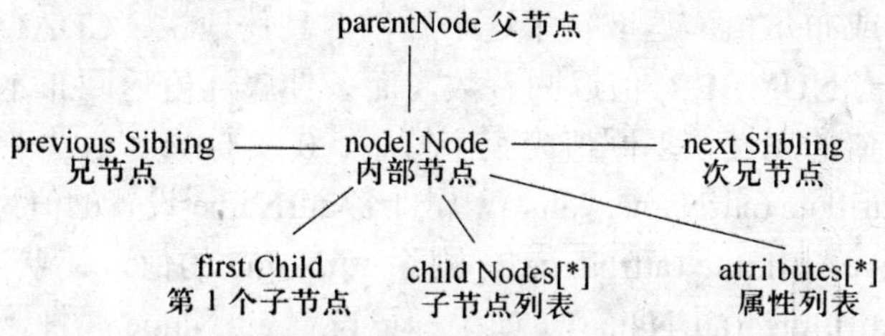

图 5-4 内部接点与其相关联的节点之间的关系

childNodes[*]表示子节点列表。对于 DOM 树内部节点，子节点描述了内嵌的 HTML 标记及这个标记控制的文本字符串。

attributes[*]表示节点 HTML 标记的属性集，是一个 Attribute 类对象列表，其集合对应的类型是 NamedNodeMap。

2. HTMLelement

DOM 树上的每个 HTML 节点是 HTMLElement 类的对象。HTMLElement 类继承 Node 类，其类图如图 5-5 所示。HTMLElement 类常用的属性如下：

（1）tagName。只读属性，用字符串表示的 HTML 标记名。

（2）style。样式属性，与标记相关联的样式定义。例如，用 element.style. background-color 访问或设置 background-color 的值。将样式属性设置为空字符串表示继承或默认样式。如查找、改变一个标记的样式，可以设置其 style 属性，则新的 style 属性会替换这个标记的现有的样式属性，最好的方法是改变 style 中某一个或几个样式属性值。

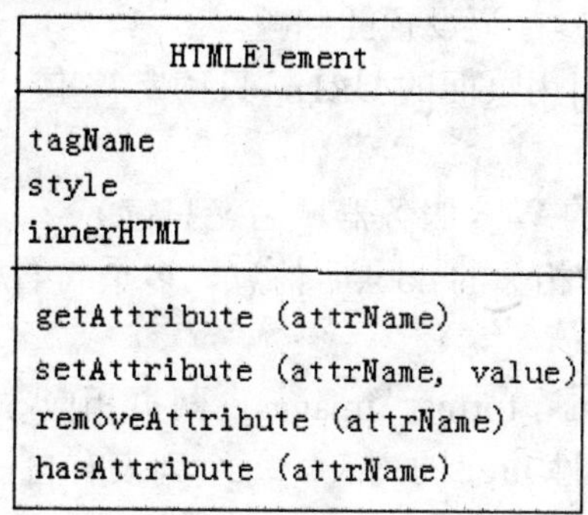

图 5-5 HTMLElement 类

（3）innerHTML。可读、可写属性，通过该属性，可以替换标记控制的内容。这个重要的属性不在 DOM 规范中，但大多数浏览器都支持。

HTMLElement 类常用的方法如下：

（1）getAttribute (attrName)。返回属性名 attrName 的值。返回的值可以为字符串、整数或布尔值，这取决于这个属性。具体地说，CDATA（字符数值）值返回字符串，NUMBER 值返回整数，而条件属性值返回布尔值。对于未设置又没有默认值的属性，返回值为空字符串、0 或 false。

（2）setAttribute (attrName, value)。属性名 attrName 设置的值为字符串 value。

（3）removeAttribute (attrName)。删除 attrName 的值，使默认值生效。

（4）hasAttribute (attrName)。如果标记设置 attrName 属性，则返回真值，否则返回假值。

设置属性时，属性名和大多数属性值用小写字符串。当通过 tagName 或 getAttribute( )检查取得的字符串时，一定要进行大小写无关比较，以防止大小写规则的不一致性。例如：

```
var nd = nodel.firstChild;
var re = /table/i;
if (re.test (nd.tagName))
  {…}
```

用大小写无关模式/table/i 测试 tagName。

3. HTMLDocument 类

HTMLDocument 类图如图 5-6 所示。HTMLDocument 的主要特征如下：

（1）documentElement：网页的<html>标记对象。

（2）body：网页<body>标记对象。

（3）URL：网页完整 URL，只读字符串。

（4）title：网页<title>标记设置的标题。

（5）referrer：当前引用页面的 URL，只读字符串（没有引用页面时为空字符串）。

（6）domain：页面的 Web 服务器域名（只读）。

（7）cookie：与页面相关的 cookie 信息，多个“名/值”对字符串，用分号“;”分隔。

（8）anchors、applets、forms、images：网页相应<a>、<applet>、<form>、<img>以及<link>标记属性 href 的列表。每个列表有自己长度（length）特征，表示列表中标记出现的次数、item(n)方法和 namedItem (name)方法，用来查询列表中的成员。

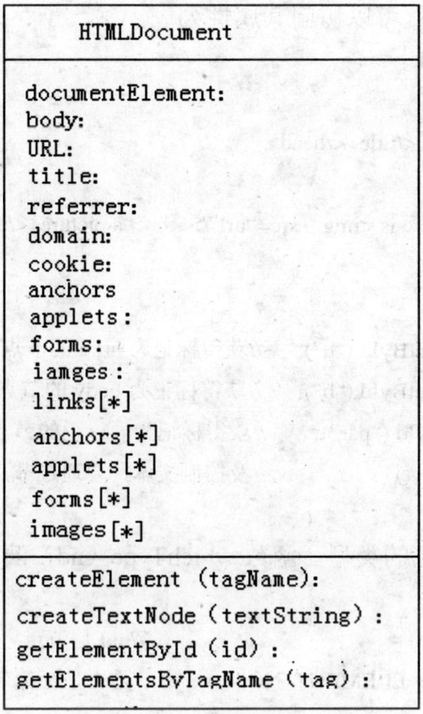

```
HTMLDocument
--------------------------------
documentElement:
body:
URL:
title:
referrer:
domain:
cookie:
anchors
applets:
forms:
iamges:
links[*]
anchors[*]
applets[*]
forms[*]
images[*]
--------------------------------
createElement (tagName):
createTextNode (textString):
getElementById (id):
getElementsByTagName (tag):
```

图 5-6　HTMLDocument 类图

document 对象的常用方法如下：

（1）createElement（tagName）。以标记<tagName>为参数建立标记对象。对建立的标记对象可以设置其属性，增添其子标记对象（子节点），从而对给定的 HTML 标记对象可以建立 DOM 结构。

（2）createTextNode（textString）。以字符串 textString 为参数建立 TEXT_NODE 类型的节点。

（3）getElementById（id）。以标记属性 id 为参数，查询对应的 HTML 标记对象。

（4）getElementsByTagName（tag）。以标记为参数，查询对应的 HTML 标记对象的列表。

5.1.3　DOM API

1. 按标记属性 id 获得 DOM 树对应的节点对象 nd

var nd= document.getElementById (id);

getElementById (id)方法，以标记的 id 为参数，返回对象节点，也可能为

null。有了对象节点，就可以访问其属性列表、父、子、兄节点。

例如，标记语句如下：

```
<html id="h">
<head><title>访问节点</title></head>
<body id="b">
    <p id = "par" > Here is <img   src="url"/> <br/> a picture. </p>
</body>
</html>
nd= document.getElementById ("h");     //获得标记为 html 的节点。
nd= document.getElementById ("b");     //获得标记为 body 的节点。
nd= document.getElementById ("par");     //获得标记为 p 标记的节点。p 标记//的内嵌的标记
                                           及控制文本，要通过节点 nd 的其他方法去访问
```

2. 判断节点类型

nodeType 表示节点的类型。函数 whichType（nd）演示了如何确定节点 nd 的类型：

```
function whichType(nd)                          // nd 是节点          (a)
{   if (nd.nodeType ==ELEMENT–NONE)             //是否是标记节点  (b)
        window.alert ("Element Node");
    else if (nd.nodeType ==ATTRIBUTE–NODE)
        window.alert("Attribute Node");
    else if (nd.nodeType ==TEXT–NODE)
        window.alert ("Text Node");
}
```

3. 访问一节点的子节点

有些节点有子节点，而有些没有。下面的函数首先按照标记属性 id 获得对应的 DOM 树节点 nd，通过 nd.childNodes（ ）可以获得其子节点列表 ch。ch.length 表示子节点列表中子节点的数目。利用 ch.item()可以访问子节点列表中的成员。

```
function visitChildren (id)
{   var nd = document.getElementById (id);   //按 id 获得节点对象
    var ch = nd.childNodes;              //获得子节点列表对象
    var len = ch.length;                 //子节点列表中子节点数
    for ( i = 0; i <len; i++)            //循环访问子节点列表中每个成员
    { nd = ch.item(i);                   //子节点 i
```

```
        window.alert (nd.nodeName + " "+ nd.nodeValue);    //显示
    }
}
```

例如，id = "par" ，标记语句如下：

```
<p id = "par" > Here is <img   src="url"/> <br/> a picture. </p>
```

函数 visitChildren (id)可显示下列结果：

```
#text          Here is
IMG            null
BR             null
#text          a picture
```

如果访问一节点的第一个子节点，可以直接利用 nd.firstChild 获得。

例如针对上面标记语句，可以先获得对应的节点。

```
nd= document.getElementById ("par");
firstChidNode= nd.firstChild;
```

4. 访问标记对象的属性

假设标记对象的节点为 nd，其属性集表为 attrib = nd.attributes，下列代码可以遍历其所有属性：

```
var attrib = nd.attributes,
var len = attrib.length;   //标记对象属性集中成分的数目
for ( i = 0; i < len; i + + )
 {   window.alert (att.item (i).name + "=" +
              attrib.item(i).value);
 }
```

属性列表 nd.attributes 的长度是浏览器相关的。要检查特定属性，可以用下列代码：

```
var b = attrib.getNamedItem ("border");
window.alert (b.value);                //属性 border 的值
```

getNamedItem（atribName）返回的值是属性集（NamedNodeMap）中指定名称的节点或 null。

对象节点的特定属性也可以利用下列方法访问：

（1）getAttribute (attrName)。返回属性名 attrName 的值。返回的值可以为字符串、整数或布尔值，这取决于这个属性。具体地说，CDATA（字符数值）值返回字符串，NUMBER 值返回整数，而条件属性值返回布尔值。对于未设置又没有默认值的属性，返回值为空字符串、0 或 false。

（2）setAttribute (attrName, value。属性名 attrName 设置的值为字符串 value。

（3）removeAttribute (attrName)。删除 attrName 的值，使默认值生效。

（4）hasAttribute (attrName)。如果标记设置 attrName 属性，则返回真值，否则返回假值。

5. 建立、插入新标记对象

document 对象的常用方法如下：

（1）createElement (tagName)。以标记<tagName>为参数建立标记对象，对建立的标记对象可以设置其属性，增添其子标记对象（子节点），从而对给定的 HTML 标记对象可以建立 DOM 结构。

（2）createTextNode（textString）。以字符串 textString 为参数建立 TEXT_NODE 类型的节点。

其他常用的方法如下：

（1）node.normalize( )：调整从 node 开始的子树，删除空节点并组合相邻文本节点，得到规范的 DOM 树。它没有空节点和同一文本分成几个文本。规范化之前，DOM 树可能有空节点或同一文本分成几个文本，这是页面源代码中的空格和换行符造成的。这些空格常用于避免长行和增加源代码可读性。规范的 DOM 树<html>节点可以使用下列方法：

（2）document.documentElement.normalize( )；

（3）node.hasChildNodes( ):返回真或假值；

（4）node.hasAttributes ( )：返回真或假值；

（5）node.appendChild (child)：将 child 作为 node 的新子节点；

（6）node.removeChild (child)：从 node 中删除 chile 节点；

（7）node.insertBefore (child, target)：将 child 节点加进 node 中指定的 target 子节点之前；

（8）node.replaceChild (child, target)：将 target 节点替换成指定的 child。如果 child 是 DocumentFragment，则插入其所有子节点，以代替 target。

注意，如果 child 已经在 DOM 树中，则要先将其删除，再作为一个新的子节点。

5.2 应用示例

例 5-1 网页中要显示当前输入控件的聚焦比较困难，这里通过 JavaScript、DOM API 和 HTML 配合，改变控件样式的背景颜色，提示表单当前的聚焦。

例 5-1 显示结果如图 5-7 所示。

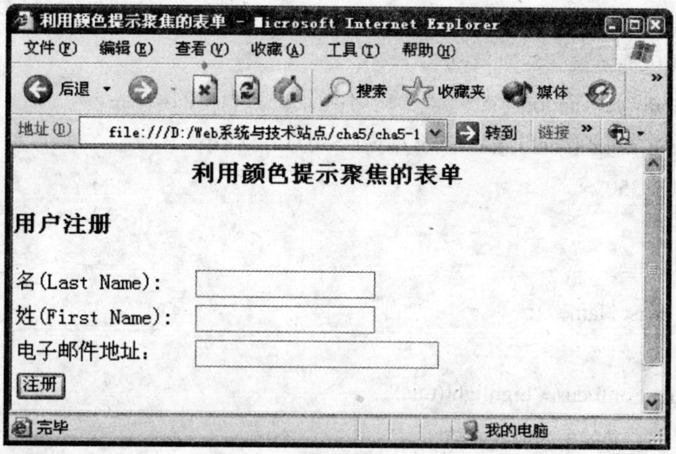

图 5-7　例 5-1 显示结果

cha5-1.htm 代码如下：

```
<html>
<head><title>利用颜色提示聚焦的表单</title>
<script type="text/javascript">
    var base, high;
    function init()         <--设置高亮显示颜色-->
    {    high="#99FFFF";
         base="";
    }
    function highlight(nd)
    { base=nd.style.backgroundColor;
                                  //<!--保存节点对象原来背景颜色-->
      nd.style.backgroundColor=high;
                                  //<!--改变节点对象原来背景颜色-->
    }
   function normal(nd)
   { nd.style.backgroundColor=base;
                                  //<!--恢复节点对象原来背景颜色-->
   }
</script>
</head>
```

```
<body style="margin:0 0 30px 0">
<h3>利用颜色提示聚焦的表单</h3>
<form method="get" action="#">        <!--不考虑处理表单的动作-->
<p style="font-weight: bold; font-size: larger">用户注册</p>
<table width="350">
<tr>
  <td class="fla">
      名（Last Name）:
  </td>
  <td><input onfocus="highlight(this)"
              onblur="normal(this)"
              name="lastname" size="18" />
  </td>
</tr>
<tr>
    <td class="fla">
     姓（First Name）:</td>
    <td><input onfocus="highlight(this)"
              onblur="normal(this)"
              name="firstname" size="18" />
     </td>
</tr>
<tr>
  <td   class="fla">电子邮件地址：</td>
  <td><input onfocus="highlight(this)"
              onblur="normal(this)"
              name="email" size="25" />
   </td>
</tr>
<tr>
    <td><input onfocus="highlight(this)"
              onblur="normal(this)"
              type="submit" value="注册" />
     </td>
```

```
</tr>
</table>
</form>
    <script type="text/javascript" >
      init();
    </script>
</body>
</html>
```

init( )函数在加载时调用，它设置高亮显示颜色。在高亮显示输入区之前，将背景颜色保存为全局变量 base，以便后面恢复。onblur 事件处理程序 normal 恢复原先的背景颜色。

例 5-2 显示一个 DOM 树节点的子节点。cha5-2.htm 代码如下：

```
<html>
<head> <title>访问当前某节点的子节点 </title>
<script type="text/javascript">
   function visitChildren(id)
   { var nd = document.getElementById(id);
     var ch = nd.childNodes;
     var len = ch.length;
     for ( i=0; i < len; i++)
      {    nd = ch.item(i);
         window.alert( nd.nodeName + "    " + nd.nodeValue );
      }
   }
</script>
</head>
<body style="margin:0 0 30px 0">
<h2>访问当前某节点的所有子节点</h2>
<p id="par">这是一幅图像> <!--被访问节点 id=’par’---标记 p-->
<img width="120" height="40" src="img2-1.jpg" alt="旅游" />
是内联图像 <br /> 来自旅游杂志.</p>
<form action="">
<p><button name="action" value="Visit Nodes"
  onclick="visitChildren('par')">访问当前一节点的所有子节点</button>
```

```
</p>
</form>
</body>
</html>
```

例 5-2 显示结果如图 5-8 所示。

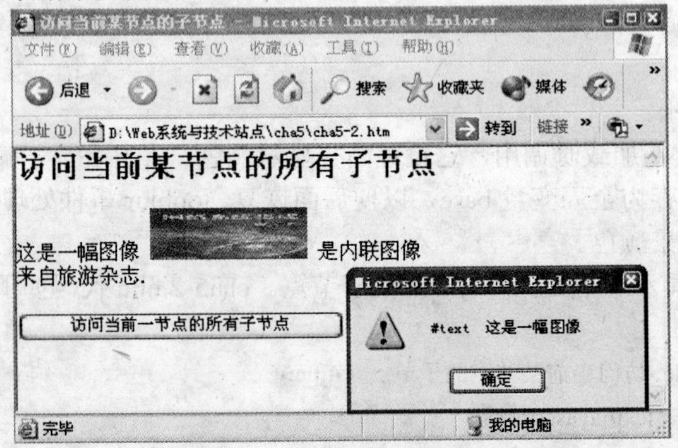

图 5-8　例 5-2 显示结果

例 5-3　图 5-9 中客户在左边输入控件输入正数，然后点击“计算”，右边输入控件显示正数的平方。如在右边输入控件输入正数，然后点击“计算”，左边控件显示正数的平方根。示例利用表格布局页面元素，显示结果如图 5-9 所示。

图 5-9　例 5-3 显示结果

cha5-3.htm 的程序如下：

```
<html>
<head><title>正数求平方根，平方根求平方数</title>
  <script type="text/javascript">
```

```
    var num, root;
    function init()
    { num = document.getElementById('num');     //<--查询 id 为“num” 的对象>
      root= document.getElementById('root');    //<--查询 id 为“root”的对象>
    }
    function convert()
    { var i = num.value.replace(/ /,"");
      if ( i )
       {   root.value = i * i ;
           return;
       }
       var c = root.value.replace(/ /,"");
       if ( c )
        {    num.value = Math.sqrt(c);
        }
    }
   function reset()
   { num.value = "";    root.value = "";  }
   </script>
</head>
<body style="margin:0 0 30px 0">
<p>输入值后点击按钮:</p>
<table width="80%" border="0" cellpadding="0" cellspacing="0">
<tr valign="top">
    <td><input id="num" size="20" onfocus="reset()" />
     <!--输入元素关联到聚焦事件处理函数 reset() -->
         <br />正数（平方数）
    </td>
    <td><input type="button" value="计算" onclick="convert()" />
                   <!--按钮关联到计算事件处理函数 convert()-->
    </td>
    <td><input id="root" size="20" onfocus="reset()" />
               <!--输入元素关联到聚焦事件处理函数 reset()-->
        <br />平方根（正数）
```

```
        </td>
    </tr>
    </table>
<script type="text/javascript"> init(); </script>        <!--调用 init()-->
</tbody>
</table>
</body>
</html>
```

例 5-4 显示 DOM 树一个节点的属性，cha5-4.htm 程序如下：

```
<html>
<head> <title>访问节点属性 </title>
<script type="text/javascript" src="attribAccess.js"> </script>
</head>
<body style="margin:0 0 30px 0">
        <div style="margin-right: 20%">
            <h2>访问标记的属性</h2>
            <p>表格 table 的属性是通过 JavaScript 和 DOM API 访问的.</p>
            <table id="tab" cellspacing="4" cellpadding="8" border="2" frame="vsides">
                <caption><b>您的商品选购单</b></caption>
                <thead>
                  <tr align="center" style="background-color:#ffcc00" >
                      <th>商品</th>
                      <th>编码</th>
                      <th>价格</th>
                      <th>数量</th>
                      <th>小计</th>
                  </tr>
                </thead>
                <tbody id="tb">
                  <tr valign="middle" align="right" style= "background-color: #f0f0f0">
                      <th>手套</th>
                      <td align="center"> SH01</td>
                      <td>4.99</td>
                      <td>1</td>
```

```
            <td>4.99</td>
        </tr>
        <tr>
            <th colspan="4" align="right">总计:</th>
            <td align="right">4.99</td>
        </tr>
    </tbody>
  </table>
  <p><button name="action" value="Attribute Access"
     onclick="attribAccess('tab')">显示表格属性</button>
  </p>
  </div>
</body></html>
```

例 5-4 显示结果如图 5-10 所示。

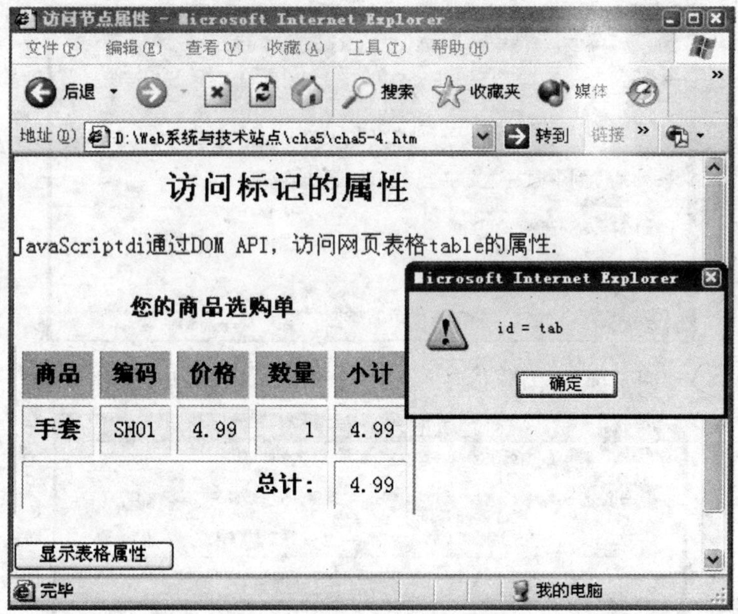

图 5-10　例 5-4 显示结果

JavaScript 脚本程序 cha5-4.js 如下：

```
function attribAccess(i)
{       var el = document.getElementById(i);
```

```
var at = el.attributes;
var len = at.length;
var str;
for ( i=0; i<len; i++)
{     str = at.item(i).value;
      if ( str != undefined && str != null
      && str != "" && str != "null" )
{     window.alert(at.item(i).name + " = " + str);
}
}
}
```

例 5-5 如图 5-11 所示，鼠标指着图 5-11 所示的"html JavaScript 和 DOM"字符串上面时，这个字符串变成蓝色大号字（图 5-12），鼠标越过后，这个字符串又恢复为原来的状态。

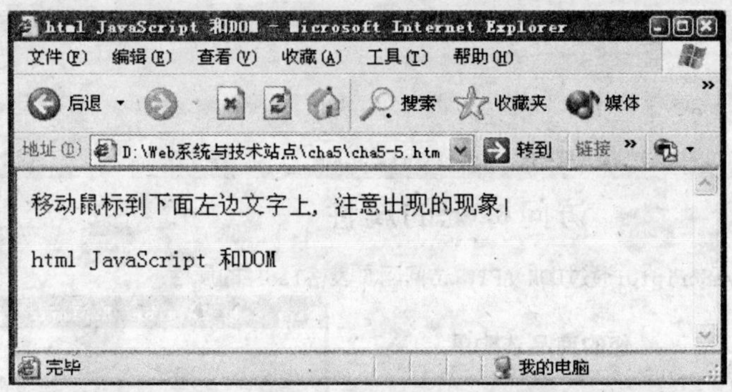

图 5-11 鼠标未指向字符串"html JavaScript 和 DOM"

图 5-12 鼠标指向字符串"html JavaScript 和 DOM"

cha5-5.htm 代码如下：

```
<html>
<head> <title> html JavaScript  和 DOM </title>
<script type = "text/javascript" >
  function over()
  {
    el=document.getElementById("hello");       // (1)
    el.style.color = "blue";                     //（2）
    el.style.fontSize = "18pt";                  //（3）
    el.style.fontWeight = "bold";                //（4）
  }
   function out()
   {el = document.getElementById("hello");
    el.style.color = "";
    el.style.fontSize = "";
    el.style.fontWeight = "";
   }
</script>
</head>
 <body>
<p> 移动鼠标到下面左边文字上，注意出现的现象！  </p>
<p>
    <span id = "hello" onmouseover = "over()"
     onmouseout = "out()">html JavaScript  和 DOM
    </span>
 </p>
</body>
 </html>
```

onmouseover 与 onmouseout 的事件处理函数通过标记 span 的属性 id 的值“hello”关联到一起。

over 函数无形式参数，它利用标记 span 的属性 id 的值，调用 document 对象的 getElementById（str）方法。document 对象是 DOM 树的根节点，提供了许多可用的特征与方法。下面的方法以统一的形式查询需要的标记对象：

document.getElementByID (str)

其中，str 为标记属性 id 的值，如查询不成功返回 null。

获得标记对象后，就可以访问其属性或方法，改变其状态。这里 over 函数改变要求对象的样式属性，使<span>控制的字符串以蓝色、18pt 粗体字显示。out 函数将要求的对象的样式属性设置为空字符串，以返回原来的显示。

如果没有 DOM 树，则 JavaScript 计算结果通常放在<input>或<textarea>元素中。利用 DOM 树接口，脚本计算结果可以放在显示页面中的任何地方，只要修改 DOM 树即可。图 5-13 表明了显示计算所涉及的部分 DOM 树。

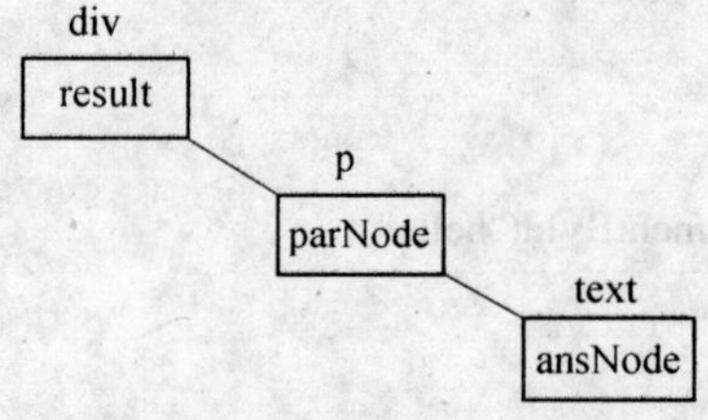

图 5-13　节点建立、连接示意图

例 5-6　<table>DOM 子树如图 5-14 所示。<table>中的节点被访问即加亮显示。可视化的导航按钮支持向上（up）到父节点）、向下(down)到第一个子节点、向左(left)到前一同胞节点、向右(right)向后一同胞节点。可视化的导航控制按钮表同时显示与当前节点相关联的标记名（图 5-14）。

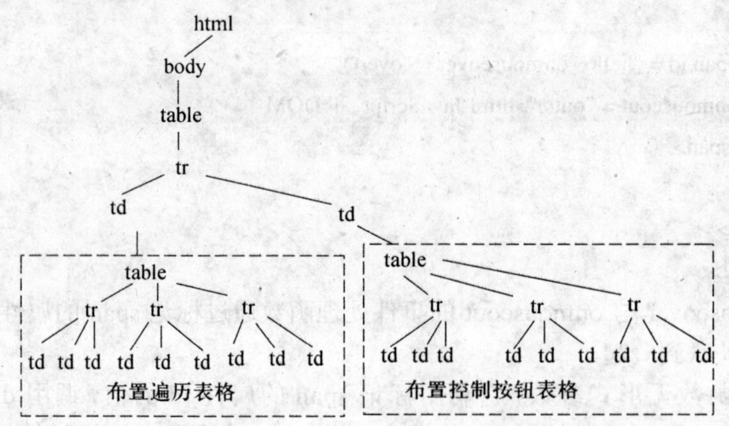

图 5-14　<table>DOM 子树

例 5-6 显示结果如图 5-15 所示。

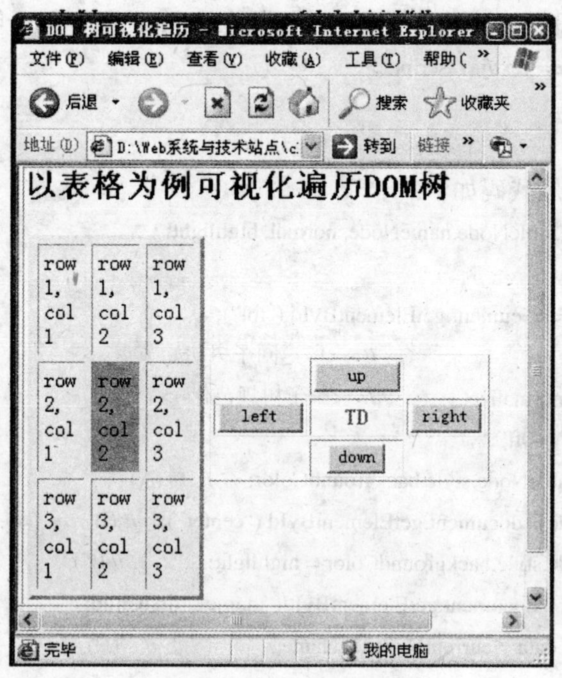

图 5-15　例 5-6 显示结果

下面是描述所要遍历的表格的 HTML 代码：

```
<table id = "tbl" border = "1" style = "background – color: #def"
        cellspacing = "4" cellpadding = "4">
<tr> <td> row1, col1</td>   <!--表第一行-->
   <td> row1, col2 </td>
   <td> row1, col3 </td>
</tr>
<tr> <td> row2, col1 </td>   <!--表第二行-->
    <td id = "center" >row2, col2 </td>
    <td> row2, col3 </td>
</tr>
<tr> <td> row3. col1 </td>        <!--表第三行-->
    <td> row3, col2 </td>
    <td> row3, col3 </td>
</tr>
```

init()消除了所有换行符和程序中不必要的空白符，避免在 DOM 树中出现多余节点，同时设置可视化的导航的初始状态。init ( )由下列语句调用：

```
<script type="text/javascript" >
    init();
</script>
```

init ( )程序代码如下：

```
var currentNode.tableNode.nameNode, normal, htghlight;
function init( )
 {   tableNode = document.getElementById ("tbl");
                                         //  <!--返回子树初始节点-->
     tableNode.normalize( );        //  <!--子树规范化-->
     highlight = "#0ff";
     normal = tableNode.style.backgroundColor;      //    (A)
     currentNode = document.getElementById ("center");   // (B)
     currentNode.style.backgroundColor = highlight;          // (C)
     nameNode = document.getElementById("tname").firstChild;
     nameNode.data = currentNode.tagName;              //   (D)
 }
```

使用的 JavaScript 全局变量如下：

- tableNode——要遍历的<table>的起始节点。
- currentNode——tableNode 子树中当前遍历位置的节点。
- nameNode——用于显示 currentNode 的 tagNmae 的节点。
- normal 与 highlight——背景颜色，直观地表示所访问的表格部分。

init ( )函数对这些变量赋初值。正常背景颜色设置为表格的背景颜色（第 A 行）。3×3 表格的中央单元格选为遍历的起点。设置 currentNode（第 B 行）并加亮显示（第 D 行）。控制面板中央 nameNode 的文本用 HTMLElement 的 tagName 字段设置（第 D 行）。

用于交互式遍历的控制按钮（图 5-15）也用一个表格来布局：

```
<table cellspacing = "2" cellpadding = "2">
<tr align = "center">
    <td> </td>
    <td> <input type = "button"
            value = "up" onclick = "up( )" /> </td>
    <td> </td> </tr>
<tr align = "center">
```

```
<td> <input type = "button" value = "left"
        onclick = "left ( )"/> </td>
<td id = "tname" style = "color:#0aa;                    // (E)
        font – weight; bold" > tag name </td>
<td> <input type = "button" value = "rigth"
        onclick = "right ( )" /> </td> </tr>
<td align = "center">
<td> </td>
<td> <input type = "button" value = "down"
        onclick = "down ( )" /> </td>
<td> </td> </tr> </table>
```

单元格 id = tname（第 E 行）是当前遍历位置的标识名。四个按钮分别触发相应的函数。如果参数节点有父节点，则 up（）函数使遍历进入父节点（第 F 行）：

```
function up ( )
{   if (currentNode == tableNode ) return;              // (F)
    toNode (currentNode.paraentNode);
}
function down ( )
{   toNode (currentNode.firstChild); }
function left ( )
{   toNode (currentNode.previousSibling); }
function right ( )
{   toNode (currentNode.nextSibling); }
```

这四个函数分别以各自的参数调用 toNode 函数，它们进入新的节点。

toNode 函数从当前节点遍历到参数指定的新节点（第 G 行）。如果 nd 为 null 或叶节点（TEXT_NODE 类型），则什么也不做（第 H 行）。如果离开子树的内部节点，则设置当前节点对象的样式属性，加亮节点（第 I 行）。如果离开根节点 tableNode，则恢复表格原先的背景颜色（第 J 行）。然后加亮到达的新节点，并设置为当前节点（第 K 行和第 L 行）；最后，将当前节点的标记名显示为 nameNode 的文本内容（第 M 行）：

```
function toNode (nd)                                            // (G)
{   if (nd == null ||nd.nodeType == 3)     // Node.TEXT-NODE   // (H)
        return false;
```

```
        if (currentNode != tableNode)
           currentNode.style.backgroundColor = " ";         // (I)
        else
           currentNode.style.backgroundColor = normal;  // (J)
        nd.style.backgroundColor = highlight;           // (K)
        currentNode = nd;                               // (L)
        nameNode.data = currentNode.tagName;            // (M)
        return true;
}
```

这个例子进一步演示 DOM 树结构，使用 HTML 标记的 style 属性和 tagName 子属性。它显示了 DHTML 如何利用 JavaScript 程序支持网页与用户交互。

cha5-6.htm 完整代码如下：

```
<html>
<head><title>DOM  树可视化遍历</title>
<style type="text/css">
    input { background-color:#cde }
</style>
<script type="text/javascript" src="cha5-6.js"> </script>
</head>
<body style="margin:0 0 30px 0">
  <table border=1 width="100%" border="0" cellpadding="0" cellspacing="0">
  <tbody>
  <tr>
      <td style="width:44px"></td><td colspan="2">
          <div   style="margin-right: 20%">
          <h2>以表格为例可视化遍历 DOM 树</h2>
      <table>
        <tr>
          <td>
            <table border=3 id="tbl" style="background-color: #def" cellspacing="4"
                    cellpadding="4" border="1">
              <tr>
                <td >row 1, col 1</td>
                <td >row 1, col 2</td>
```

```
                <td >row 1, col 3</td>
              </tr>
              <tr>
                <td >row 2, col 1</td>
                <td id="center">row 2, col 2</td>
                <td >row 2, col 3</td></tr>
              <tr>
                <td >row 3, col 1</td>
                <td >row 3, col 2</td>
                <td >row 3, col 3</td>
              </tr>
            </table>
          </td>
      <td>
          <table border=1 cellspacing="2" cellpadding="2">
              <tr align="center">
              <td></td>
              <td><input type="button" value="    up    " onclick="up()" /></td>
              <td></td>
            </tr>
            <tr align="center">
                <td><input type="button" value=" left " onclick="left()" /></td>
              <td id="tname" style="color: #0aa; font-weight: bold">tag name</td>
              <td><input type="button" value="right" onclick="right()" /></td>
            </tr>
            <tr align="center">
                <td></td>
              <td><input type="button" value="down" onclick="down()" /></td>
                <td></td>
            </tr>
          </table>
        </td>
    </tr>
</table>
```

```
<script type="text/javascript" >
init();
</script>
</div>
</td>
</td></tr>
</tbody>
</table>
</body>
</html>
```

cha5-6.js 完整代码如下：

```
var currentNode, tableNode, nameNode, normal, highlight;
function init()
{   tableNode=document.getElementById("tbl");
    tableNode.normalize();
    highlight="#0ff";
    normal=tableNode.style.backgroundColor;          // orig table background
    currentNode=document.getElementById("center");
    currentNode.style.backgroundColor  = highlight;
    nameNode=document.getElementById("tname").firstChild;
    nameNode.data=currentNode.tagName;
}
function toNode(nd)                               //nd 为目标节点
{   if ( nd == null || nd.nodeType == 3 )          //3 is Node.TEXT_NODE
        return false;
    if ( currentNode != tableNode )               //表明当前节点不是初始节点
       currentNode.style.backgroundColor="";
    else
       currentNode.style.backgroundColor = normal;
    nd.style.backgroundColor = highlight;
    currentNode=nd;
    nameNode.data=currentNode.tagName;
    return true;
}
```

```
function up()
{   if ( currentNode == tableNode ) return;        //目标节点与初始节点一样，则返回
    toNode(currentNode.parentNode);                //否则，转向父节点
}
function down()
{   toNode(currentNode.firstChild);                //转向当前子节点
}
function left()
{   toNode(currentNode.previousSibling);           //转向上一同胞节点
}
function right()
{   toNode(currentNode.nextSibling);               //转向下一同胞节点
}
```

例 5-7 图 5-16 所示的是交互式算术计算器，用户在左边的控件输入算式表达式，如：2*6-6，点击“计算”，右边控件显示计算结果。同时，在显示算式表达式及计算结果。这个示例在于 JavaScript 利用 DOM 接口，灵活地访问网页的节点，创建新节点。

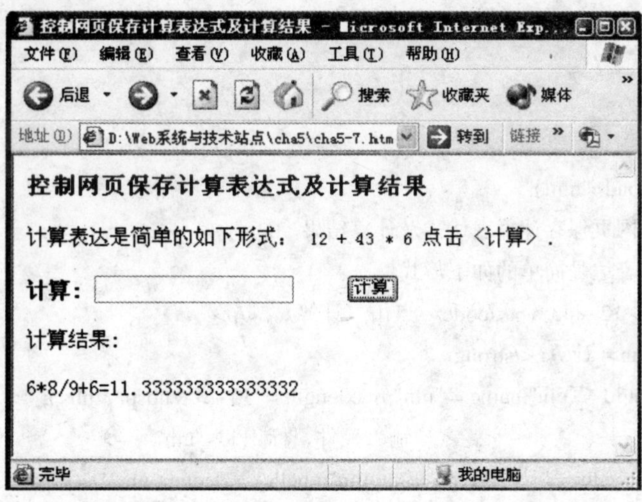

图 5-16 例 5-7 显示结果

cha5-7.htm 程序如下：

```
<html>
<head>
<title>控制网页保存计算表达式及计算结果</title>
```

```
<script type="text/JavaScript" >
 var tagObj, values = 0;                          //全局变量（A）
function init( )
{ tagObj= document.getElementById ("session");
                                                  //获得 id 为"session"的标记对象(B)
}
function comp (id)
{ var idObj = document.getElementById (id);   //获得 id 的标记对象
      var str = idObj.value;
                                                  //读标记对象 idObj 的特征 value 的值(C)
      values = eval (str);                        //计算算术表达式的值(D)
      var ansNode = document.createTextNode ( str +"=" + values);
                                                  //建立 Text 类型节点(E)
      var parNode = document.createElement ("p");
                                                  //建立标记对象节点 (F)
      parNode.appendChild (ansNode);          // parNode 添加子节点(G)
      tagObj.appendChild (parNode);           // tagObj 添加子节点(H)
      idObj.value =" ";                       //idObj 的输入区清空(I)
}
</script>
</head>
<body onload="init()">
<h3>控制网页保存计算表达式及计算结果</h3>
<p> 计算表达是简单的如下形式：
   <code> 12 + 43 * 6 </code> 点击〈计算〉. </p>
<p> <strong> 计算: </strong>
     <input id = "uin" name = "uin" maxlength ="30" />    
                         <!--客户输入控件，标识 id="uin"   -->
     <input value ="计算" type = "button" onclick = "comp('uin')"/> </p>
                   <!--按钮点击事件，激发 comp( ‘uni’ )事件处理-->
<p> 计算结果: </p>
<div id = "session" > </div>
</body>
</html>
```

计算表达式和计算结果在<div>块框显示。网页加载事件激发调用 init（）函数，取得<div>标记对象，并存放在全局变量 tagObj 中。

comp 函数由“计算”按钮触发，取得用户在输入控件输入的算术表达式（第 C 行）。JavaScript 函数 eval（第 D 行）求算式术表达式（字符串）的值，得到的结果存放在全局变量 ans 中（第 D 行）。为了显示计算结果，创建一个新的文本节点（第 E 行），作为标记<p>的内容（第 F 行和第 G 行）。最后，清除输入区（第 I 行），准备下一步。

例 5-8 如图 5-17 所示的购物表，点击表头行的按钮，实现该列的分类。

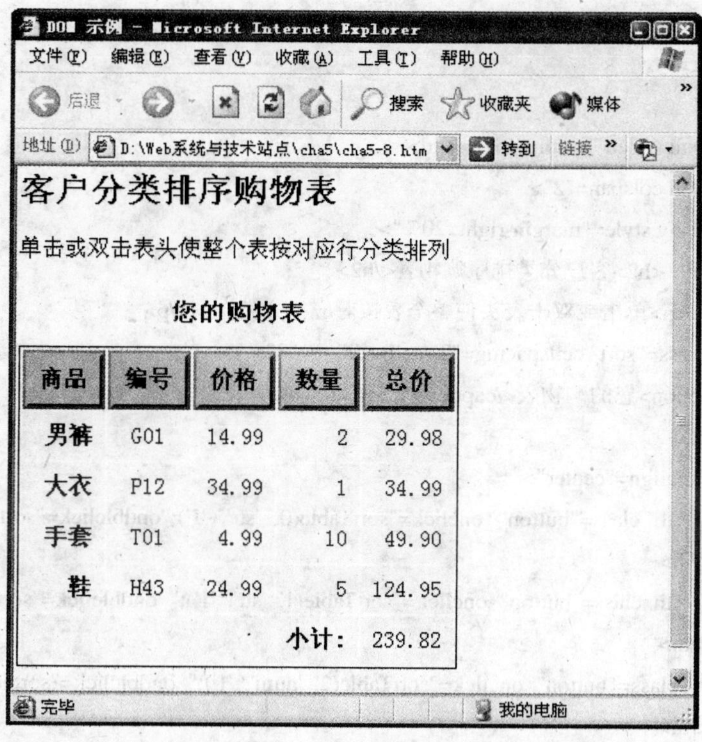

图 5-17 例 5-7 显示结果

cha5-8.htm 程序如下：

```
<html>
<head> <title> DOM 示例 </title>
<link rel="stylesheet" href="cha5-8.css"
      type="text/css"   title="table buttons" />
<script type="text/javascript" src="cha5-8.js">
</script>
```

```
</head>
<body style="margin:0 0 30px 0">
<table width="100%" border="0" cellpadding="0" cellspacing="0">
<tbody>
    <tr><td colspan="3" valign="top"style="width: 100%; > </td>
    </tr>
    <tr><td style="height: 4px"></td>
        <td style="height: 4px"></td>
        <td style="width: 50%"></td>
      </tr>
    <tr>
        <td style="width:44px"></td>
        <td colspan="2">
        <div style="margin-right: 20%">
            <h2>客户分类排序购物表</h2>
        <p>单击或双击表头使整个表按对应行分类排列</p>
<table class="sort" cellspacing="2" cellpadding="8">
    <caption>您的购物表</caption>
    <thead>
        <tr align="center">
            <th class="button" onclick="sortTable(0, 'str', '1');"ondblclick="sortTable(0, 'str', '-1');">商品</th>
            <th class="button" onclick="sortTable(1, 'str', '1');" ondblclick="sortTable(1, 'str', '-1');">编号</th>
        <th class="button" onclick="sortTable(2, 'num', '1');" ondblclick="sortTable(2, 'num', '-1');">价格</th>
            <th class="button" onclick="sortTable(3, 'num', '1');"ondblclick="sortTable(3, 'num', '-1');">数量</th>
            <th class="button" onclick="sortTable(4, 'num', '1');" ondblclick="sortTable(4, 'num', '-1');">总价</th>
            </tr>
        </thead>
    <tbody id="tb"><tr id="aa" valign="middle" align="right">
        <th>男裤</th><td align="center">G01</td>
```

```
            <td>14.99</td><td>2</td><td>29.98</td></tr>
      <tr id="bb" valign="middle" align="right">
          <th>大衣</th>
          <td align="center">P12</td>
          <td>34.99</td>
            <td>1</td>
          <td>34.99</td>
        </tr>
        <tr id="cc" valign="middle" align="right">
          <th>手套</th>
             <td align="center">T01</td>
            <td>4.99</td>
            <td>10</td>
            <td>49.90</td></tr>
            <tr id="dd" valign="middle" align="right">
          <th>鞋</th>
           <td align="center">H43</td>
           <td>24.99</td>
           <td>5</td>
           <td>124.95</td>
          </tr>
        </tbody>
<tbody>
   <tr>
      <th colspan="4" align="right">小计:</th>
        <td align="right">239.82</td>
   </tr>
</tbody>
</table>
</div></td>
</td></tr>
</tbody>
</table>
</body>
```

```
</html>
-----
```

cha5-8.js 脚本程序如下：

```
var col=null, numerical=false, direction=1;
function sortTable(c, n, d)
{ if ( col==c && Number(d)==direction )
        return;    // 按要求的列 c 已经排序，则返回
    col=c;         // 设置要求的列号
    direction = Number(d);
    numerical = (n == "num");
    var tbody = document.getElementById("tb");
    var r = tbody.childNodes;
    n = r.length;
    var arr = new Array(n);
    for ( i=0; i < n; i++ )
    {   // arr[i]=r[i];
        arr[i]=r.item(i);
    }
    quicksort(arr, 0, n-1);
    for ( i=0; i < n; i++ )
    {   tbody.appendChild(arr[i]);
    }
}
function key(r, c)
{   var cell = r.firstChild;
    while ( c > 0 )
    {   cell = cell.nextSibling;
        c--;
    }
    return cell.firstChild.nodeValue;
    // return cell.innerHTML;
}
function compare(r1, r2)
{   ke1 =  key(r1, col);    // col global variable
```

```
        ke2 =    key(r2, col);
        if ( numerical )
        {    ke1 = Number(ke1);
             ke2 = Number(ke2);
             return direction * (ke1 - ke2);
        }
        return (direction * strCompare(ke1, ke2));
    }
    function strCompare(a, b)
    {    var m = a.length;
         var n = b.length;
         var i = 0;
         if ( m==0 && n==0 ) return 0;
         if ( m==0 ) return -1;
         if ( n==0 ) return 1;
         for ( i=0; i < m && i < n; i++ )
         {    if ( a.charAt(i) < b.charAt(i) ) return -1;
              if ( a.charAt(i) > b.charAt(i) ) return 1;
         }
         return (m - n);
    }
    function quicksort(arr, l, h)
    {    // window.alert("sort " + l + " " + h );
         if ( l >= h || l < 0 || h < 0 ) return;
         if ( h - l == 1 )
         {    if (compare(arr[l], arr[h]) > 0)
              {   swap(arr, l, h)     }
              return;
         }
         var k = partition(arr, l, h);
         quicksort(arr, l, k-1);
         quicksort(arr, k+1, h);
    }
    function partition(arr, l, h)
```

```
{     var i=l, j=h;
      swap(arr, ((i+j)+(i+j)%2)/2, h);
      var pe = arr[h];
      while (i < j)
      {    while (i < j && compare(arr[i], pe) < 1)
           {    i++; }      // from left side
           while (i < j && compare(arr[j], pe) > -1)
           {    j--; }      // from right side
           if (i < j) {    swap(arr, i++, j); }
      }
      if (i != h) swap(arr, i, h);
      return i;
}
function swap(arr, i, j)
{     var tmp = arr[i];
      arr[i]=arr[j];
      arr[j]=tmp;
}
```

cha5-8.css 样式表内容如下：

```
table.sort caption
{     font-size: larger;
      font-weight: bold;
}

table.sort
{     border: solid;
      border-width: 1px;
      border-color: black;
}

table.sort tr
{     background-color:#f0f0f0; }

table.sort th.button
```

```
{     background-color: #fc0;
      border-width: 3px;
      border: outset;
      border-color: #fc0;
}
```

小 结

DHTML 是 JavaScript、CSS、HTML 相结合的技术，脚本程序通过 DOM 标准的 API，可以访问 HTML 文档对象。这样，网页代码就与浏览器无关了。

DOM 为 JavaScript 提供了规范的访问页面对象与方法。window.document 对象提供 Web 页面的根节点。DOM 树中的每一个节点对应于页面文件中的一个 HTML 标记对象。document.getElementById(id)方法可以返回 id 属性的 DOM 树的节点 el。从 DOM 树的任何节点 el 开始，可以访问整个树或其部分的子节点（el.childNodes、el.firstChild）、父节点（el.parentNode）和同胞节点（el.nextSibling、el.previousSibling），还可以修改与访问标记对象的属性（el.getAttribute (attr)、el.setAttribute (attr,value)和样式（el.style.property）。

DOM API 下列接口： el.removeChild (node)、el.appendChild (node)、el.replaceChild (new, old)、el.insertBefore (new, node，可以使网页开发者访问、修改、删除和添加 DOM 树子节点，并动态地显示出来。JavaScript 中可以用 document.createElement (tagName)和 document.createTextNode (string)建立新的树节点。

将事件处理（包括 window.setTimeout( )产生的事件）和样式控制结合起来，可以使 Web 页面得到许多更加有趣动态效果。

习 题

1. 什么是 DHTML？标准 DHTML 涉及的三个重要支持技术是什么？

2. 什么是 DOM、DOM 树？说明 DOM 树的重要节点类型。

3. 编写一段 JavaScript 代码，取得指定 id 的 HTML 元素的 DOM 节点，并确定其节点类型。

4. 如何按照标记的属性 id 获得对应的 DOM 对象？

5. 描述如何从一个 DOM 对象获得其父节点对象、子节点对象、兄弟节点对象？

6. 说明描述如何从一个 DOM 对象获得其属性？

7. JavaScript 如何修改 DOM 树中元素的表示样式？

8. 改编例 5-1，使网页实现输入两个操作数，然后点击“求和”，和在网页的控件上显示出来，同时保留例 5-1 利用颜色提示的表单当前聚焦。

9. 用 DHTML 构造一个袖珍计算器，LCD 窗口和计算器按钮用表格布置，用按钮的 onclick 事件模拟常见计算器的功能。

10. 编程显示一个 DOM 树节点的子节点。

11. 编程实现鼠标指着网页所示的“HTML JavaScript CSS 和 DOM”字符串上面时，这个字符串变成红色、大号字，同时打开提示对话框“这是 DHTML 内涵”，鼠标越过后，一切恢复为原来的状态。

12. 参照例 5-8，设计一个学生课程成绩表，点击表头的课程名，实现成绩排序。

第 6 章　网页制作软件工具

6.1　Dreamweaver MX 概述

Macromedia Dreamweaver MX 是一种专业的用于 Web 网页、站点开发的工具，支持开发者可视化编辑，也支持开发者手工编写 HTML 代码，具备如下特点。

（1）简洁的工作环境。Dreamweaver 整个工作窗口就是制作的网页，在需要时可以隐藏所有的面板（工具、属性、浮动面板等），展现最清晰的可视范围。

（2）全面支持 CSS 和 DHTML、遵循 HTML4.0 规范。

（3）资源库（Librtary）和行为（Behaviors）。Dreamweaver 的资源库功能，支持开发者将所有的共享内容系统化，让使用者调用更加方便。同样，要创建大量的 JavaScrip 特效功能函数，可以使用行为（Behaviors）功能。通过行为写入的 JavaScrip 代码可使得代码兼容不同版本的浏览器。

（4）网站管理维护功能。Dreamweaver MX 的站点管理功能集网站和网页开发与管理维护于一身。

（5）开放的插件环境。这是 Dreamweaver MX 与其他 HTML 编辑软件最大的区别。它使用的插件（包括 Object、Action、commands 等）都是建立在 HTML 文件的基础上。这也就是说只要懂得 HTML 和 JavaScript，就可以编写自己的 Dreamweaver MX 插件。

本章内容以介绍中文 Dreamweaver MX 2004 版本为例，简称 Dreamweaver MX。

6.1.1　Dreamweaver MX 的启动和操作界面

1. 启动 Dreamweaver MX

具体操作步骤如下。

（1）单击【开始】菜单，选择【程序】→【Macromedia】→【Macromedia Dreamweaver MX 2004】，如图 6-1 所示。启动 Dreamweaver MX 后，进入 Dreamweaver MX 操作窗口，如图 6-2 所示。

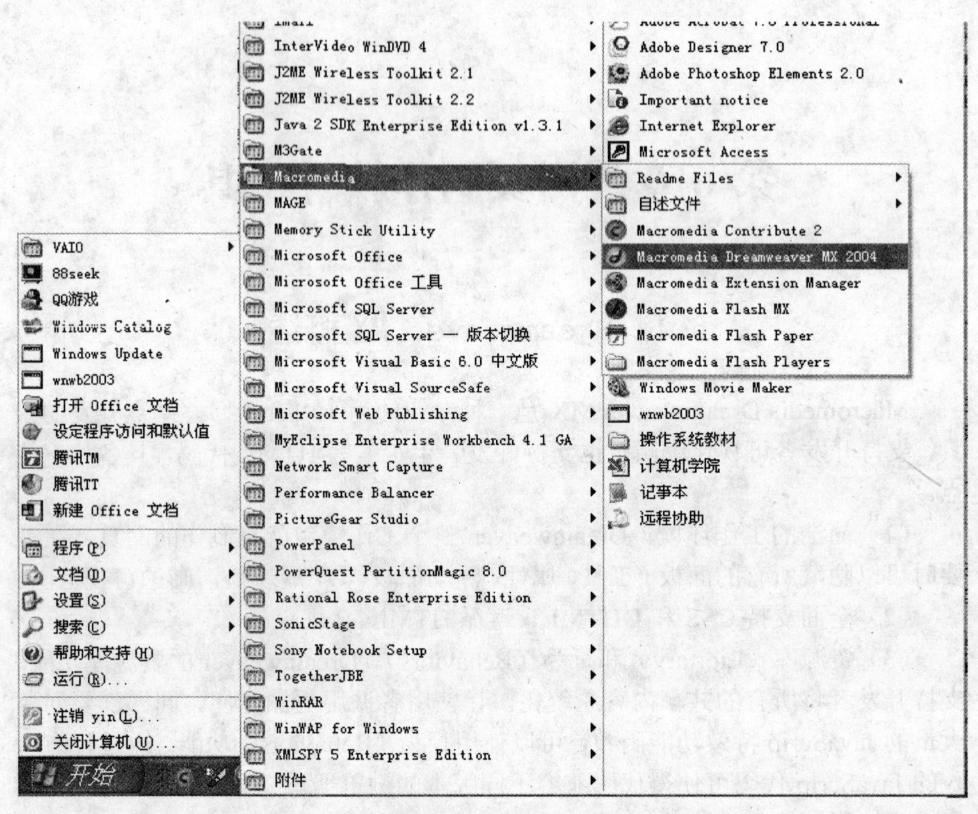

图 6-1　Dreamweaver MX 启动方法

（2）图 6-2 显示了 Dreamweaver 常用的工作区。

① 文档编辑区：用于显示创建或编辑的当前文档。

② 工具栏（插入对象面板）：包含用于创建不同类型对象（如图像、表格和层等）的标签及其按钮。

③ 属性面板：显示选择对象或文本的属性，并可以用它来修改这些属性。

④ 浮动面板：显示 CSS 样本、行为、框架、站点结构等。

（3）如果图 6-2 中不出现插入工具栏面板，则选择【查看】→【工具栏】，在弹出的菜单中，选择【插入】，如图 6-3 所示。也可以选择【窗口】→【插入】。

2. 操作界面

Dreamweaver MX 的操作窗口主要由标题栏、菜单栏、工具栏、文档编辑区、属性面板和多个浮动面板组成（图 6-2）。

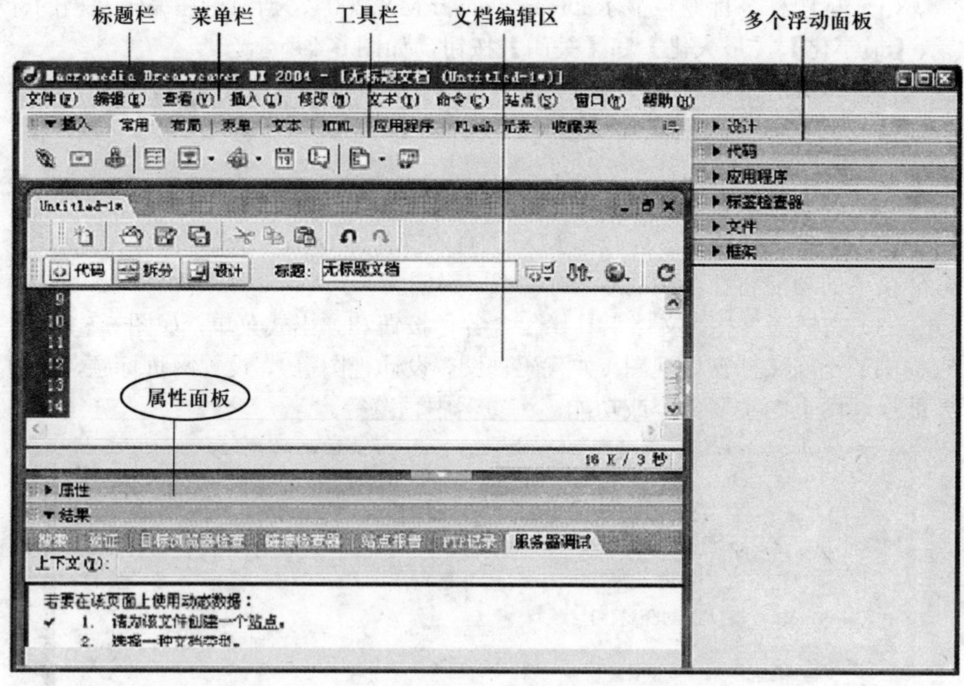

图 6-2　Dreamweaver MX 操作窗口

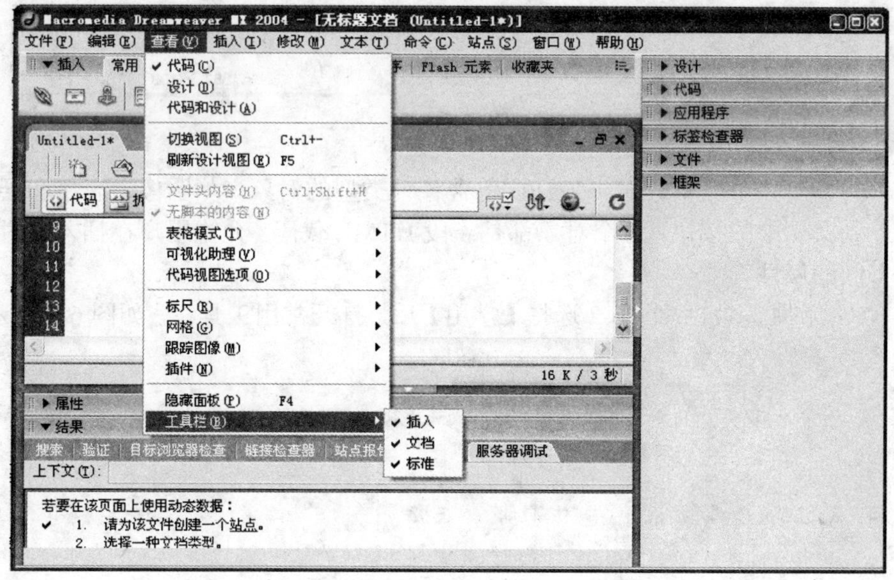

图 6-3　调整工具栏面板操作

（1）标题栏。标题栏显示 Dreamweaver MX 2004、当前正在编辑文档的标题、【最小化】、【最大化】和【关闭】按钮，如图 6-4 所示。

图 6-4 标题栏

（2）菜单栏。Dreamweaver MX 所有的操作命令都可以在菜单栏内找到。具体菜单的功能将在今后的章节中介绍。

（3）文档工具栏。文档工具栏包含各种按钮和弹出式菜单，如图 6-5 所示，它提供了不同文档窗口视图（如代码视图、设计视图等）、设置网页标题，标题要能反映网页的主要内容或功能，浏览器中预览等。

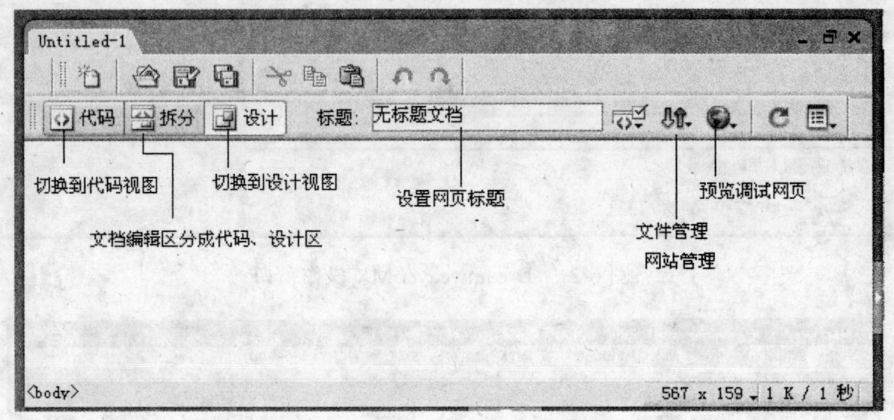

图 6-5 文档工具栏

（4）对象工具栏。对象工具栏包含各种类型的对象（如图像、表格和层）插入到文档中的按钮。每个对象都是一段 HTML 代码，允许用户在插入它时设置不同的属性。

① 常用工具栏。图 6-2 选择【常用】后，打开常用工具栏，如图 6-6 所示。

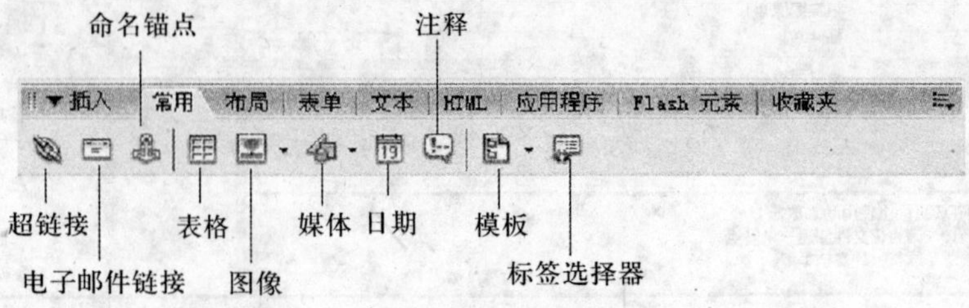

图 6-6 常用工具栏

② 布局工具栏。图 6-2 选择【布局】后，打开【布局】工具栏，如图 6-7 所示。

用户会发现 Dreamweaver MX 有标准视图和布局视图两种视图，在标准视图下，可以插入表格，也可以在网页插入描绘层，如图 6-7 所示。在布局视图下，可以在网页制作区描绘布局视图下的表格和单元格，描绘好之后，再切换到标准视图，可以转化为表格，这种方法可以用来排版网页。

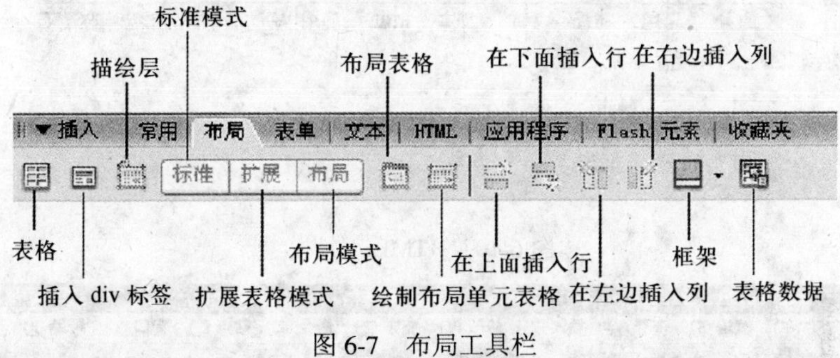

图 6-7 布局工具栏

③ 文本工具栏。图 6-2 选择【文本】后，打开文本工具栏，各对象如图 6-8 所示。

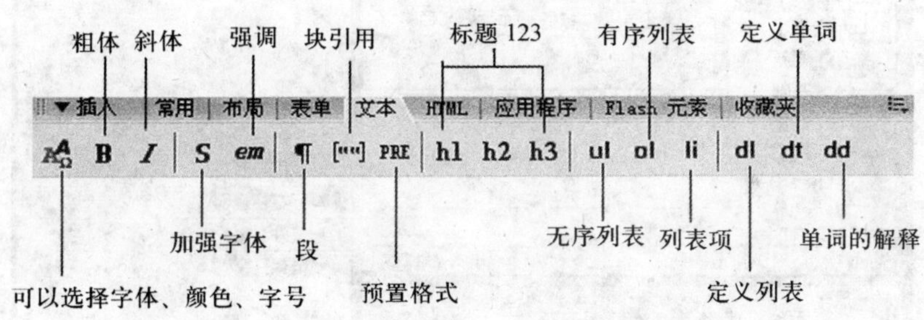

图 6-8 文本工具栏

④ 表单工具栏。图 6-2 选择【表单】后，打开表单工具栏，如图 6-9 所示。

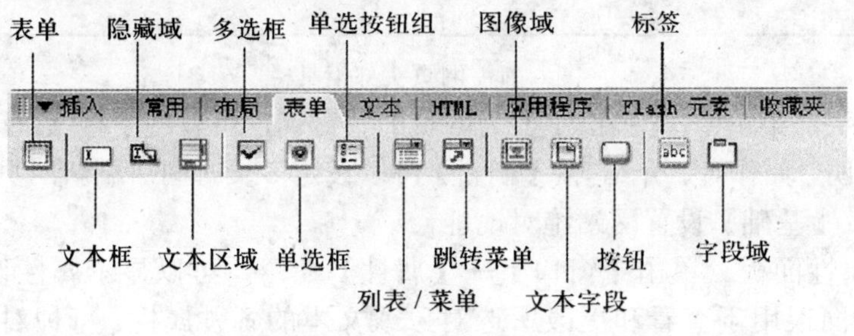

图 6-9 表单工具栏

⑤ HTML 工具栏。图 6-2 选择【HTML】后，打开 HTML 工具栏，如图 6-10 所示。

⑥ 网页头部工具栏。图 6-10 选择【 】(网页头部)，打开【 】菜单，如图 6-11 所示。

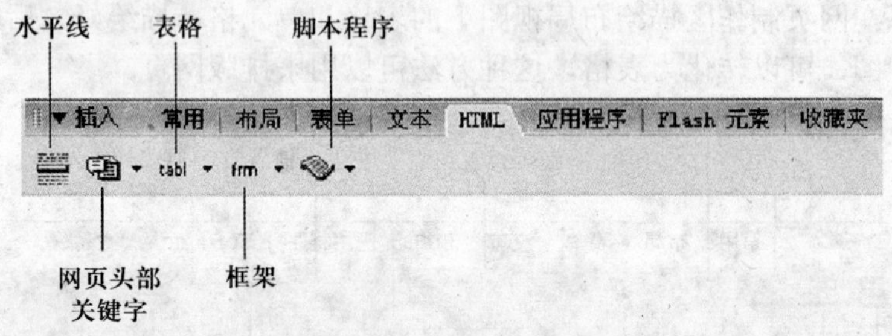

图 6-10　HTML 工具栏

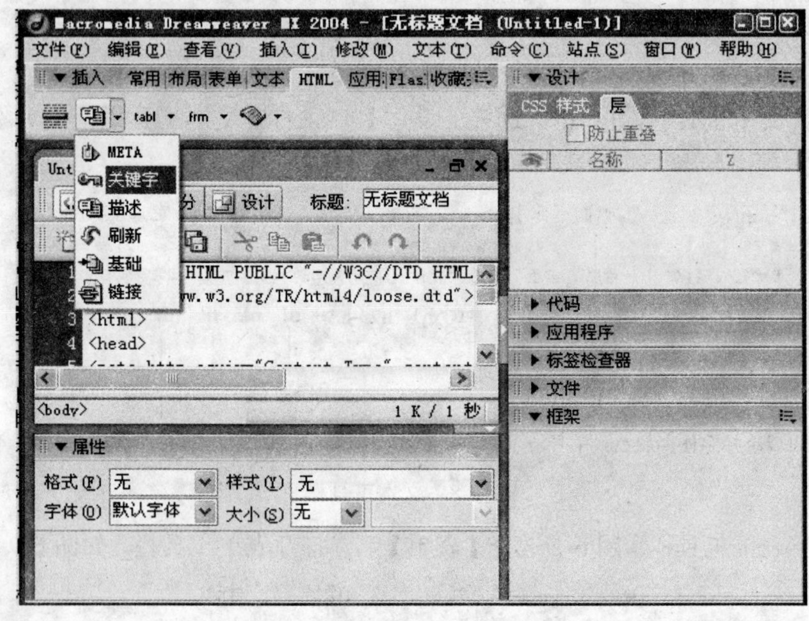

图 6-11　网页头部工具栏

网页头部菜单中，【关键字】为网页的关键词，可以用于搜索；【描述】为网页的说明，如作者、介绍等；【刷新】可以设定多长时间后刷新网页或跳转到其他网页；【基础】设置网站绝对地址。

⑦ 属性面板。单击【窗口】→【属性】命令，可以显示属性设置面板。属性设置面板用于查看和更改所选对象或文本的各种属性。每种对象都具有不同的属性，如图 6-12 右边所示。在属性面板的右上角，有一个指向下方

的三角形图标，单击该图标，可以打开一个控制面板的菜单；在属性设置面板的右下角，有一个指向上方的三角形图标，单击该图标，可以折叠属性设置面板。当属性设置面板被折叠后，右下角的三角形标记就变为指向下方；单击该图标，又可以重新展开属性面板，显示更多的属性设置内容，恢复原来的外观。

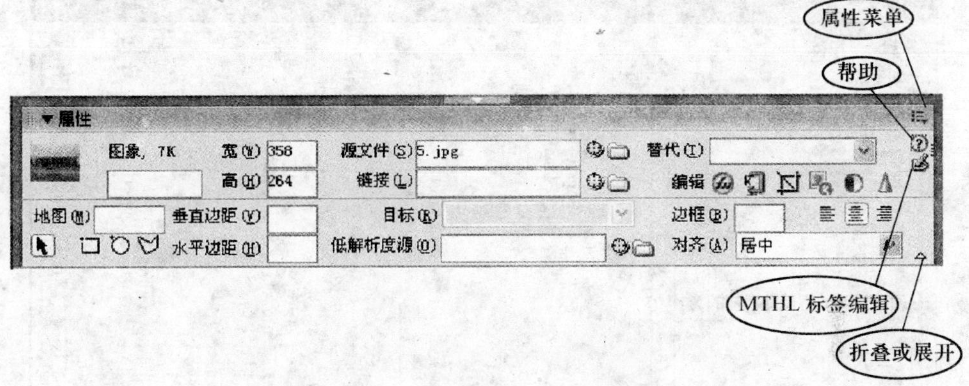

图 6-12　显示属性面板的控制图标

⑧ 其他面板。在 DreamweaverMX 窗口右侧是浮动面板的集合，如图 6-13 所示，可以通过单击【窗口】，选择相应的命令，显示或关闭需要的浮动面板。

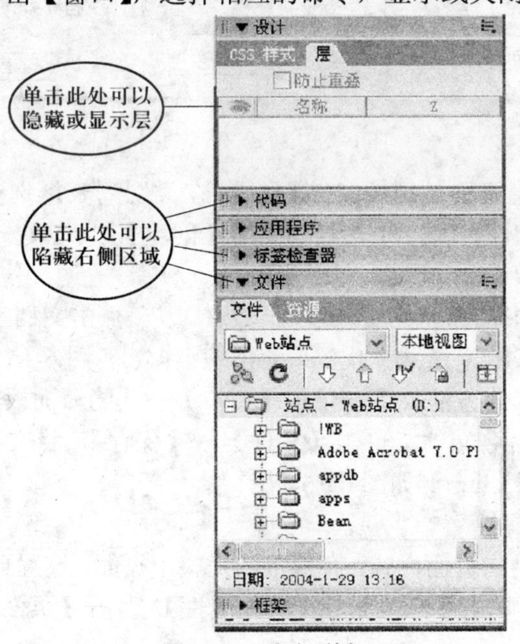

图 6-13　浮动面板

3. 创建网页

创建网页步骤如下：

（1）启动 Dreamweaver MX（图 6-1）。

（2）图 6-1 中，单击【文件】→【新建】，打开新建文档对话框，如图 6-14 所示。

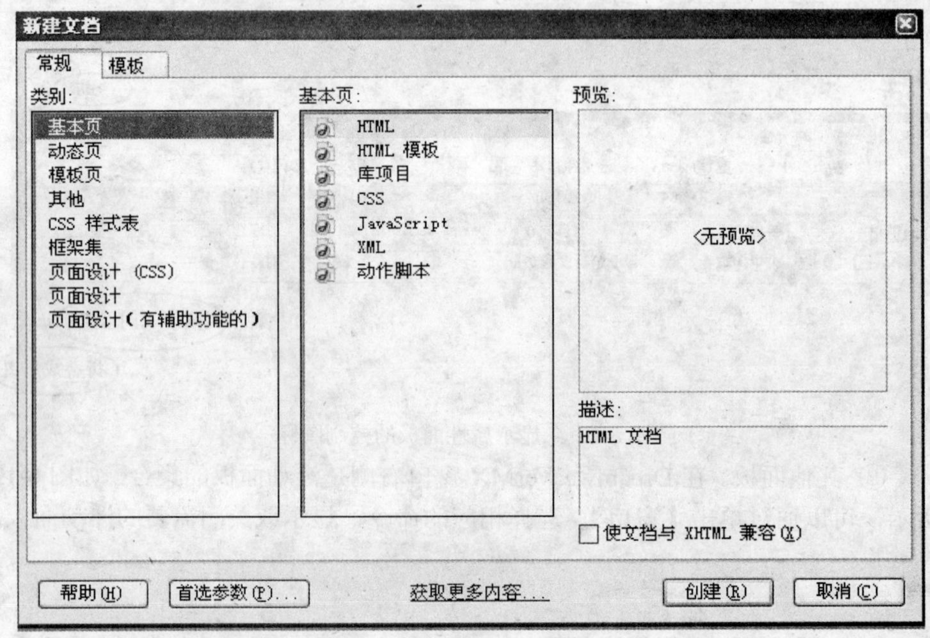

图 6-14 新建文档对话框

（3）选择新建网页类型。图 6-14 中，在类别列表框选择【基本页】或者在基本页列表框中选择【HTML】，单击【创建】，即创建一个空白网页，进入图 6-15。

（4）图 6-15 中在标题栏输入“第一个网页”，点击文档工具栏【代码】，文档编辑区显示生成的空白网页代码。为了缩小窗口，图 6-15 隐藏了工具栏、属性和浮动面板，操作方法如下：单击【窗口】→【隐藏面板】。

（5）保存、命名文件。单击【文件】→【保存】，将文件保存到要求的目录，文件名为 index.htm，如图 6-16 所示。

4. 设置页面属性

页面属性就是指页面样式，有效范围是整个页面。设置页面属性步骤如下：

（1）图 6-16 中，单击【修改】→【页面属性】，打开【页面属性】对话框，如图 6-17 所示。

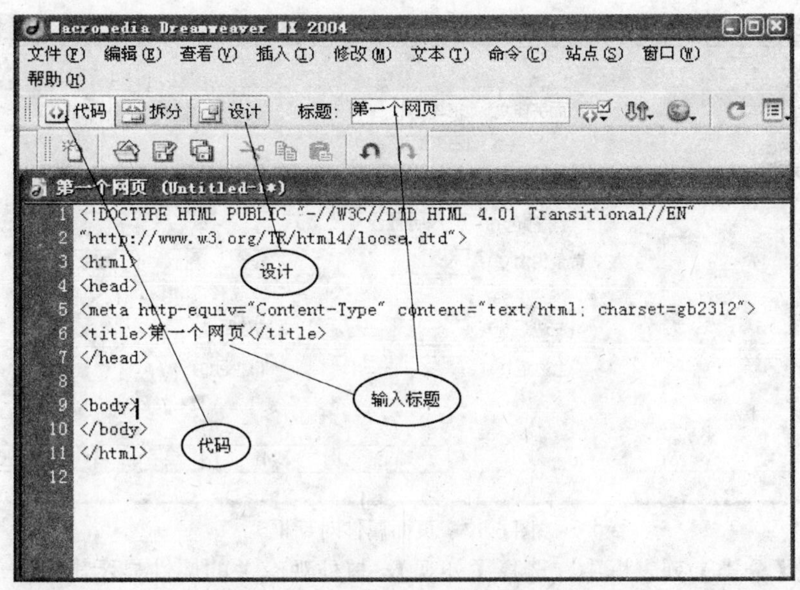

图 6-15　新建空白网页代码

图 6-16　文件保存到要求的目录

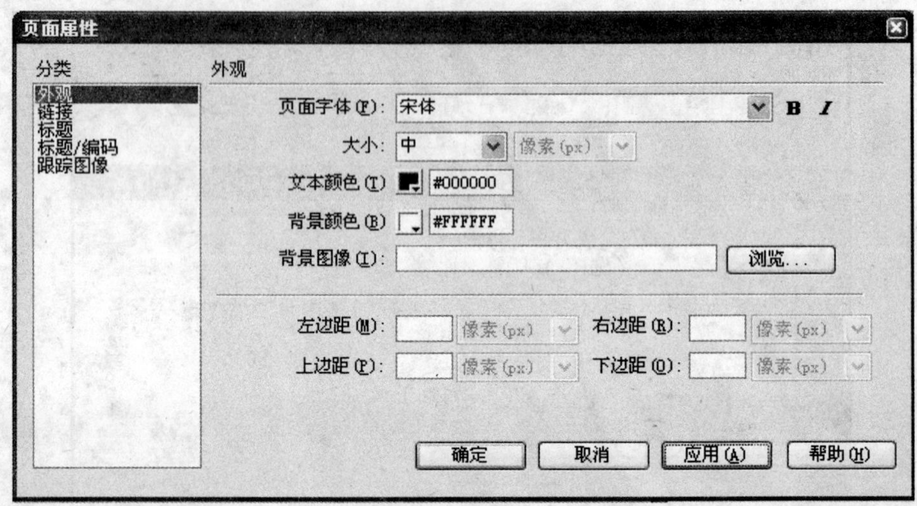

图 6-17 页面属性对话框

在【分类】列表框中，选择【外观】，与外观有关的属性显示出来，部分属性说明如下。

① 页面字体：点击右边下拉菜单，可以选择页面字体。

② 大小：点击右边下拉菜单，可以选择页面默认字号，图中选择【中】号。

③ 文本颜色：文字默认为黑色。如果不设置背景及文字的颜色（此时 RGB 色值显示为空），则浏览器在显示页面的时候，就会采用系统的默认设置。但因为不同系统的设置有可能会有所区别，这样就会导致页面的显示效果也是千差万别。因此，最好设定页面的背景颜色及文字颜色。

④ 背景颜色：默认页面背景颜色为白色，单击下拉按钮可以选择其他颜色。颜色框中的“#FFFFFF”是以十六进制形式显示的颜色值。

⑤ 背景图像：单击【浏览】按钮，可以为网页添加背景图片。

⑥ 左、右、上、下边距：设置页面左、右、上、下边距。

【分类】列表框中其他配置项目如下。

① 链接：设定超级链接的有关属性，包括不同状态下链接定位点的默认颜色。

② 标题：设定网页标题默认字形和 h1~h6 的默认的字号和颜色。

③ 标题/编码：设置语言文字编码，默认简体中文（GB2312）

（2）根据需求，设置该对话框中的其他各项页面属性。

（3）设置页面属性后，单击【应用】按钮，然后单击【确定】按钮，关闭对话框。

（4）点击文档工具栏【代码】，文档编辑区显示设置页面属性后生成的样式表代码，如图 6-18 所示。

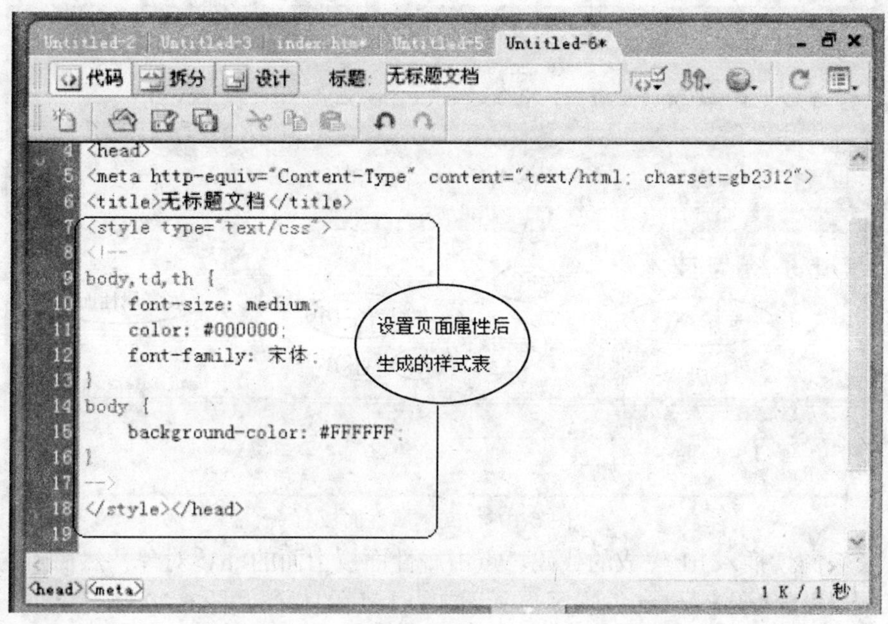

图 6-18　设置参数后生成的样式表代码

6.1.2　插入标题和段

1. 插入标题（h1~h6）

标题(h1)和其他对象一样，插入一般有三种方式：

（1）将光标置于要插入标题(h1)的位置，选择【插入】→【文本】→【h1】。

（2）将光标置于要插入标题(h1)的位置，在【插入】面板中单击【文本】，选择【h1】(图 6-19)。

（3）将工具栏的【h1】图标拖动到需要插入标题 h1 的位置。

以后介绍插入对象，只介绍（2）方式。它插入标题 h1 步骤如下。

① 图 6-19 中点击【设计】，插入工具面板选择【文本】，移动光标到要求的位置，选择【h1】，在光标处输入“Web 系统与技术”。如窗口不出现插入工具面板，请选择【窗口】→【插入】。

② 设置文本属性。图 6-19 下部显示标题 1 和文本属性。光标选择的对象就是属性面板显示的对象。如窗口不显示属性面板，请选择【窗口】→【属性】。如属性面板未全部展开，请点击属性面板右下方的倒三角【▽】

图 6-19 显示的属性是默认值。有的默认值是前面“页面属性”设置的，或是系统默认。针对该 h1 对象，可以设置它特定的属性，例如：选择对中【≡】（默认左对齐）。

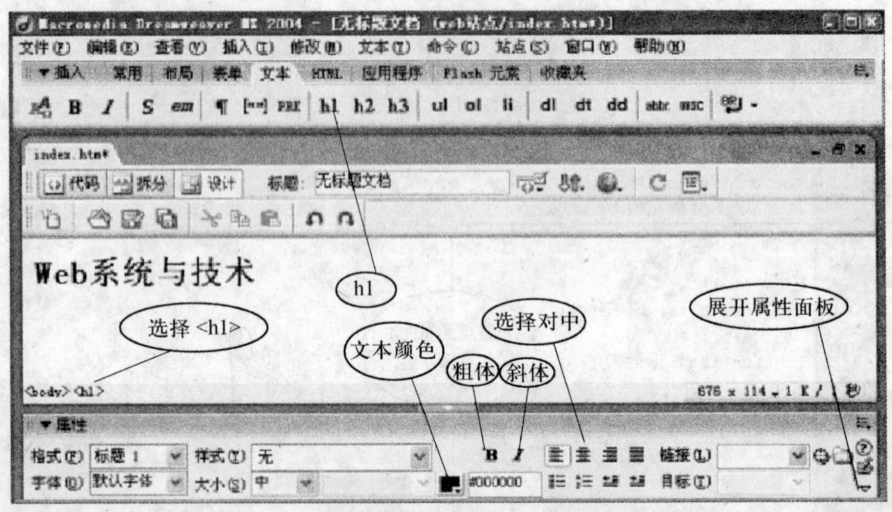

图 6-19　文本属性面板

③ 阅读插入 h1 生成的代码。点击属性面板上面的<h1>对象，然后点击文档工具栏【代码】，文档编辑区显示添加<h1>后的代码（图 6-20）。

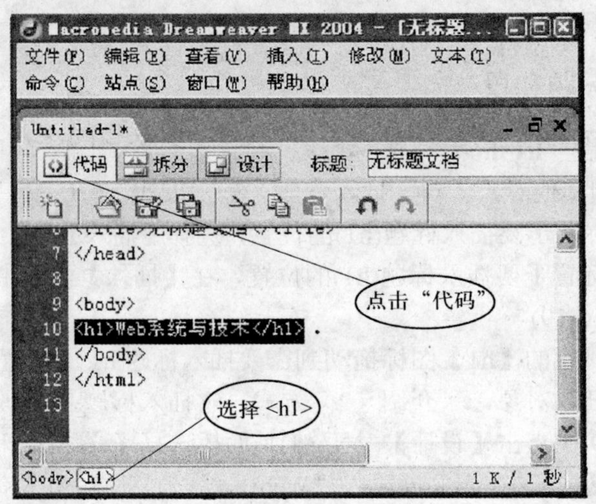

图 6-20　添加<h1>后的代码

图 6-19 主要标题、文本属性如下。

① 格式：选择的标签对象。

② 字体：可以选择的均为英文字体。如果需要选择其他字体，则选择最下面的一项，即“编辑字体列表”；如果进行一般的文字编辑，选择默认字体即可。在此，也可以添加新的字体。

③ 大小：字号，数字越大，文字也就越大。

④ 设置文字颜色。此项可以选择文字的颜色，单击其下拉按钮，打开颜色选择面板（图 6-21）。

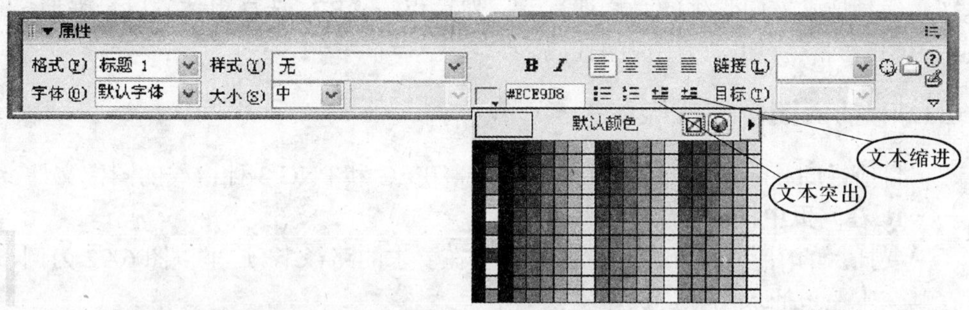

图 6-21　颜色选择面板

⑤ 字形选择 B 或 I：可以选择字体为粗体和斜体。

⑥ 对齐方式按钮：可以将文字设置为左对齐、居中对齐、右对齐和分散对齐格式。

⑦ 置文本的突出和缩进：如图 6-21 所示。

2. 插入段（p）

（1）图 6-19 中点击【设计】，移动光标到新一行，点击【文本】，选择【¶】，在光标处输入下列文本，如图 6-22 所示。

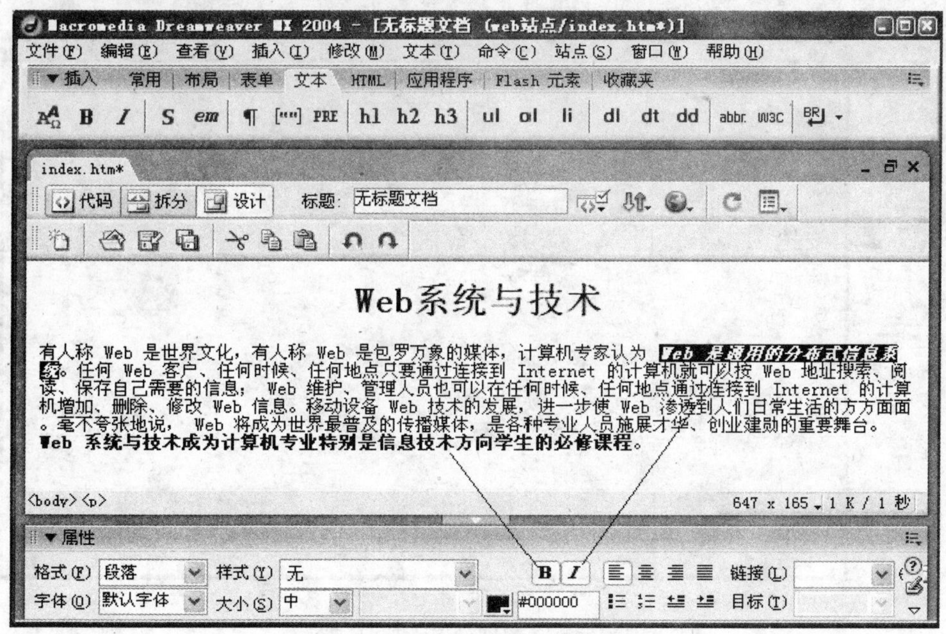

图 6-22　设置段落属性

（2）设置段落属性。图 6-22 中，加黑“Web 是通用的分布式信息系”，然后点击【I】，选择斜体，以示注意。加黑“Web 系统与技术成为计算机专业特别是信息技术方向学生的必修课程。”，然后点击【B】,选择粗体，以示强调。

（3）阅读新加入段生成的代码。

6.1.3 插入图像（或媒体）

目前，Dreamweaver MX 中支持 GIF，JPEG 和 PNG 3 种格式的图像文件。

1. 在网页中插入图像

要插入的图像必须预先准备好，保存在要求的路径下。这里以图 6-22 为例，在其文本左边插入图像，操作步骤如下。

（1）将光标定位在要插入图片的位置。

（2）在工具栏中选择【插入】→【常用】，选择【 ▾】(图像)，弹出“选择图像源文件”对话框，如图 6-23 所示。

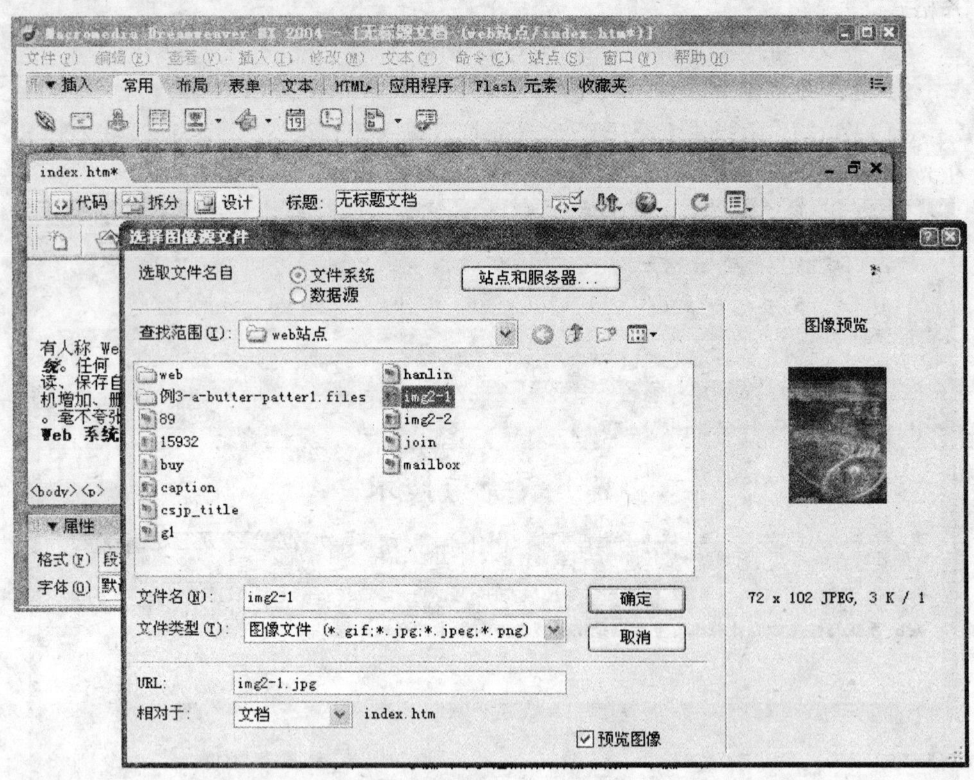

图 6-23 选择图像源文件对话框

（3）选中要插入的图像文件（img2-1.jpg），单击【确认】,即可将图像插入到网页中。但是，文本不环绕图像，空白太大。修改图像的样式的浮动属性，可以达到目的。

（4）设置图像属性。图 6-24 中，图像边距设为 10 个像素。点击属性面板上面的<img>对象，然后点击文档工具栏【代码】，文档编辑区显示添加<img>后的代码（图 6-25）。阅读插入图像后生成的相关代码，添加<img>的 style 属性为“float:left”，如图 6-25 所示。这时网页显示如图 6-26 所示。

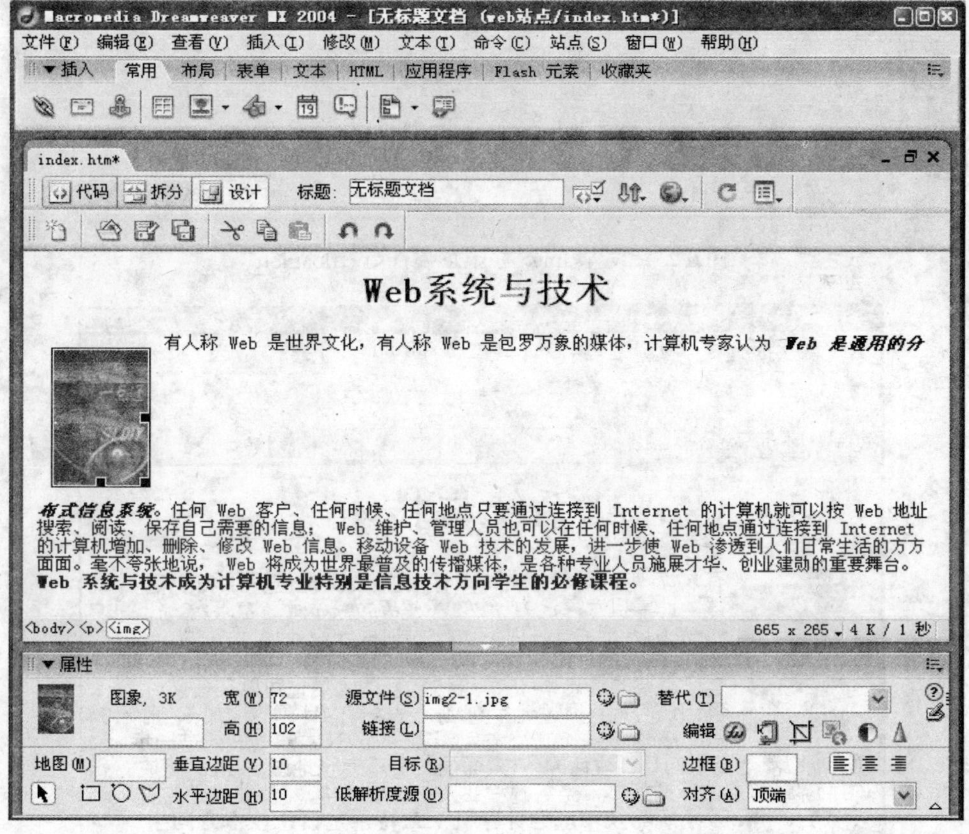

图 6-24 插入图像对话框

2. 图像属性面板各选项的说明(图 6-25)

（1）源文件：图像文件所在的路径及文件名。

（2）链接：图像所对应的超级链接地址。可以手工输入链接的地址，也可以单击右边的【浏览】在本地机上选择一文件链接。

（3）对齐：设置图像在网页中的对齐方式，有左对齐、左对齐等。

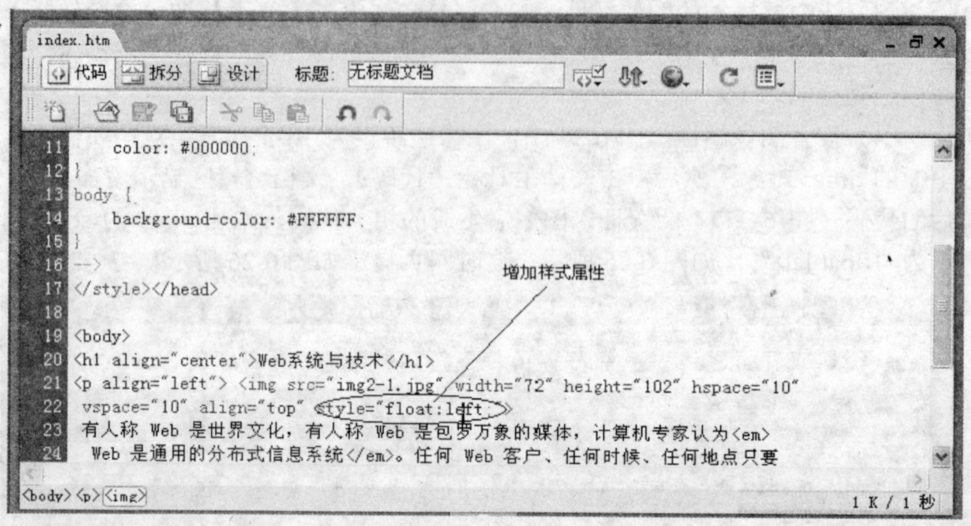

图 6-25　设置<img>的 style 属性为“float:left”

图 6-26　设置<img>的 style 属性“float:left”后的显示

（4）图像：图像对象的命名。

（5）替代：图像不存在，显示的替代内容。

（6）垂直边距：在图像的上方和下方留出的空白距离。

（7）水平边：在图像的左方和右方留出的空白。

（8）目标：当图像定义为超链接时，可以在该框中为链接指定打开连接时的窗口，包括父窗、新开窗口等。

（9）边框：设置图像边框的宽度，默认为0像素。

（10）编辑：单击该按钮可以自动打开 Dreamweaver 的默认图像编辑软件，对图像进行编辑，一般为 Fireworks。

【□ ○ ▽】图形按钮用于为图像设置热区。第一个为矩形热区工具，第二个为圆形热区工具，第三个为多边形热区工具。方法是先选中一种热区工具，比如矩形热区工具，在图像上要定义为热区的开始位置按下鼠标左键，拖动鼠标到定义为热区的结束位置，松开鼠标，便完成了热区的定义。热区可以作为一单独的区域来操作，比如选中热区后可以为其定义链接等。如果需要同时选中多个热区，首先用鼠标单击某个热区将其选中，再在按住 Shift 键的同时用鼠标单击其他的热区，即可将它们同时选中。

如果需要移动热区，先选中要移动的热区，再按住鼠标拖动即可移动热区。如果需要修改热区，当一个热区被选后中，在其周边会有一些用于控制其外形的小方块出现，用鼠标拖动这些小方块便可改变热区的形状与大小。

3. 设置其他媒体

设置媒体（Flash动画）与设置图像操作步骤雷同。在工具栏中选择【插入】→【常用】，选择【 】（媒体Flash），弹出“选择文件”对话框，这时选择定制好的动画文件（.swf）。建议读者观察插入动画后的有关代码。这是一个标记为object的代码。

6.1.4　表格制作

在设计网页时，必须对页面对象进行定位，使页面布局整齐，美观。控制页面对象在网页上布局有两种方式：表格、框架。HTML 新标准推荐使用表格，由于框架使用普遍，这里两者都做了介绍。

Dreamweaver 提供两种表格制作方式：标准表格、布局表格。它们都可以用做布局，但是标准表格更多用作数据布局；布局表格用做网页对象布局。这里介绍两者都用做网页对象布局。选择表格做网页对象布局，首先对网页对象如何布局要有一个设计。

1. 创建标准表格

（1）创建标准表格。2.4.9 节例 2-22 利用 HTML 表格布局网页，现用 Deamweaver 工具，描述其操作。创建表格，操作步骤如下。

① 建立新网页，标题为“利用利用标准表格布置网页对象”。

② 将光标移动到要插入表格的位置。单击【插入】→【布局】→【标准】→【 】（插入表格），打开插入表格对话框，如图 6-27 所示。

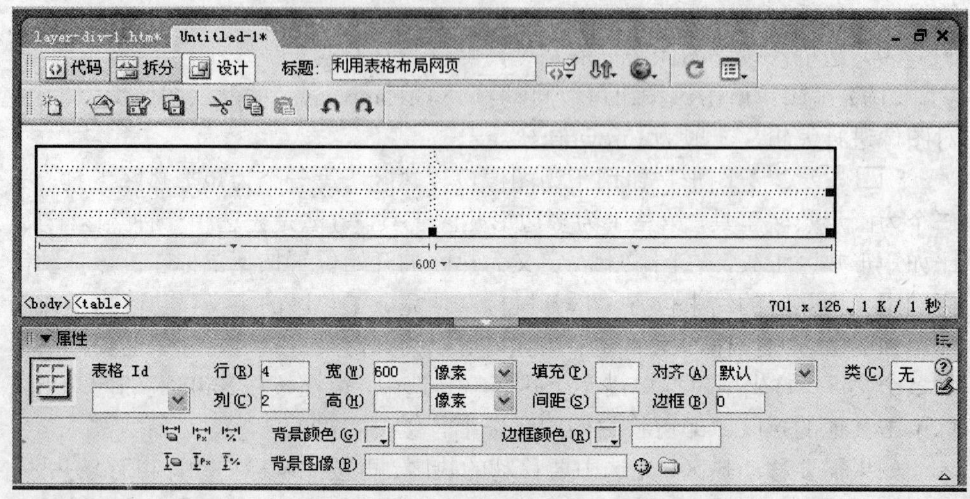

图 6-27　插入表格

③ 在如图 6-28 所示的对话框中可以设置下列属性。

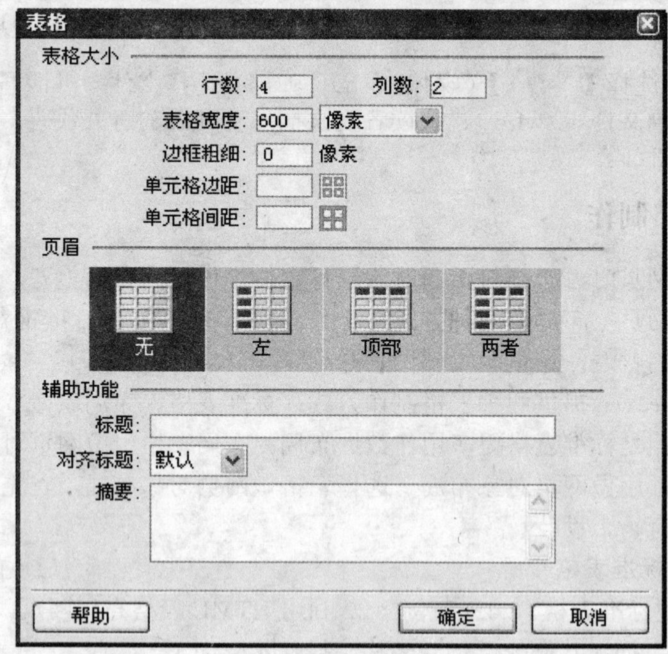

图 6-28　初步定义的表格

• 行数：表格的行数（4）；

• 列数：表格的（2）；

• 宽度：表格的宽度，单位可选像素，或占整个网页或图层宽度的百分比；

• 边框：表格的边框宽度，如果是 0，表示不显示边框，单位是像素；

• 单元格边距：单位像素；

• 单元格间距：单位像素。

④ 设置好之后，单击【确定】，完成表格创建，如图 6-29 所示。图中属性许多项在图 6-28 表格生成对话框中已经提及，这时仍然可以利用属性面板调整表格各项属性。

⑤ 图 6-29 中选中一个或多个单元格，属性面板则自动显示单元格属性板。

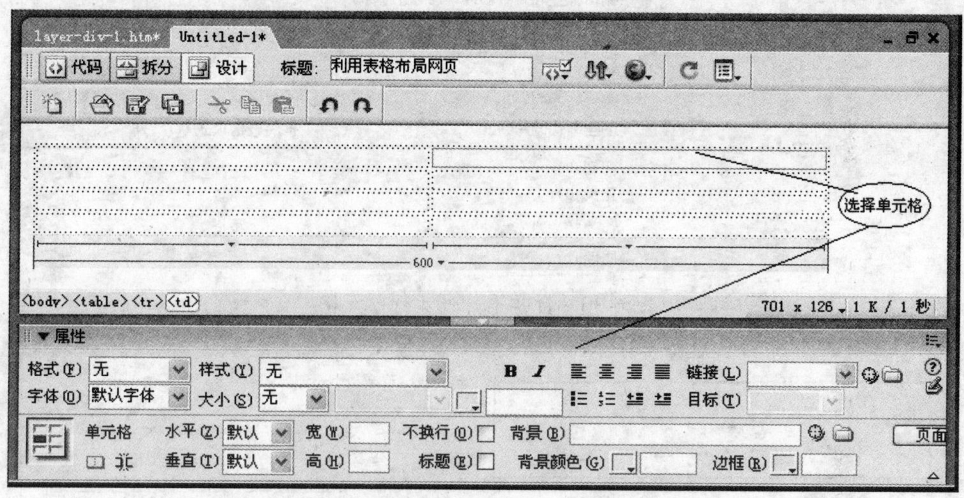

图 6-29 选择表格的单元格可以设置其属性

如果设置单元格背景，点击该单元格，在其属性面板中点击“背景”右边的文件浏览，“ ”，选择设置的背景文件。

在单元格可以加入 p、div 或 span 标记，然后设置被它们控制的文本。

⑥ 合并第一列，操作步骤如下：选择第一列 4 行，点击【修改】→【表格】→【合并表格】，如图 6-30 所示。生成新表格如图 6-31 所示。

（2）在建立的表格中插入内容。

① 在合并的单元格插入图像，调整单元格宽度，如图 6-32 所示。

② 在第二列第一行的单元格插入“Web 系统与技术”。

③ 在第二列第二、三、四行的单元格插入如图 6-33 所示内容。

④ 利用属性面板，调整表格、单元格、图像、文本等对象属性。

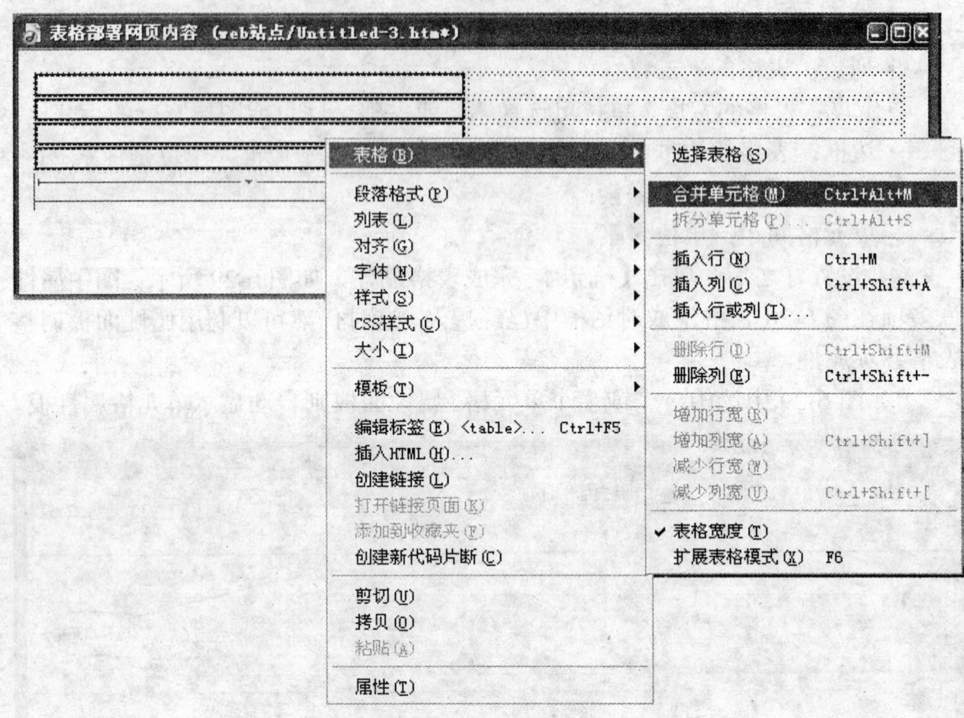

图 6-30 合并第一列 4 行单元格

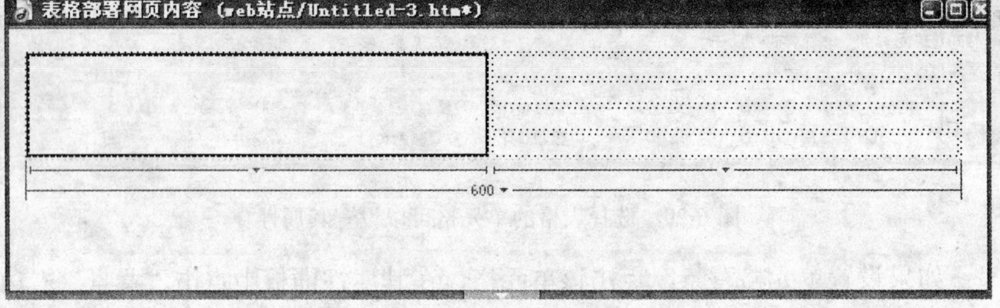

图 6-31 合并后的表格

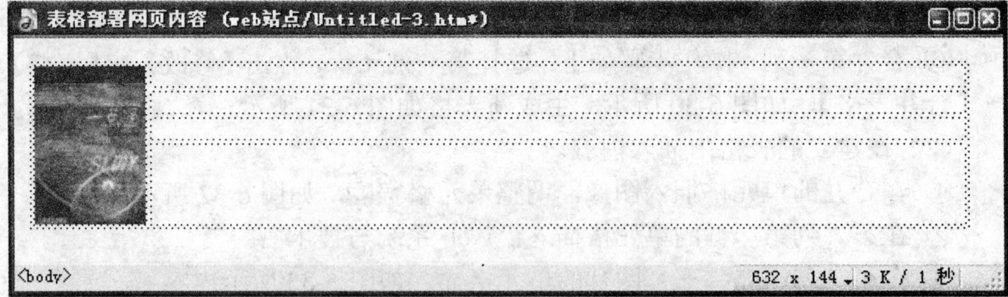

图 6-32 合并的单元格插入图像并调整单元格宽度

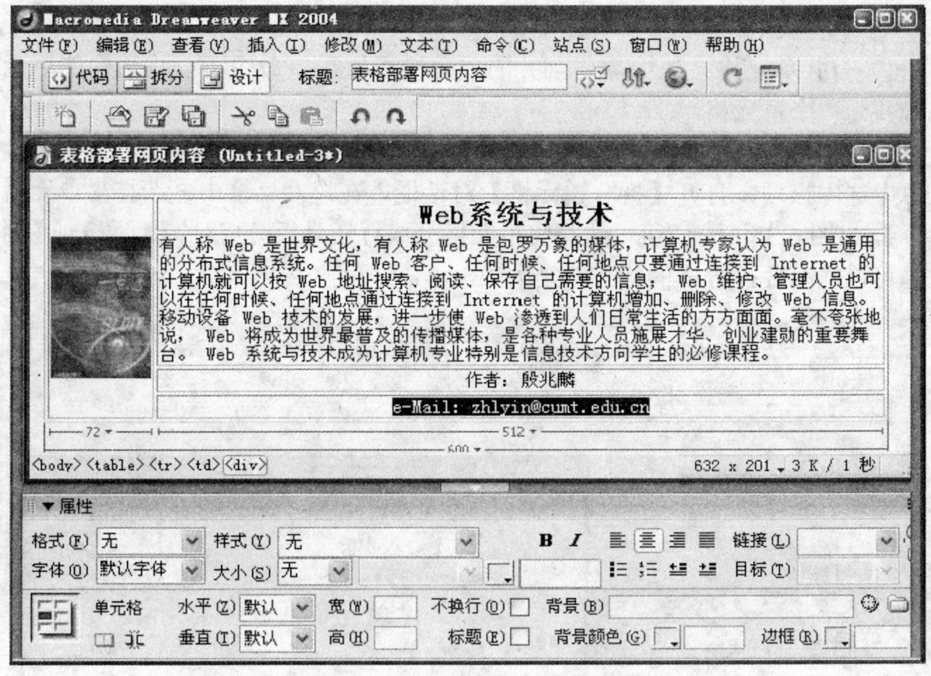

图 6-33　输入单元格并设置属性

（3）标准表格操作。图 6-33 已有的表格上边框单击鼠标右键，弹出如图 6-34 所示的菜单。选择【表格】，弹出其下一菜单。菜单中部分命令说明如下。

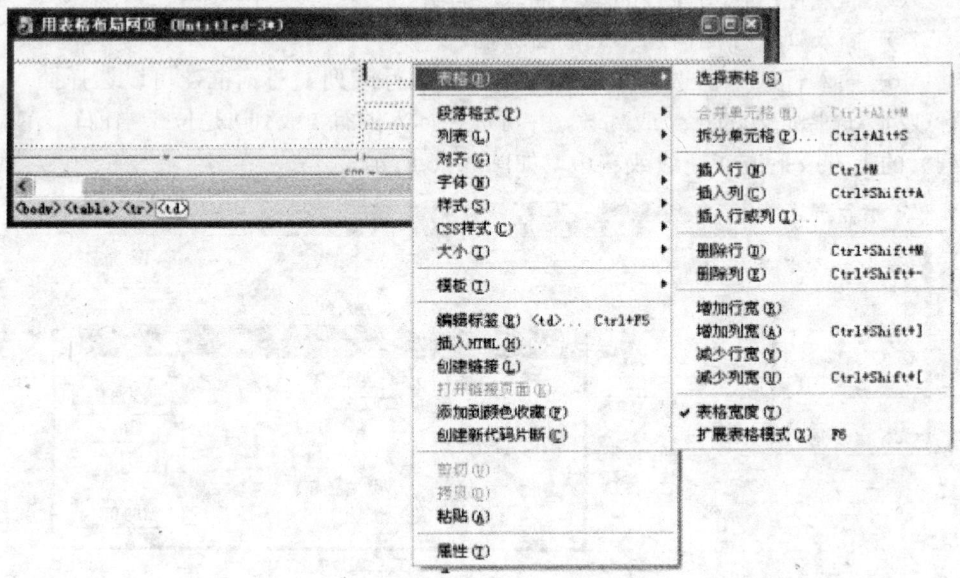

图 6-34　表格的有关操作

① 选择表格：选定一个表格。

② 合并单元格：选中需要合并的单元格，执行该命令可以将选中的单元格合并为一个单元格。

③ 拆分单元格：在需要拆分的单元格中单击鼠标右链，在【表格】下拉菜单中选中该项，打开【拆分单元格】对话框。在该对话框中，选择【单元格拆分】，如图 6-35 所示，可以选择将单元格分成行还是拆分成列；【行数】或【列数】可以输入要拆分成的行数或是列数。

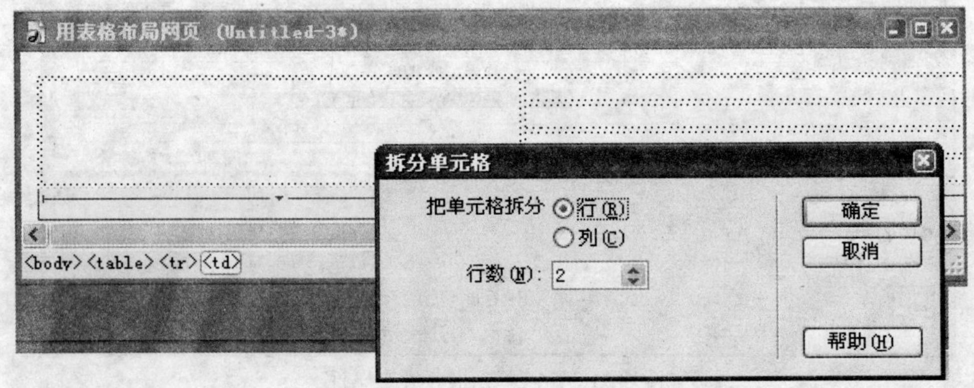

图 6-35　单元格分成行或列

④ 插入行：在当前行的上方插入一行。

⑤ 插入列：在当前选中列的右边插入一列。

⑥ 插入行或列：选择该项后弹出【插入行或列】对话框，可以选择插入行或列，选择插入的行数或列数，并可选择插入的行（或列）是位于当前行（或列）的上方或下方（左边或右边）如图 6-36 所示。

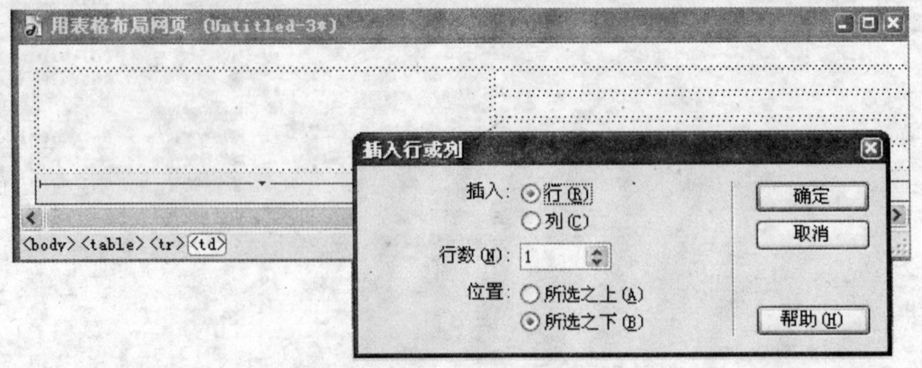

图 6-36　插入行、列

⑦ 删除行和删除列：删除选中的行或列。

2. 创建布局表格

创建布局表格操作步骤如下：

（1）建立新网页，标题为“利用布局表格布置网页对象”。

（2）将光标移动到要插入表格的位置。单击【插入】→【布局】→【布局】→【】，插入布局表格，如图 6-37 所示。图 6-37 属性表中调整表格宽度（520）和高度（150）。

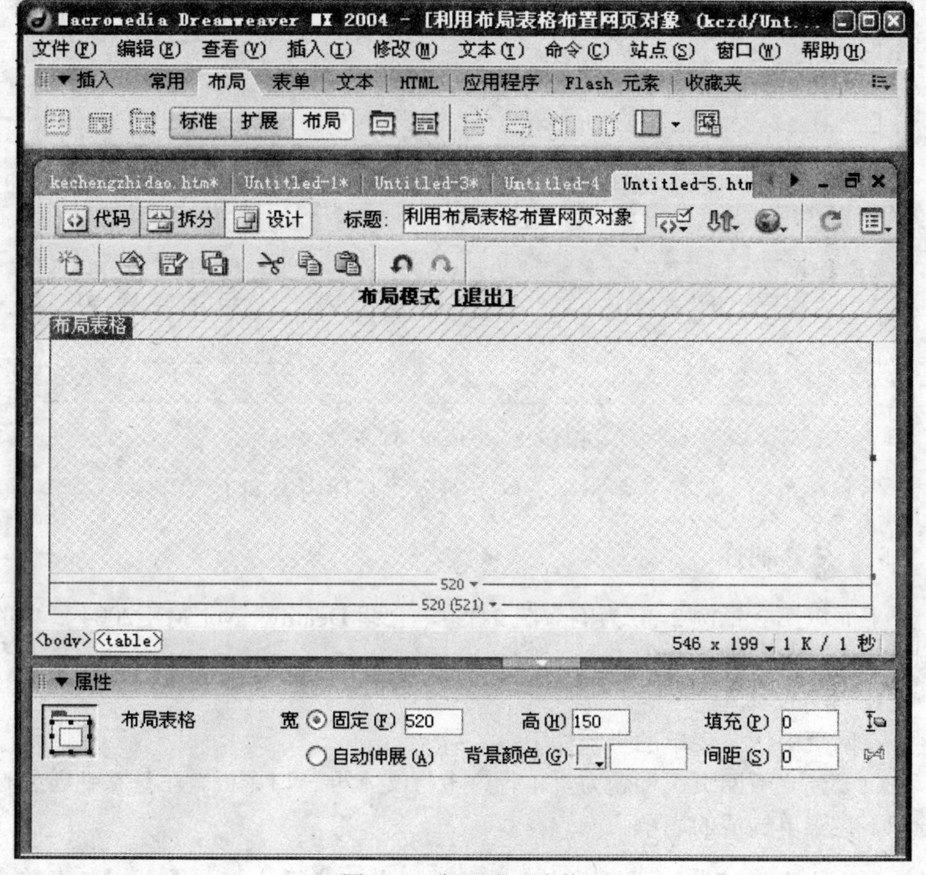

图 6-37　插入布局表格

（3）单击【插入】→【布局】→【布局】→【】，图 6-37 表左边插入布局单元；单击【插入】→【布局】→【布局】→【】，图 6-37 表右边插入布局表格。

（4）单击【插入】→【布局】→【布局】→【】，图 6-37 表右边布局表格中，从上向下插入四个布局表格单元，如图 6-38 所示。

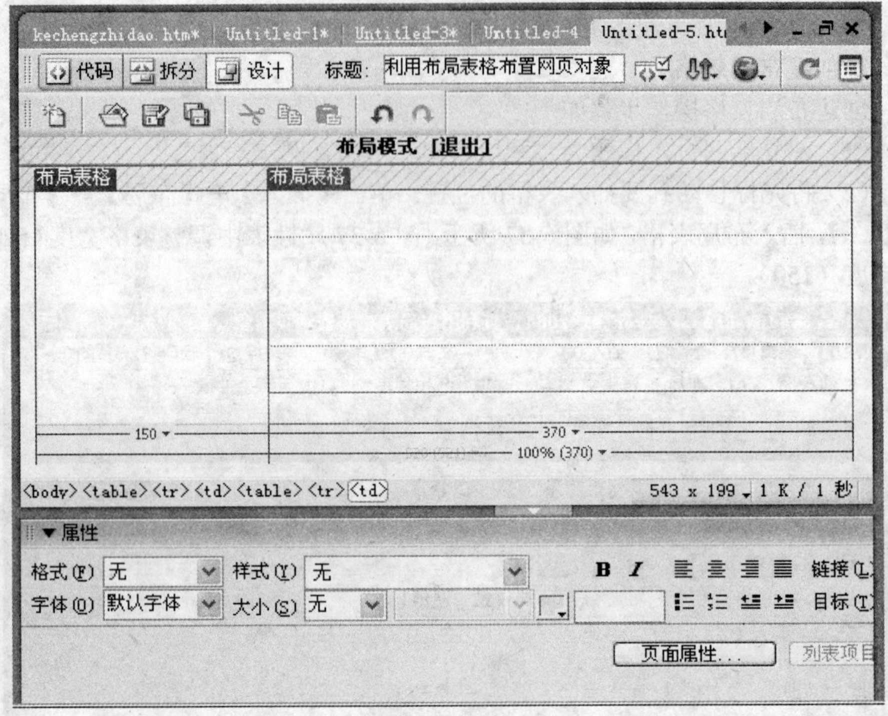

图 6-38　完成布局表格

(5）在布局表格单元中，部署网页对象，具体内容同上。

6.1.5　表单制作

下面以第 2 章例 2-30 为例（图 2-35），介绍 Deamweaver MX 2004 表单的制作。

1. 插入文本框

在网页中插入表单的步骤如下：

(1）建立新网页，标题为“单行、多行文本框、口令框、单选按钮、复选框和下拉菜单构成的表单”。

(2）将光标移动到要插入表单的位置。单击【插入】→【 】(表单)，如图 6-39 所示。

① 表单名称：唯一地标识一个表单。

② 动作：指定该表单被提交到服务器之后用来处理表单的程序文件的路径。

③ 方法：提交表单时所使用的方法。

点击【代码】，阅读生成的表单代码。

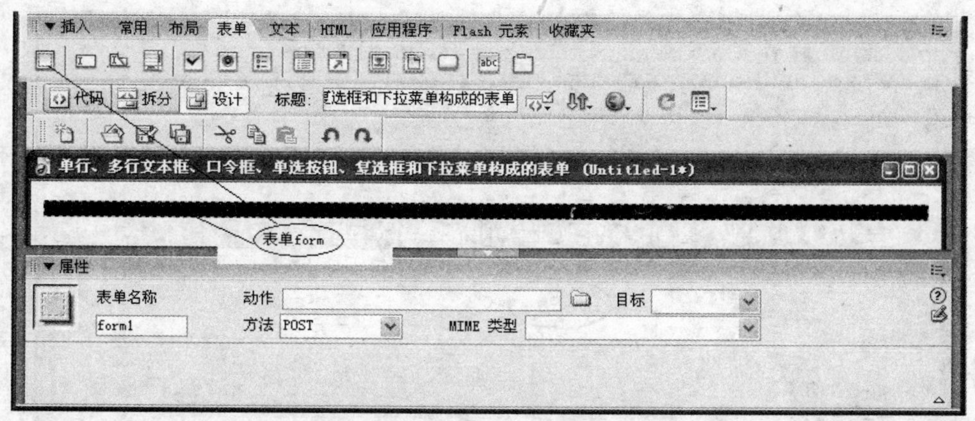

图 6-39　插入表单 form

（3）将光标置于要插入输入控件位置，点击【设计】，插入【 】（文本域）。设置其属性，如图 6-40 所示。文本域属性描述如下。

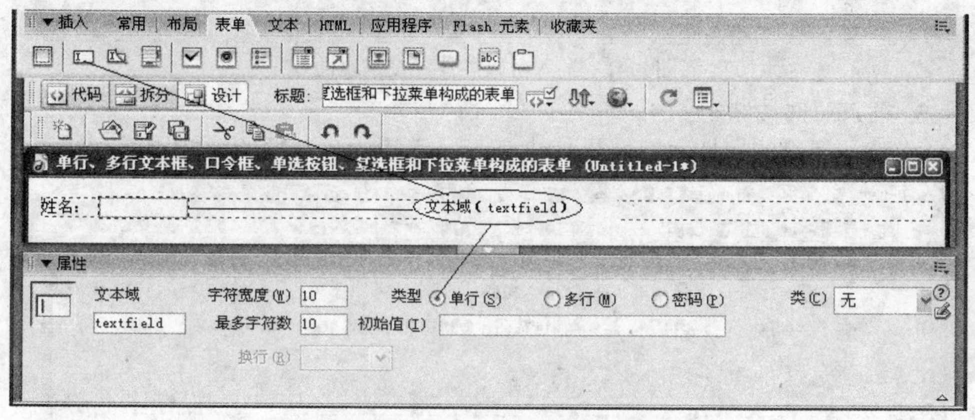

图 6-40　插入文本域并设置属性

① 文本域：名称，用来唯一地标识该文本域。

② 字符宽度：文本域所能显示的最多列数。

③ 最多字符：文本域中最多能输入的字符数。

④ 类型：选择文本域的类型，包括单行（单行文本域），多行（多行文本域）和密码（密码域）三个选项。

⑤ 初始值：最初显示在文本域中的内容。

请阅读生成的表单代码。

2. 插入密码控件

插入密码控件与插入文本域的方法一样，不同的在于：控件的属性要选择“密码”（图 6-41）。

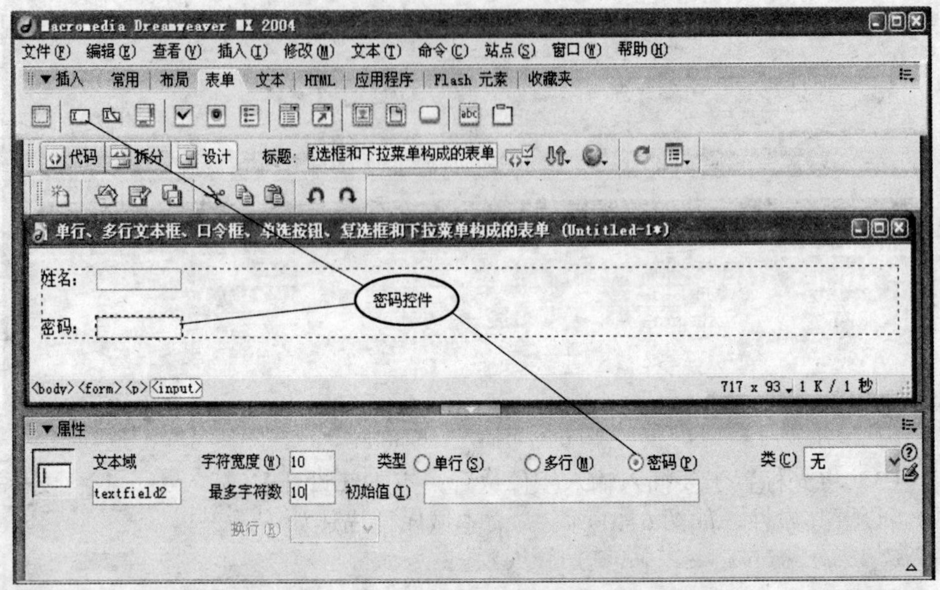

图 6-41　插入密码控件并设置属性

3. 插入单选按钮组

单选按钮组的属性面板如图 6-42 所示，面板中各选项的功能如下。

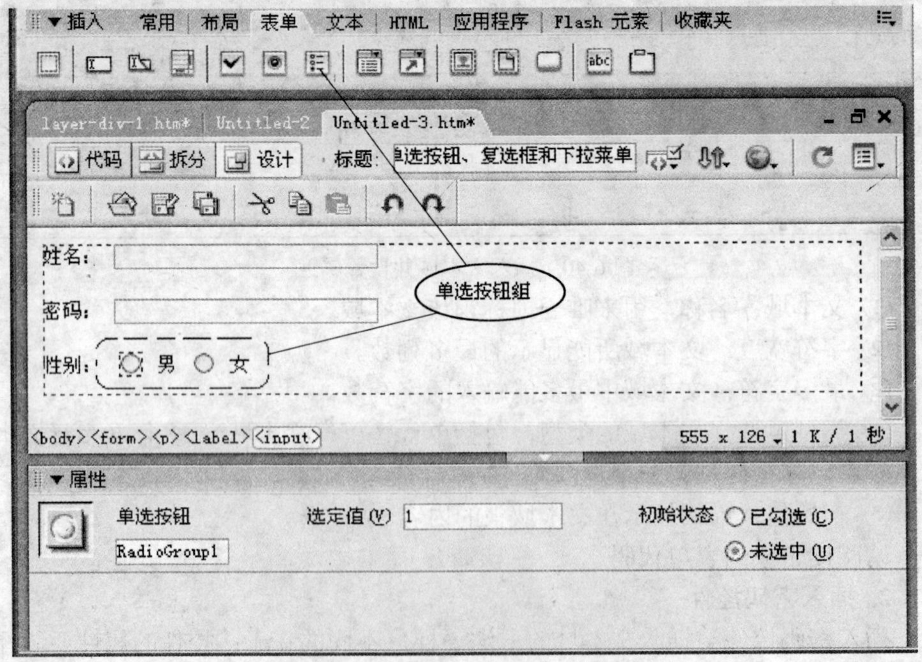

图 6-42　插入单选按钮组并设置属性

（1）单选按钮：单选按钮组名称。

（2）选定值：单选钮被选中的值，这里设置为 1。

（3）初始状态：网页初始加载时的选择状态，当选择了一组单选钮中的一个时，其余的单选钮将切换成未选中状态。

4. 插入复选框

复选框是一组可以有多项选择的选项，在HTML代码中其type属性是checkbox。

选择【插入】→【表单】→【复选框】，即可在一个表单中插入一个复选框。重复以上动作，可以再次插入一个复选框。复选框的属性面板如图 6-43 所示，面板中各选项的功能如下。

（1）复选框：复选框名称。

（2）选定值：复选钮被选中的值，这里分别为 1、2、3。

（3）初始状态：网页初始加载时勾选状态。每用鼠标单击一次复选钮，共选择状态就会变成与单击前不同的状态。

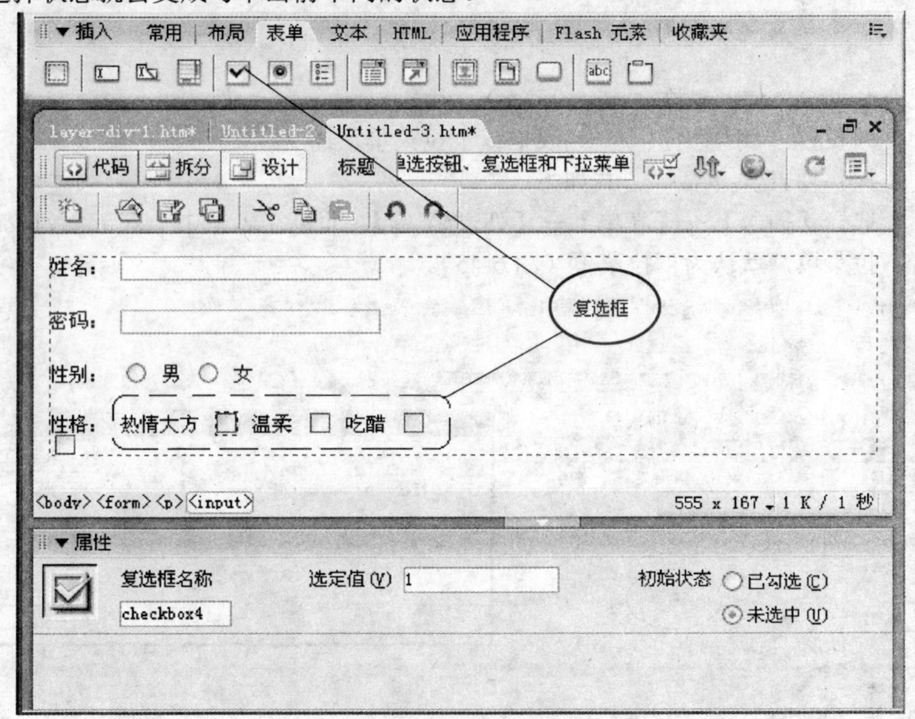

图 6-43　插入复选框并设置属性

5. 插入多行文本域

插入多行文本域与插入文本域的方法一样，不同的在于：控件的属性要选择“多行文本域”（图 6-44）。

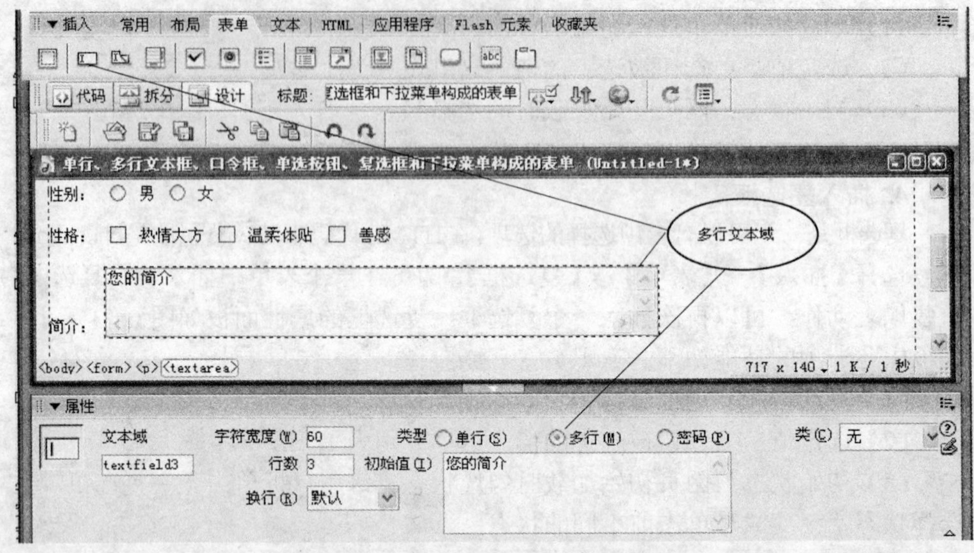

图 6-44　插入多行文本域并设置属性

6. 插入列表/菜单

列表/菜单可以提供一个列表框或下拉菜单，其中事先定义好一组选项，方便选择。列表/菜单插入方式如下：

选择【插入】→【表单】→【列表/菜单】，即可在表单中插入一个列表或者下拉菜单，默认为下拉菜单（图 6-45）。

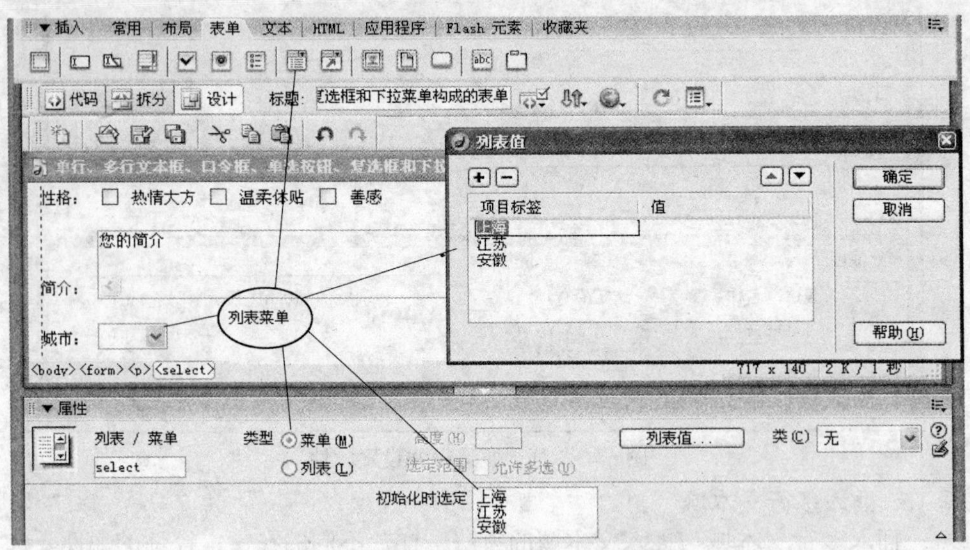

图 6-45　插入列表菜单并设置属性

列表或菜单的属性描述如下。

（1）列表或菜单：名称。

（2）类型：可选择列表或菜单。如果选择菜单项，单击列表值按钮后，弹出列表值对话框。

（3）列表值：点击【列表值】，弹出在列表值对话框（图 6-45），列表加入“项目标签”，其中的“值”只是一个值，没有实际的含义，是为以后在代码中调用而准备的。点击【+】，表示添加项目标签，点击【-】，删除当前选择的项目标签。

7. 插入按钮

按钮的属性面板如图 6-46 所示，该面板中各选项的功能如下。

（1）按钮名：按钮名称。

（2）标签：显示在按钮上的文本。

（3）动作：按钮的作用，有三种选择的方式。

①提交表单：单击按钮时向服务器提交网页中的表单。

②重置：单中的所有内容复位，变成初始状态。

③无：该按钮不是用于表单操作的，而是普通按钮，可以在代码中为其加上要做的动作。

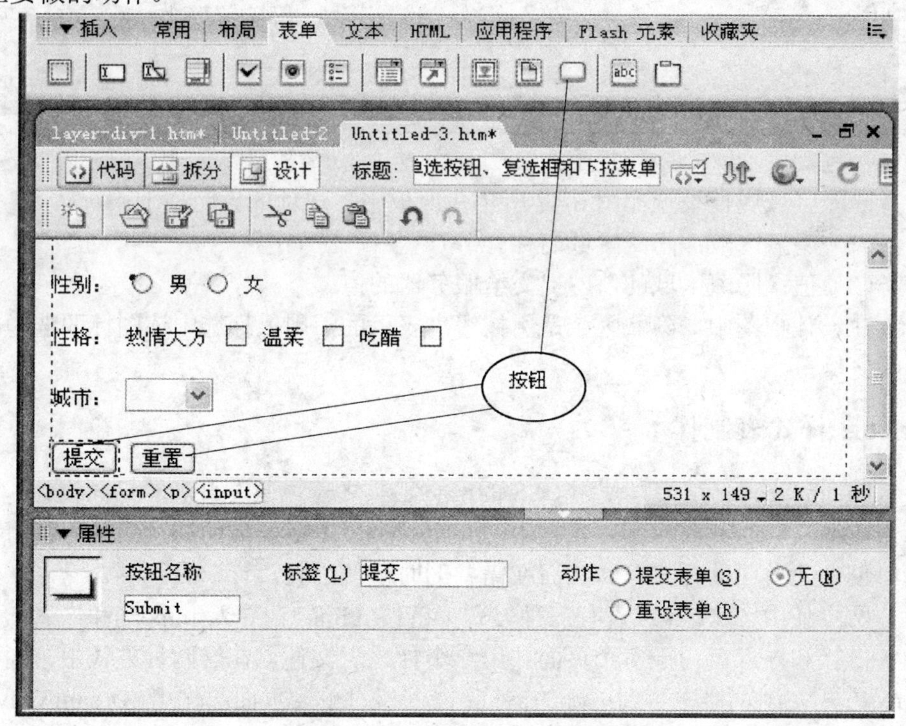

图 6-46　插入按钮并设置属性

随着面板上选择的不同，按钮的类型也随之改变。

8. 插入隐藏区域控件

隐藏区域只能在设计视图中看到，在浏览器中是看不到的。它的作用是收集和发送信息，当表单被提交时，隐藏区域也随之被提交。

选择【插入】→【表单对象】→【隐藏区域】，即可在表单中插入一个隐藏域（图 6-47）。

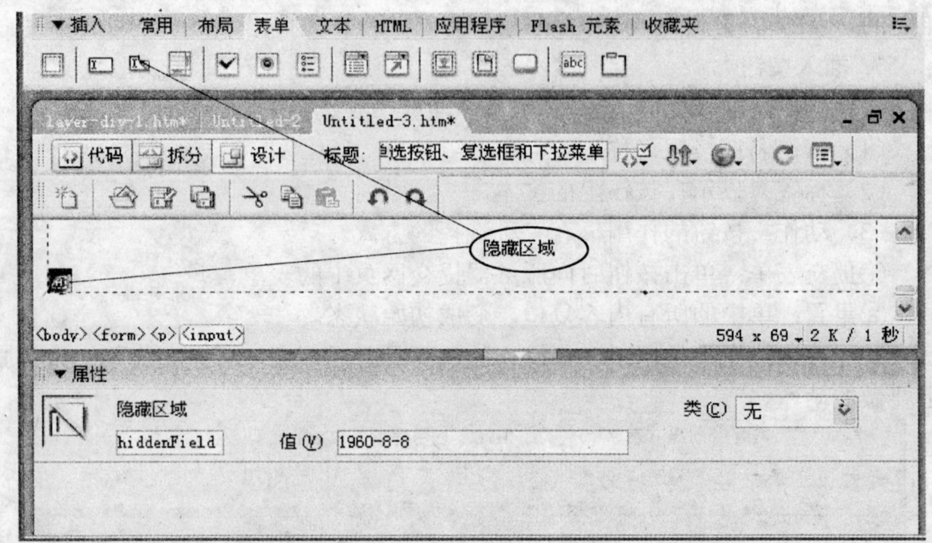

图 6-47　插入隐藏区域可能感件并设置属性

隐藏区域属性设置如图 6-47 所示，面板中各选项的说明如下。

（1）隐藏区域：隐藏区域名称。

（2）值：隐藏区域的值，提交给服务器的值。

在设计视图中，隐藏区域是用按钮来表示的，用鼠标选中该图标即选中了隐藏区域。

6.1.6　样式表制作

Dreamweaver 是最早使用 CSS 的网页工具之一。通过直观的界面设计，可以影响网页中的任何元素，从文本的间距到类似于多媒体的转换。使用者可以随时创面建自己的样式单，然后在需要的时候使用它。

网页使用 CSS 样式表有三种方式：链接（link）、导入(import)和嵌入。其中，链接和导入可用于多个页面共用一个样式表文件，在这两种方式中，通常 Link 方式在浏览器中等到更好的支持；嵌入仅对单一页面起作用。Dreamweaver MX 2004 版本默认使用 Link 方式，即只要用户选择 CSS，就会默认将其设置保存为一个 CSS 文件，以便在站点网页文件中调用。

1. 创建 CSS 样式表

（1）创建一个新网页或打开已有网页，这里新建网页标题位“样式表建立引用”。

（2）如果 CSS 样式面板不显示，单击【窗口】→【CSS 样式】，如图 6-48 所示。

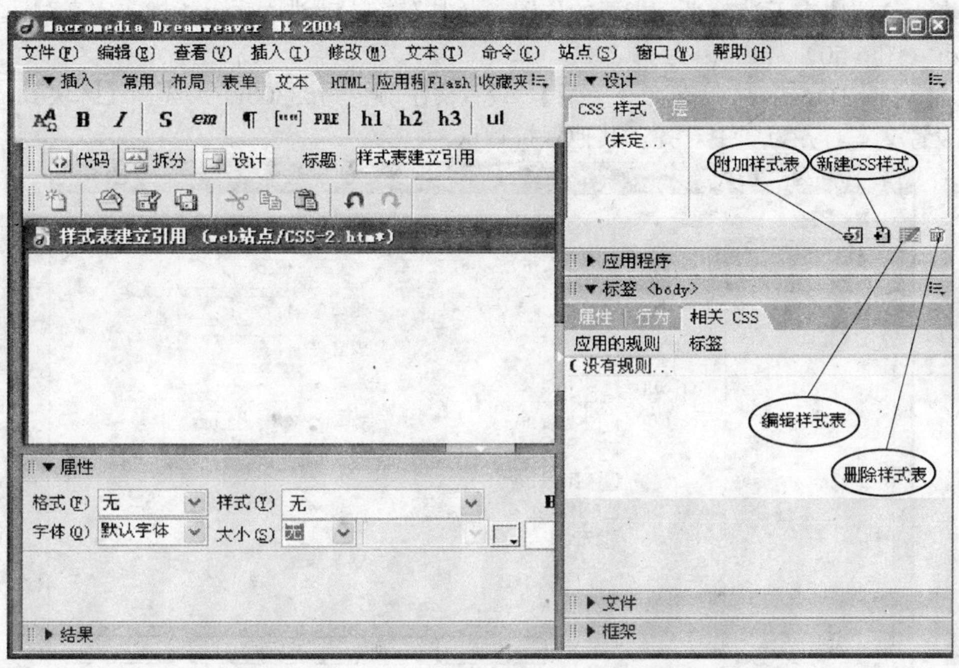

图 6-48　CSS 样式面板

（3）在 CSS 样式面板中，单击面板右下角区域中的【】（新建 CSS 样式）按钮，进入“新建 CSS 样式”对话框（图 6-49）。图 6-49 中，各项说明如下。

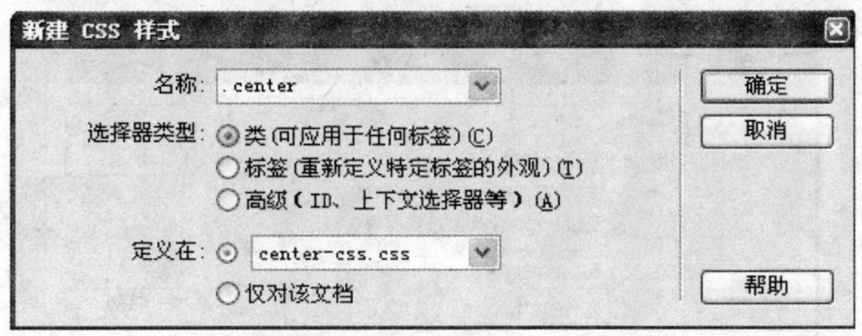

图 6-49　新建 CSS 样式对话框

① 名称：定义样式表选择器名称，这里定义为：.center，是类选择器；

② 选择器类型：

• 类：适用于任何标签；

• 标签：重新定义该标签的样式属性；

• 高级：选择符与标签 id 属性匹配，或上下文选择器。

③ 定义在：新建样式表文件。或仅对该文档，即样式表嵌入当前网页代码，嵌入位置决定于当前光标指示的位置。点击【确定】，进入.center 样式定义对话框（图 6-50）。

（4）图 6-50 中，选择【类型】，设置文字颜色为#3300FF。选择【区块】，设置文本对齐为居中对齐，其他保持默认。

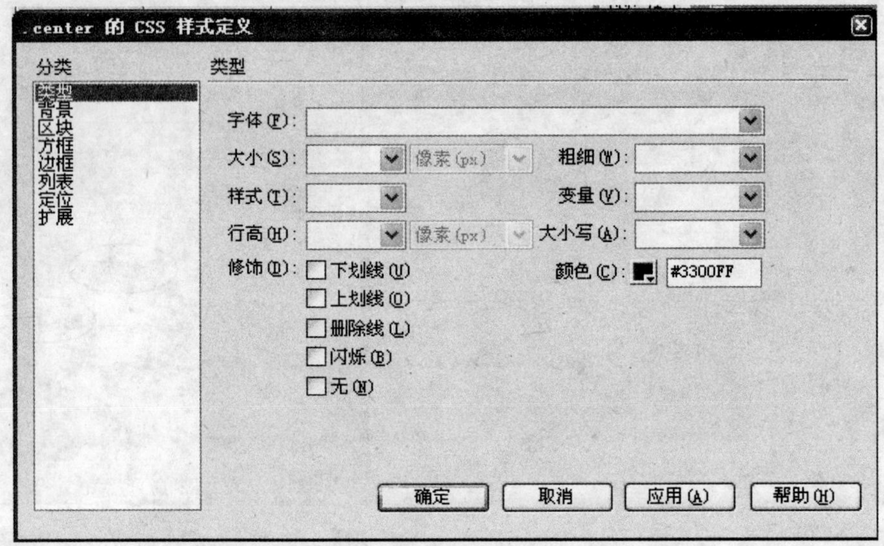

图 6-50 .center 样式定义

（5）如在该样式表文件中增加其他样式规则，操作步骤是：CSS 样式面板选择增加新样式规则的样式表（.center-css.css），点击【新建 CSS 样式】，进入图 6-51 所示的新建 CSS 样式对话框。

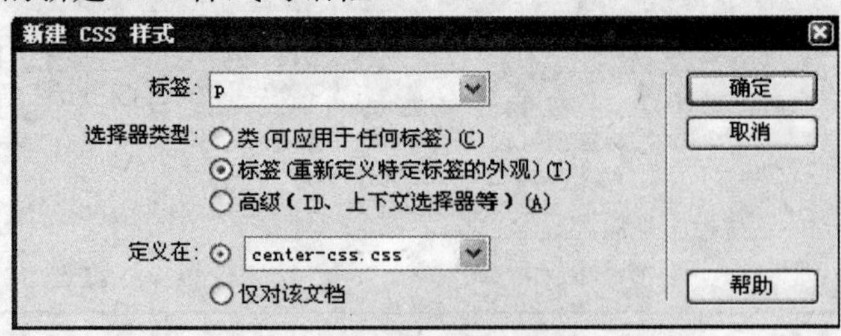

图 6-51 新建 CSS 样式

（6）完成各项设置，点击【确定】，进入保存样式表文件对话框（图 6-52），命名文件为 center-css.css。点击【保存】，.center 样式表定义结束。

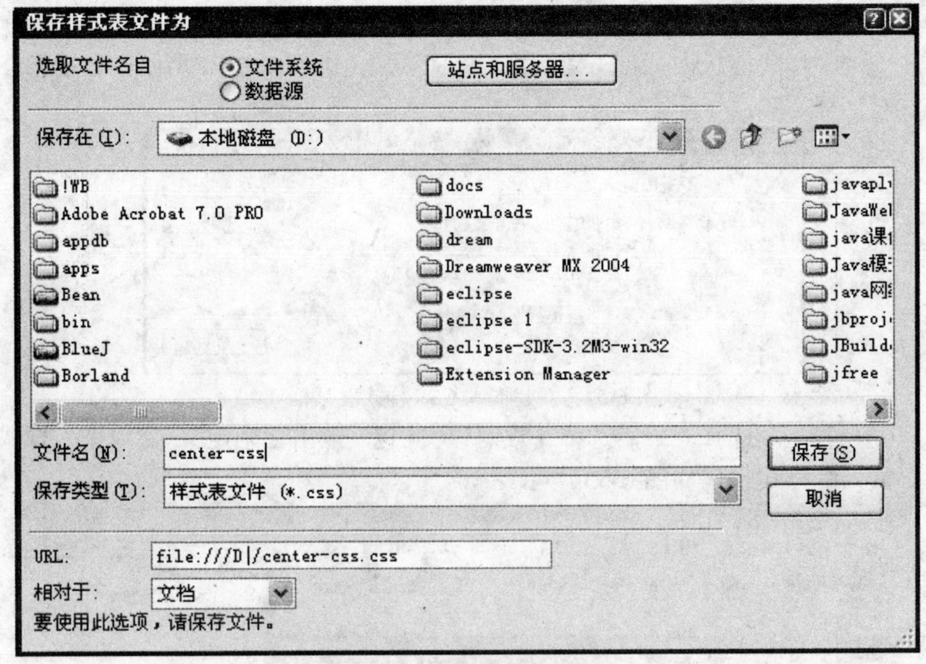

图 6-52　保存样式表文件对话框

打开网页代码，1 链接 center-css.css 的代码如下：

```
<link href="center-css.css" rel="stylesheet" type="text/css">
```

（7）如果新建网页还需要导入其他已定义的样式表，例如：global.css。这时操作步骤如下：CSS 面板点击【附加样式表】，进入链接外部样式表对话框（图 6-53），设置外部样式表的路径和文件名，选择【导入】，点击【确定】。

图 6-53　链接外部样式表对话框

生成导入样式表 global.css 的代码如下：

```
<!--
@import url("file:///D|/web&#31449;&#28857;/global.css");
-->
```

代码中描述了 global.css 的路径，站点是中文编码（站点）。

（8）如果建立的样式表只使用于该网页，那么，样式表可以嵌入网页需要的位置。操作步骤如下：

①CSS 样式面板中，点击【新建 CSS 样式】，进入图 6-54 所示的新建 CSS 样式对话框。

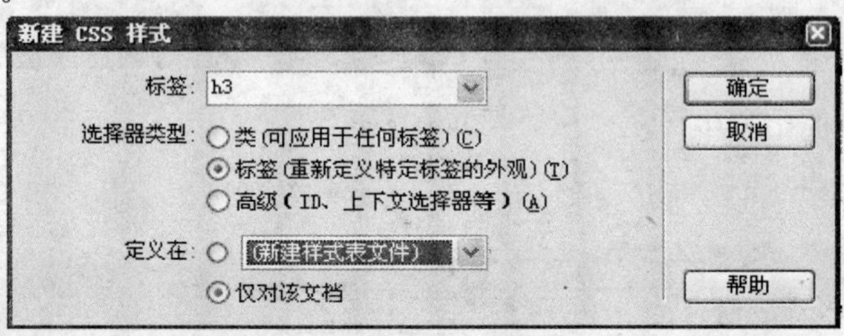

图 6-54　新建嵌入 CSS 样式对话框

②设置各项选择，最后选择【仅对该文档】，点击【确定】，完成嵌入样式表。嵌入的样式代码如图 6-55 所示。

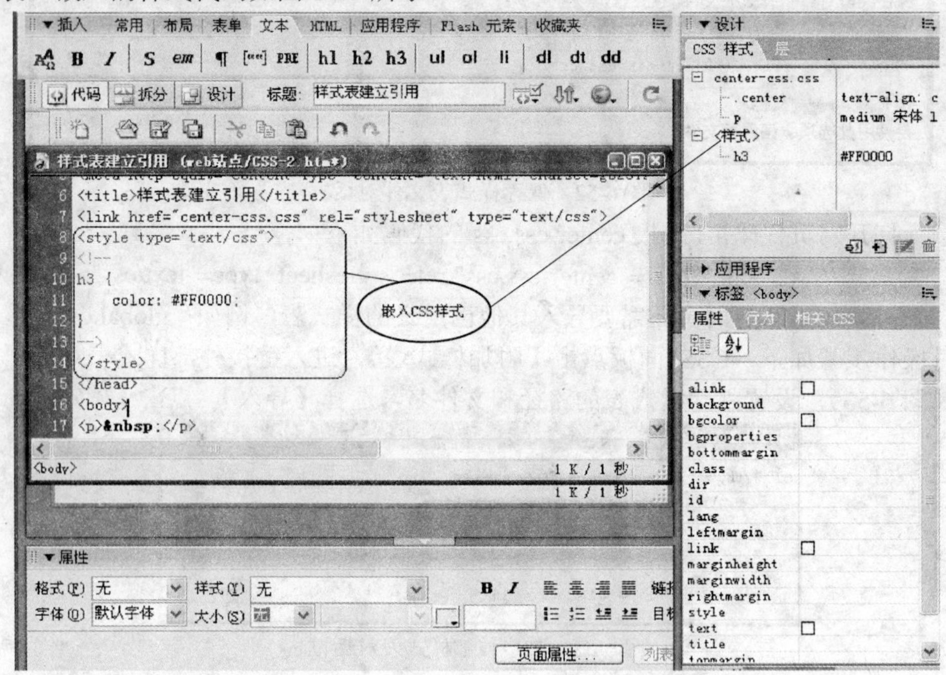

图 6-55　嵌入的样式代码

2. 应用自定义 CSS 样式

上述定义的链接、导入、嵌入的样式表，可以按下列方式应用。

（1）图 6-56 中，选择标题 1 对象，在其属性面板上点击【样式】，选择类选择器.center，将样式应用于该对象。

（2）图 6-56 中，选择段对象，在其属性面板上点击【样式】，选择类选择器.center，将样式应用于该对象。

（3）同样方式，可以应用自定义 CSS 样式到所有对象。

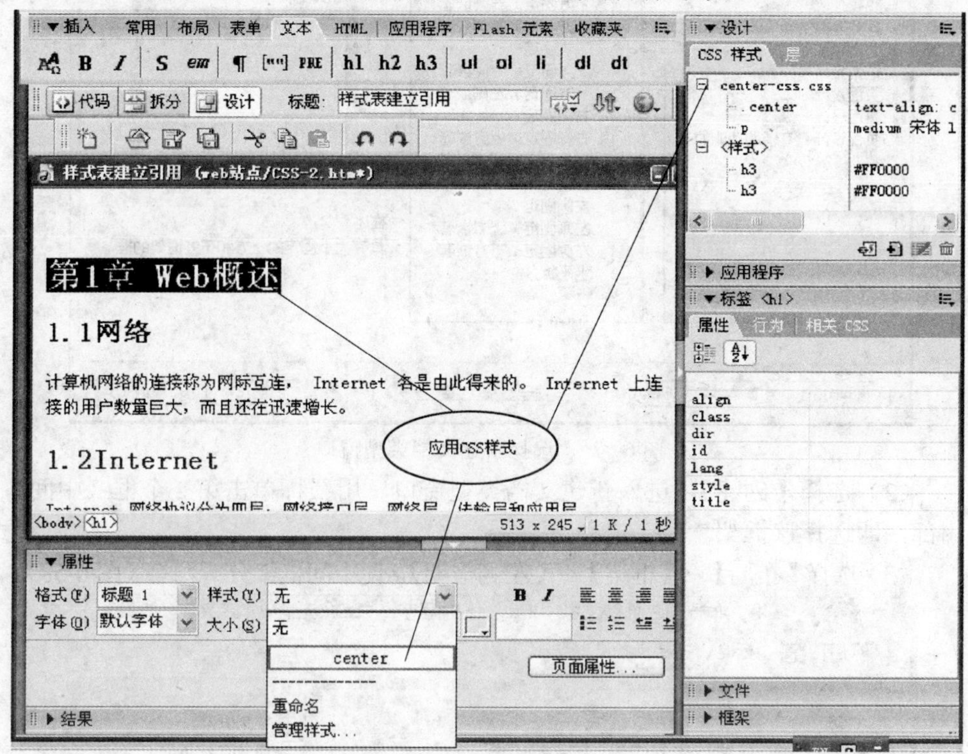

图 6-56 应用 CSS 样式

3. 将自定义样式从选定内容中删除

选择要删除样式的对象可以执行以下操作：使用属性面板，选择删除样式的对象，在其属性面板中选择【样式】，取消选择的样式。

4. 编辑样式表

点击 CSS 样式面板【编辑样式表】，编辑当前样式表中的任何样式。

6.1.7 框架的创建

1. 建立框架

以例 2-27 的框架为例，利用 Dreamweaver MX 2004 建立框架，具体操作步骤如下。

（1）建立新网页。单击【文件】→【新建】，进入新建文档窗口（图 6-57）。

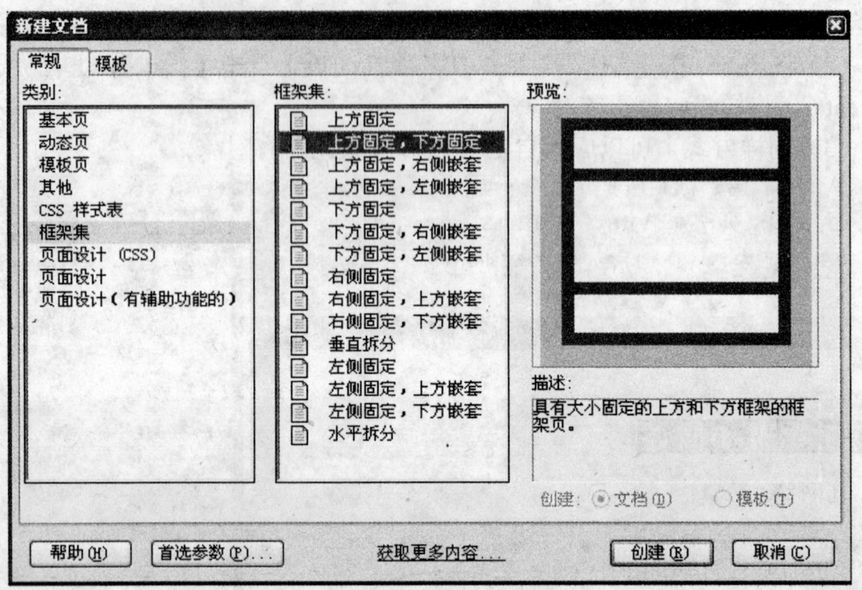

图 6-57　选择新建文档类型窗口

（2）选择【创建】，进入新建文档类型窗口。用鼠标单击第 2 个框（中间）内部，即选择该框架。

（3）选择【布局】→【框架】→【左侧框架】，使中间框架分成两个（图 6-58）。

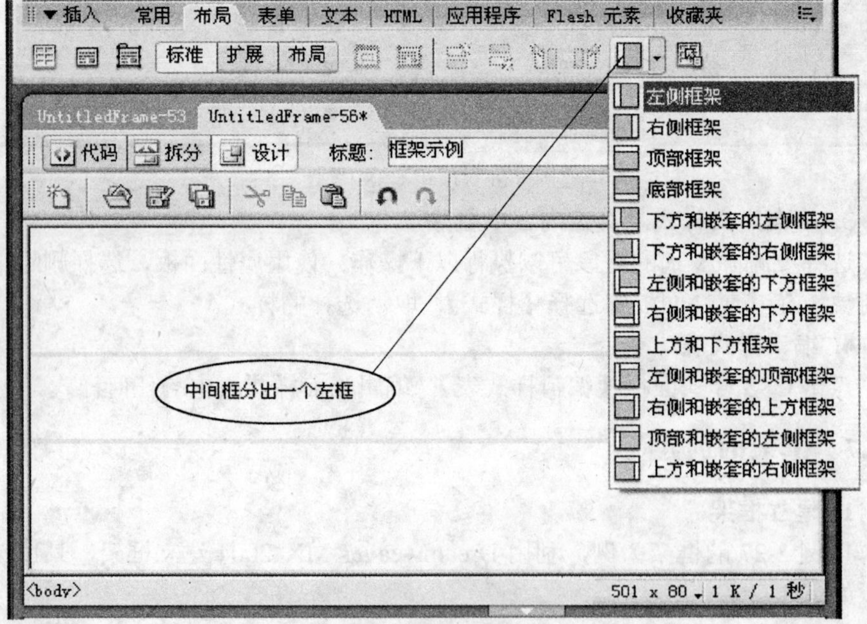

图 6-58　新建构架网页

（4）图 6-59 中设置框架属性，拉动框架边框可以调整框架大小。点击【窗口】→【框架】使浮动面板显示框架结构。

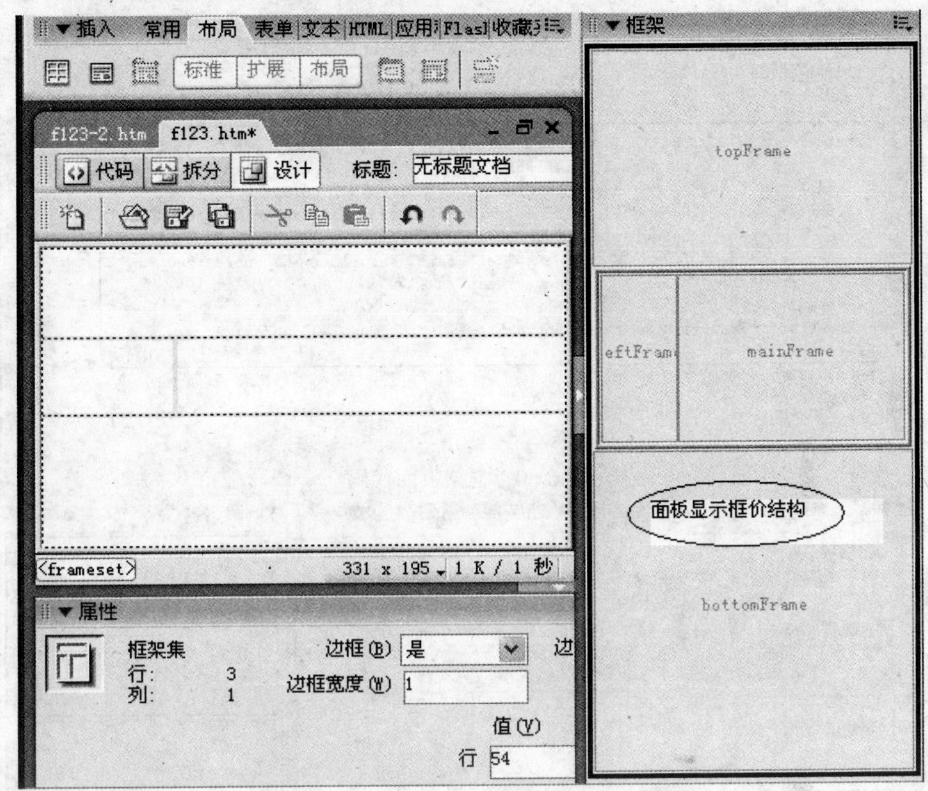

图 6-59 建立例 2-27 类似的框架集结构

（5）完成上述框架调整，生成的框架页面代码如图 6-60 所示。

2. 框架的选取

选取框架的方法有以下两种。

（1）用鼠标单击选择的框架内部即可选中该框架。

（2）在菜单栏中选择【窗口】→【框架】命令，弹出如图 6-61 所示的框架面板，在面板中单击相应的框架，即可选中该框架，或者直接用鼠标单击框架的边框，也可以选中框架集。

3. 框架的属性设置

选中图 6-61 上面框架（topframe），属性面板显示其当前属性，属性面板中的各选项说明如下：

（1）框架名称：每个框架的名称是唯一的，在用代码访问框架时，名称是框架唯一的标识（topframe）。

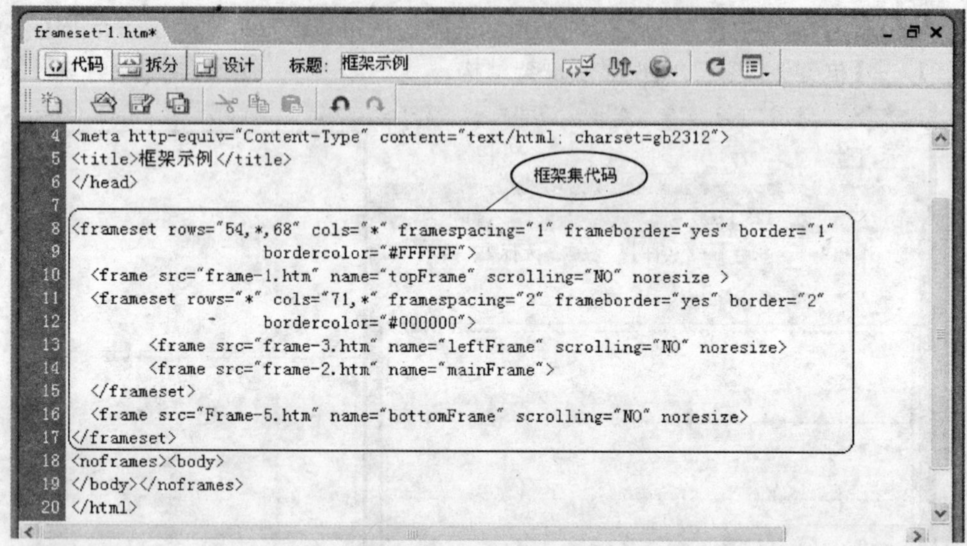

图 6-60　框架页面代码

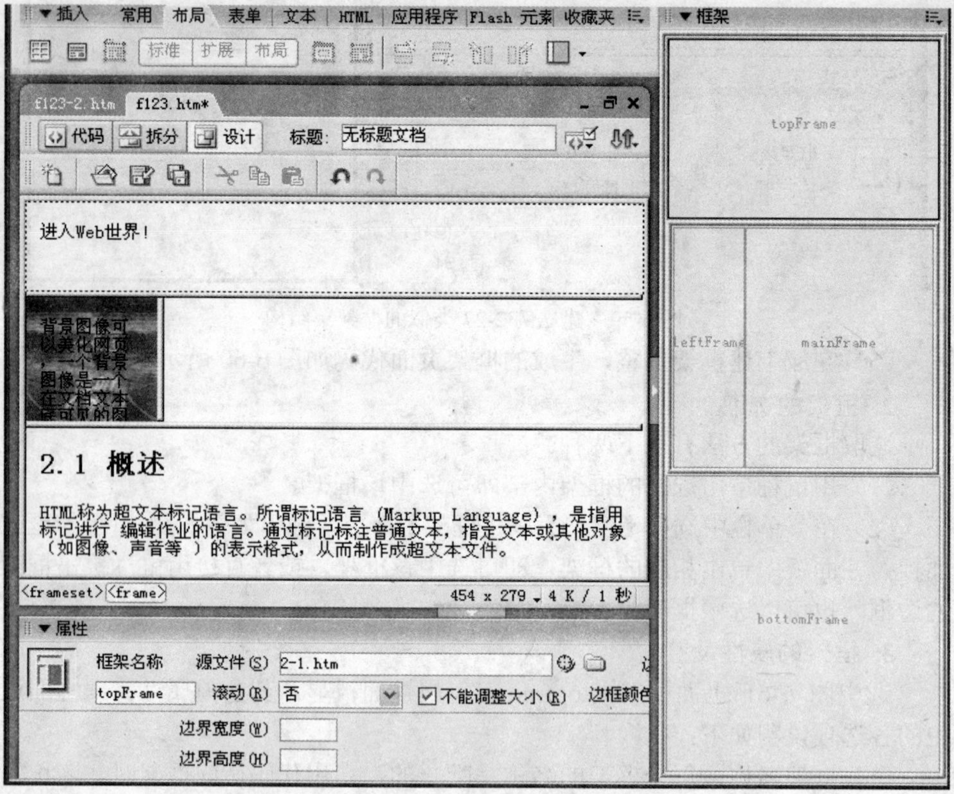

插入 常用 布局 表单 文本 HTML 应用程序 Flash 元素 收藏夹　框架

标准 扩展 布局

f123-2.htm　f123.htm*

代码 拆分 设计 标题: 无标题文档

进入Web世界!

背景图像可以美化网页，一个背景图像是一个在文档文本后可见的图

2.1 概述

HTML称为超文本标记语言。所谓标记语言（Markup Language），是指用标记进行 编辑作业的语言。通过标记标注普通文本，指定文本或其他对象（如图像、声音等 ）的表示格式，从而制作成超文本文件。

<frameset><frame>　454 x 279 4 K / 1 秒

属性

框架名称　源文件(S) 2-1.htm

topFrame　滚动(R) 否　不能调整大小(R)　边框颜色

边界宽度(W)

边界高度(H)

topFrame　leftFrame　mainFrame　bottomFrame

图 6-61　上面框架（topfame）属性

（2）源文件：初始状态时框架中显示的网页的路径及文件名(2-1.htm)。

（3）滚动：设置框架中的滚动条。选择“是”，始终有滚动条出现；选“否”始终不出现滚动条；选择“自动”，滚动条会在需要时才出现。

（4）不允许调整大小：选中时，不允许浏览者调整框架的大小，不选中允许浏览者调整框架的大小。

（5）边框颜色：单击其颜色下拉按钮可以为边框指定颜色，也可以在文本框中输入十六进制表示的颜色值。

（6）边框：指定框架的边框是否可见。“是”为可见，“否”为不可见。

（7）边界宽度：设置框架中的内容与框架的左、右边框的距离。

（8）边界高度：设置框架中的内容与框架的上、下边框的距离。

4. 框架集的属性设置

当选中框架集时，属性面板变成框架集属性面板，如图 6-61 所示。

框架集属性面板中的各选项说明如下：

（1）边框：选择“是”表示显示边框，选择“否”表示不显示边框。

（2）边框宽度：设置边框宽度，以像素为单位。

（3）边框颜色：单击颜色下接按钮可以为边框选择颜色，或者在文本框中输入颜色值。

（4）列或行：当前选中框架的宽度或高度，单位为像素或百分比均可。

（5）显示当前选中框架的位置，深色部分为选中的框架，直接用鼠标单击即可改变选中的框架。

（6）改变框架大小及背景色。

改变框架尺寸的操作方法有如下两种。

（1）直接用鼠标拖动框架边框即可改变框架的大小。

（2）选中框架集，在属性面板中单击要改变大小的框架，再在“列”或“行”中为其指定大小即可。

改变框架背景色实际上是框架中所包含的网页的背景色的修改。在要修改背景色的框架单击鼠标右键，在弹出的快捷菜单中选择【页面设置】命令，即可在【页面设置】对话框中改变框架中所包含的网页的背景色。

5. 删除框架

将要删除的框架的边框拖至其他的框架边框，松开鼠标即可删除一个框架。

6. 保存框架

一个新建的框架网页，一般采用保存全部框架的方法来保存所有的框架集。

选择【文件】→【保存全部框架】，弹出【保存框架】对话框，在对话框中，为框架集文件输入一个名称，单击【保存】，即可保存框架集文件。保存框架集文件后，自动弹出一个信息框提示保存框架集中的某一个框架内容，单击【保存】按钮可以保存该框架；之后再次弹出【保存框架】对话框，提示保存另一个框架，这样一直到将所有的框架全部保存完毕。

如果是对一个已存在的框架集网页进行编辑，那么选择命令后将不作任何提示，而是直接将框架集及所有的框架保有存为原来的文件。

如果要将框架保存为一个新的文件名，必须选择【文件】→【另存框架为】命令。

如果只想保存某个框架中的内容，而暂不想保存全部的框架，那么可以先将光标置于要保存的框架中，再选择【文件】→【保存框架】，只保存该框架的内容。

6.1.8　绘图层的操作

Dreamweaver MX 在网页中引入了绘图层（简称层）的概念。层是由叠样式表发展而来的，它使网页元素的定位更加精确和自由。层可以包含文本、图像、表单、控件和其他层，层使网页元素可以互相叠放，还可以控制图层中的元素为可见或不可见。

1. 创建层

创建层步骤如下：

（1）如层面板没有打开，请点击【窗口】→【层】。

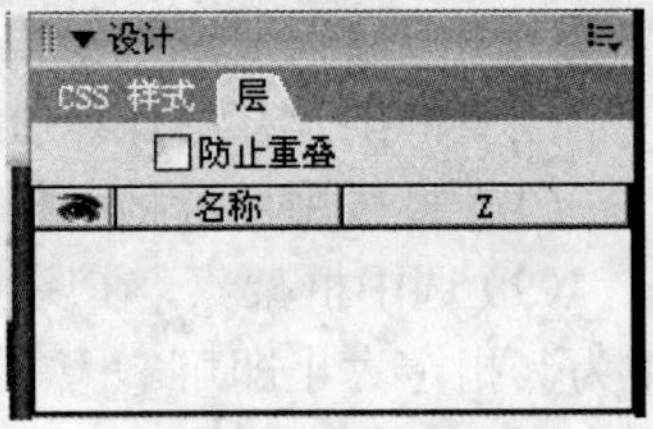

层面板如图 6-62 所示，图中各项说明如下：

图 6-62　层面板

① 防止重叠：选中该项使文档中所有的层与层之间不容许出现重叠。

② ：眼睛图标表示对应行的图层的可见性。如果是该图标，表示该层可见，如果是闭眼图标，表示该图层不可见；如果什么图标也没有，表示默认状态。用鼠标在该列的相应行的位置上单击即可在这三个状态之间切换。

③ 名称：层的名称，一般用默认名称。

④ Z: 层按 Z 轴顺序排列的序号。首先创建的层出现在列表的底部，最新创建的层出现列表的顶部。

（2）新建网页，标题为“层（div）操作”。

（3）点击插入面板的【布局】→【】（描绘层），在文档窗口中按下鼠标左键拖动，松开鼠标即可生成一个图层，该图层大小由拖动的位置决定。每当在页面上放置一个层时，一个层的框就会出现在设计视图中，如图 6-63 所示，如果层的框不可见，而又需要看到这些层的框，选择【查看】→【可视化助理】→【隐藏所有】。

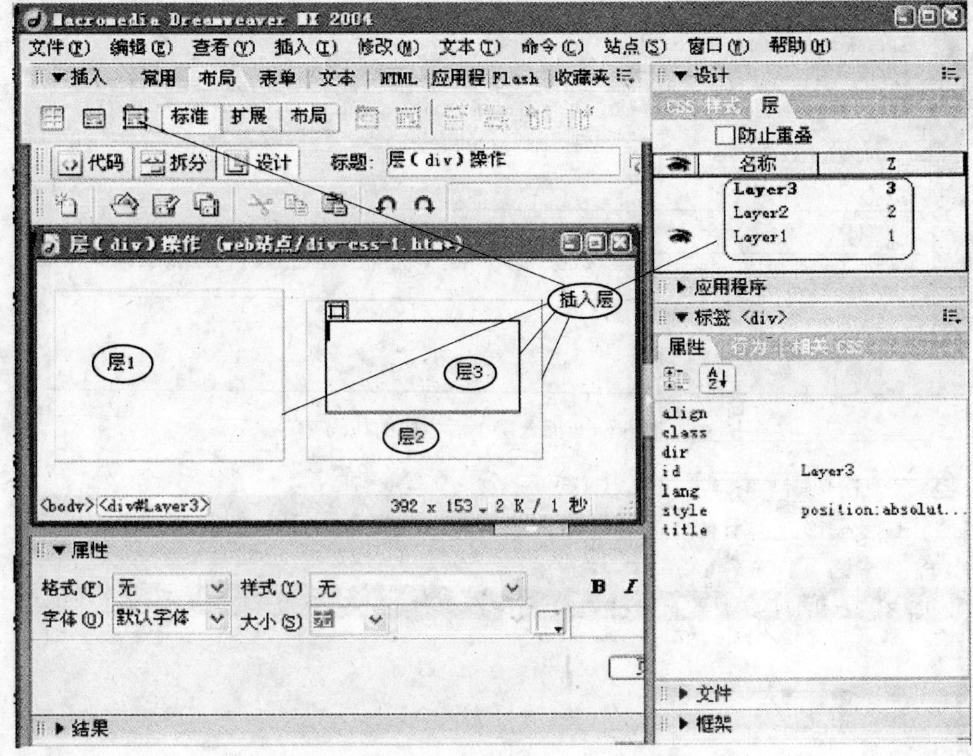

图 6-63　插入层

（4）重复同样的操作可以插入多个层。如果创建嵌套层。单击【布局】→【描绘层】按钮，使其处于按下状态，再使用鼠标在一个图层内部拖出一个图层即可，如图 6-62 所示。每插入一个层，网页会出现对应生成的层代码。当图 6-63 中层 1 插入后，对应生成的代码如图 6-64 所示。

（5）层属性面板。

选择层 1 后，属性面板显示如图 6-65 所示，层属性面板中各选项的说明如下：

① 层编号：层名称，用来唯一地标识一个图层。

② 左：层的左上角距离页面或父图层左边线的距离，以像素为单位。

③ 上：层的左上角距离页面或父图层上边线的距离，以像素为单位。

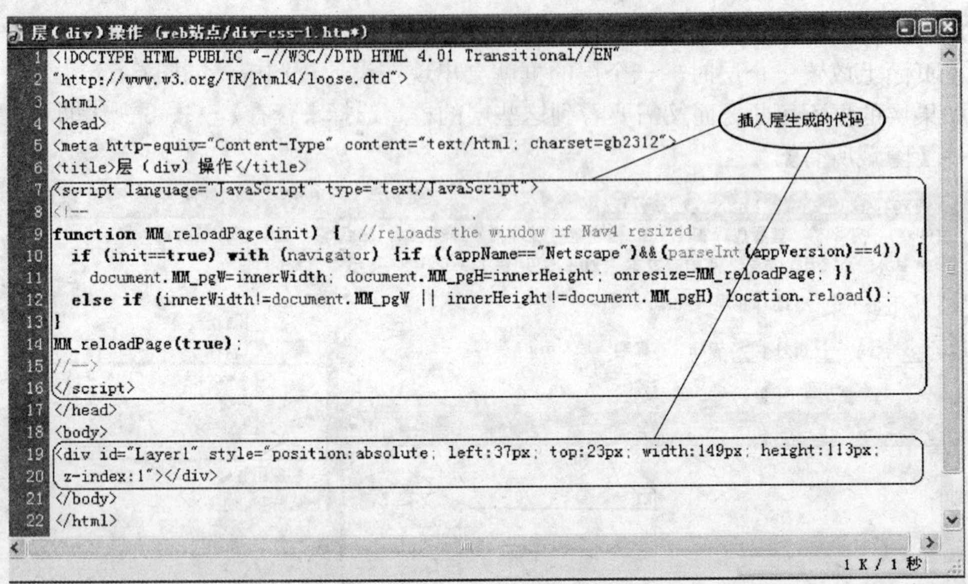

图 6-64　插入层 1 后生成的代码

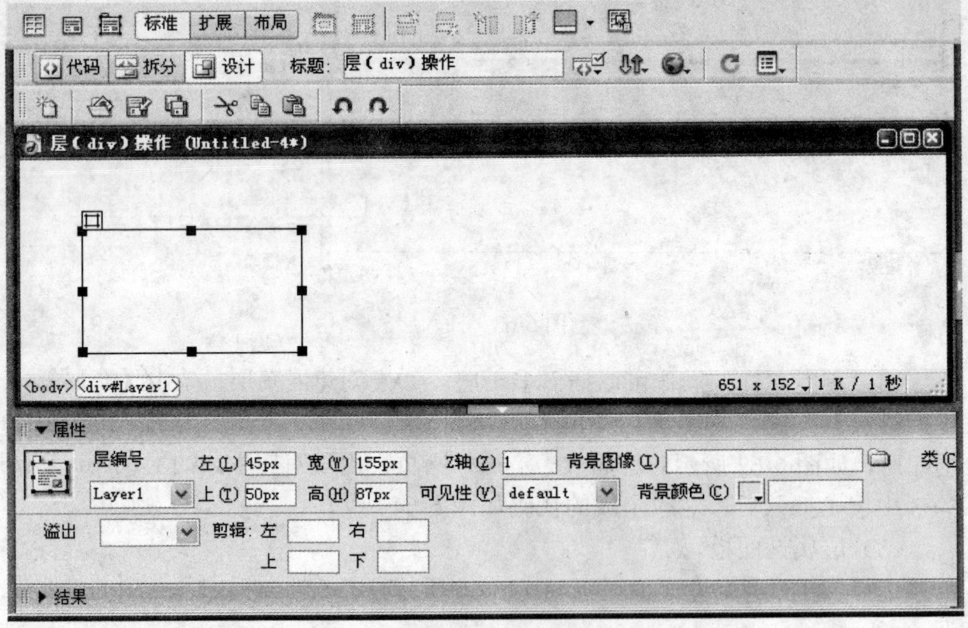

图 6-65　层 1 属性

④ 宽：层的宽度，以像素为单位。

⑤ 高：层的高度，以像素为单位。

⑥ Z 轴：层的上下顺序，数字越大，表示图层位置处在越靠上的位置。

⑦ 可见性：层的可见性，选项包括“default”（默认）、“inherit”（继承，只有子图层可选，表示其可见性继承其父图层的该属性），“visible”*（可见）和“hidden”(隐藏，即不可见)。

⑧ 背景图像：层背景的图像。

⑨ 背景颜色：层的背景颜色。

⑩ 溢出：如果层内容超过了图层的范围后的处理方法。选项如下。

· visible：显示，自动扩大图层的范围，以适应内容的大小。

· hidden：隐藏，将超出的部分隐藏不显示。

· scroll：滚动，使图层始终具有滚动条。

· auto：自动，当内容小于图层不显示滚动条，当内容大于图层时自动显示滚动条。

2. 层的基本操作

层被插入到文档窗口之后，即可对其进行移动、复制、调整大小，对齐等基本操作。

（1）移动图层。移动图层的操作步骤如下。

① 选择层。单击层的边线可选定层。或者在层面板中单击要选定的层，在层面板中被选定的层以蓝色为底色字形白色显示。

② 将鼠标悬于层边线上，当鼠标指针变成十字箭头时，按下鼠标左键即可拖动图层。或者选择层后，利用键盘的上、下、左、右箭可以移动层。

（2）改变图层的大小。选中一个层后，在层的四边线会出现 8 个控制小方块，用鼠标拖动即可改变图层尺寸。或者先选中图层，再在属性面板中设置宽和高的值，可以改变层的尺寸。

（3）对齐层。对齐层的操作步骤如下。

① 选中所要要对齐的图层。按住 shift 键，用鼠标单击要选中的所有图层。

② 选择【修改】→【对齐】命令，弹出子菜单，选择一种对齐方式即可。

（4）图层转化为表格。层的优点很明显，但缺点也同样明显。例如，制作一个适应不同分辨力的网页是相当困难的。当一个页面使用了多个层后，页面的复杂程度随之增加，从而导致编辑起来非常烦琐；编辑状态与浏览状态的实际效果有相当明显的差别等。因此，通常人们采用将层转换为表格的方法进行排版。具体操作步骤如下。

选择【修改】→【转换】，弹出子菜单，选择【层到表格】，进入转换层为表格对话框（图 6-66），其中部分选项的说明如下。

· 最精确：为每个图层生成一个空白单元。

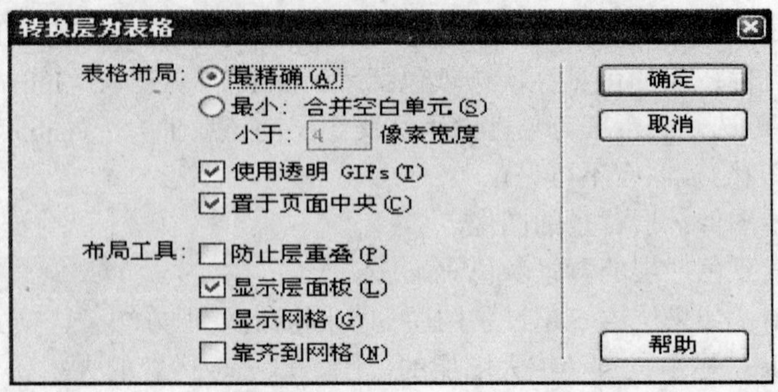

图 6-66　转换层为表格对话框

• 最小：将图层转化后的表格单元对齐。选择这一项生成的表格空行空列最少，表格更简捷。

• 使用透明 GIFs：在表格的最后一行使用透明的 GIF 图片填充，确保网页在浏览器中的显示都相同。

• 置于页面中央：使表格在页面中以居中方式对齐。

（5）将表格转化为图层。与“图层转化为表格”的动作正好相反，该命令将网页中的表格转化为图层形式。

6.1.9　行为面板

1. 行为概述

Dreamweaver MX 行为是事件和由该事件触发的动作的组合。Dreamweaver MX 提供了丰富的内置行为，用户不需要编写任何代码，就可以实现强大的交互功能。同时用户可以从 Internet 上下载一些第三方提供的动作来使用。在【行为】面板中，通过指定一个动作，然后再指定触发该动作的事件，可以将行为添加到页中。Dreamweaver MX 行为实质是将 JavaScript 代码放置在文档中，以允许访问者与 Web 页进行交互，从而以多种方式更改页或导致某些任务的执行。

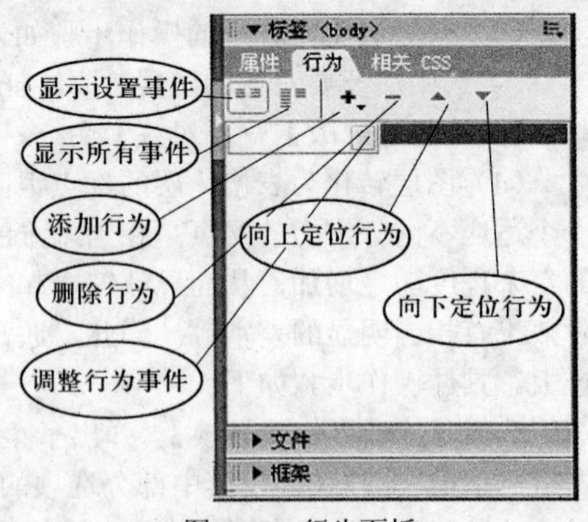

图 6-67　行为面板

2. 行为面板

选择【窗口】→【隐藏面板】，隐藏所有面板。选择【窗口】→【行为】，打开行为面板，如图 6-67 所示。图 6-67 中，行为面板中的各项说明如下：

（1）[icon]：显示设置事件。

（2）[icon]：显示所有事件。

（3）[icon]：添加行为。

（4）[icon]：删除行为。

（5）[icon]：向上移动。

（6）[icon]：向下移动。

3. 常用行为的使用

Dreamweaver MX 行为是事件和由该事件触发的动作的组合。事件属性必须要隶属于相应的 HTML 标签对象（见表 4-9 HTML 标签对象和相关事件）。

（1）播放声音。播放声音指播放指定的声音文件，一般由按钮激发。插入该行为步骤如下：

① 网页中插入一个按钮，命名为“播放”（图 6-68）。

② 选中该按钮，然后打开行为面板，单击按钮【[icon]】，添加行为；在弹出的菜单中选择【播放声音】（图 6-68）。

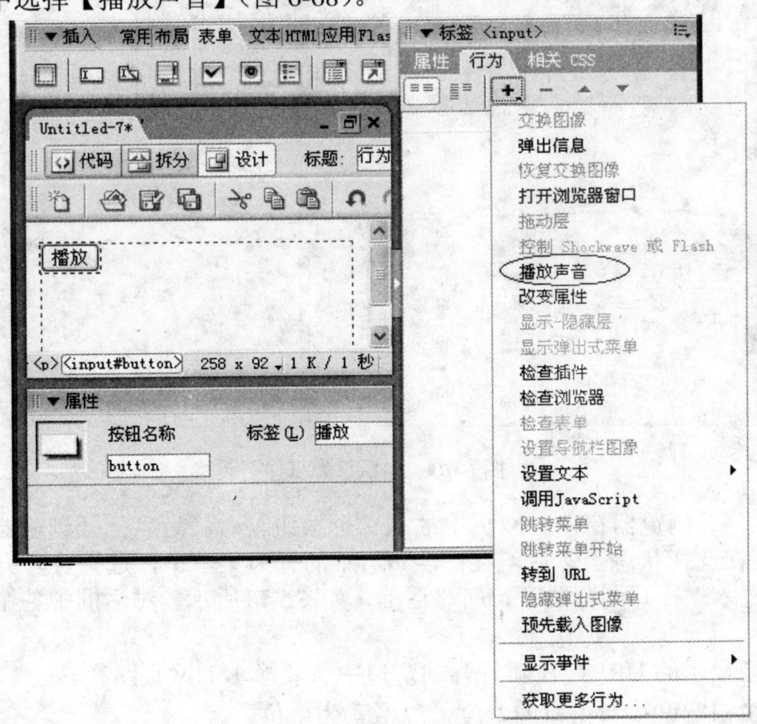

图 6-68　选择“播放声音”行为

③ 在弹出的文件浏览对话框中，选择一个声音文件，单击【确定】按钮（图6-69），返回原窗口。

图 6-69　选择一个声音文件

④ 在行为面板中单击选中刚加入的“播放声音”行为，再用鼠标单击事件框（onClick）的右边，弹出选择事件菜单，如图 6-70 所示，选择对应的事件，这里就选择“onClick”。

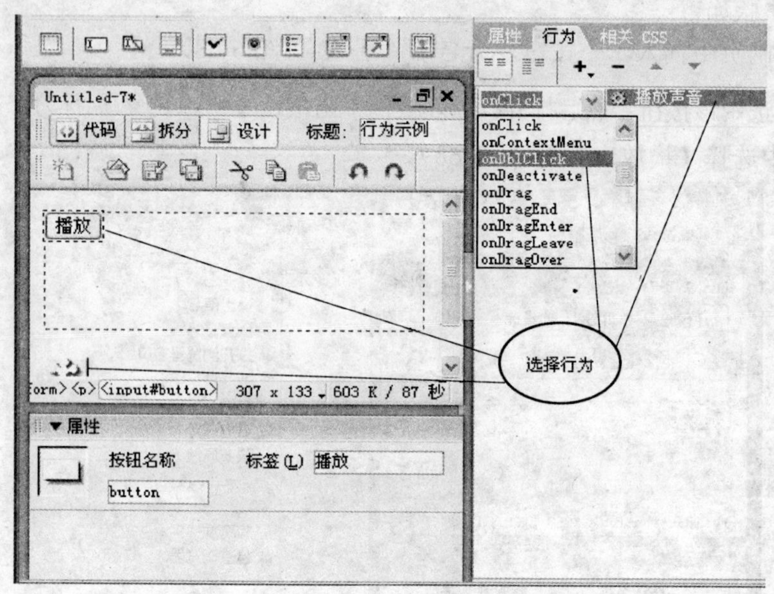

图 6-70　选择行为事件

（2）打开浏览器窗口。网页中插入一个按钮，命名为“打开浏览器窗口”，保持按钮在选择状态。然后，在图6-68所示的行为菜单中，选择【打开浏览器窗口】，进入“打开浏览器窗口”对话框，如图6-71所示，对话框中各个部分的说明如下。

① 要显示的 URL：在新打开的窗口中所要显示的网页路径。

② 窗口宽度：新窗口的宽度，以像素为单位。

③ 窗口高度：新窗口的高度。

④ 属性：选择新窗口中是否有工具栏、菜单栏、滚动条等，选中则有，不选则无。

⑤ 窗口名称：为新窗口取一个名称，用于代码控制。

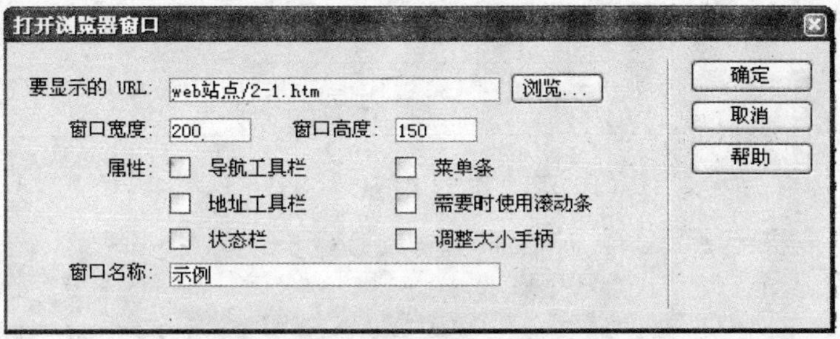

打开浏览器窗口

要显示的 URL：web站点/2-1.htm 浏览...

窗口宽度：200 窗口高度：150

属性：导航工具栏 菜单条 地址工具栏 需要时使用滚动条 状态栏 调整大小手柄

窗口名称：示例

确定 取消 帮助

图 6-71　打开浏览器窗口对话框

打开浏览器窗口后，新生成的代码如图 6-72 所示。

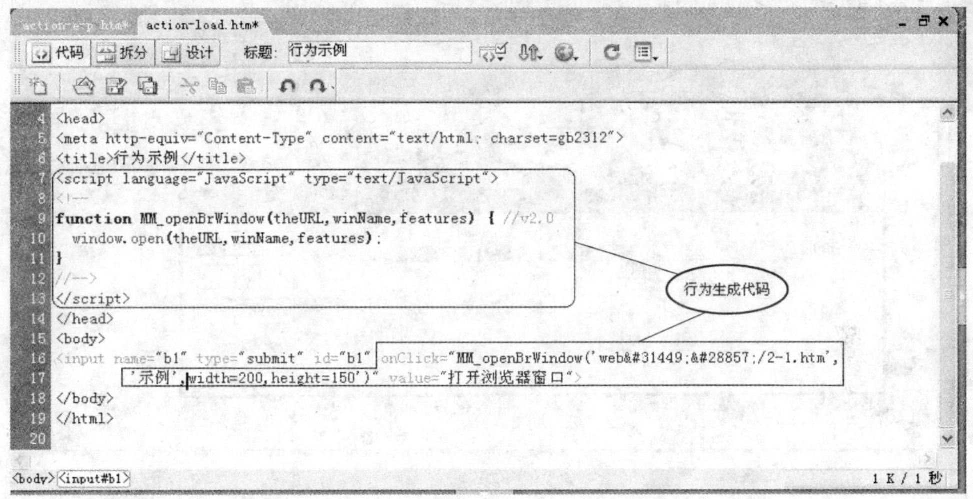

图 6-72　打开浏览器窗口后，新生成的代码

（3）弹出信息。在网页中选择标签<body>，在图6-68所示的行为菜单中，单击【弹出信息】，弹出“弹出信息”对话框，如图6-73所示，在“消息”文本框中输入需要在窗口中显示的信息，单击【确定】即可。然后设置行为的事件为onLoad。这样当装入网页时，弹出该信息。

（4）显示隐藏层。网页中插入按钮，命名为“改变图层”，保持该按钮选择状态。在行为菜单中，单击【显示隐藏层】，打开【显示隐藏图层】对话框，如图6-74所示。在对话框中，在“命名的图层”列表框中选中某个图层后，单击【显示】，可使该图层显示；单击【隐藏】按钮，可使该图层不显示。这里的

图 6-73 “弹出信息”对话框

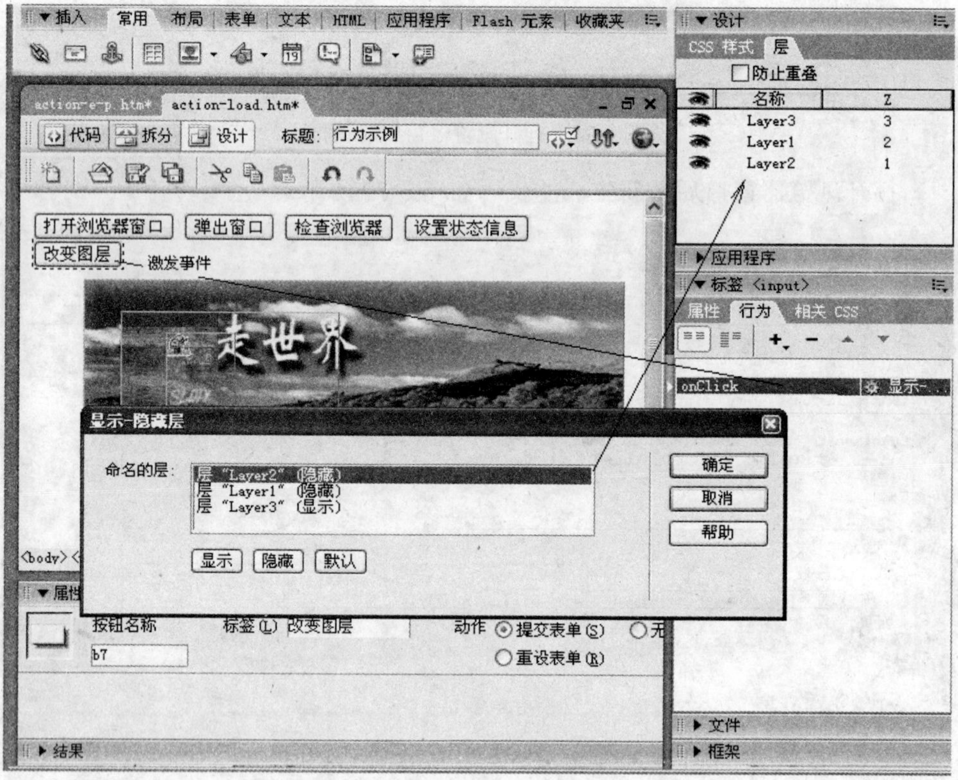

图 6-74 【显示隐藏图层】对话框

显示和隐藏，不是设定网页加载时的显示/隐藏状态，而是在浏览过程中由一些事件触发的行为。

（5）获取更多行为。上面提到的都是一些常用的行为，如果要获得更多的行为，可以链接到Dreamweaver MX的站点，或者是第三方的开发站点上下载。选择【获取更多行为】命令，即可自动链接到Dreamweaver MX的站点下，下载更多的行为。

图 6-75　显示隐藏层的行为

6.1.10　创建并管理网站

站点是一种组织、管理所有与 Web 站点相关文档的方法。在 Dreamweaver MX 2004 中，站点这个术语可以指 Web 站点，也可以指属于 Web 站点的文档的本地存储位置。利用站点组织文件，利用文件传输服务 ftp 可以将本地 Dreamweaver MX 站点传到 Web 服务器，利用站点自动跟踪和维护链接、管理文件、共享文件。只有定义站点，才能充分利用 DreamweaverMX 的功能。

1. 创建本地站点

创建 Web 站点一般按照下列步骤进行。

（1）规划站点。在建立站点之前必须明确创建站点的目的、服务的客户，在站点中需要提供什么信息，这将直接关系到站点的访问程度、站点的生存和发展。

例如，要建立“Web 系统与技术”网站，服务学习网页、网站开发的学生，内容分为基础、提高两部分。不言而喻，教材不是网站，但是教材是网站重要的素材。

（2）构建站点的基本结构。合理的站点结构，能够加快对站点的设计，提高工作效率。通常，用文件夹来合理构建站点的结构。

Web 站点是政府、企业、学校或组织在信息高速公路上的前哨，不同 Web 站点有不同的用途、客户，因此其体系结构也不同。Web 站点体系结构要处理站点构成成分之间的结构、关系、连接、逻辑组织与动态交互。

在每个 Web 页面中，内容的位置、布局、视觉效果、字体和样式也很重要，但这只是“内部装饰”，而不是体系结构。但是，体系结构与内部外部装饰是密切相关的。Web 站点体系结构要考虑下列问题：

① 支持 Web 站点目标与要求的组织。

② 针对目标观众富有吸引力的展示。

③ 竞争性站点的结构与组件。

④ 方便的导航与客户定位。

⑤ 逻辑与高效的组件布局。

⑥ 支持便于站点维护的结构。

⑦ 实现要求与技术。

有许多熟悉的信息体系结构是构造 Web 站点的模型：

① 图书模型，具有目录、章、节等。

② 报纸模型，具有头版、标题、节和快速索引。

③ 组织模型，反映公司的部门和管理层次：经理、客户服务、市场、销售、人员等。

④ 商店模型，具有商品、服务和部门目录，每个部门有特定商品和方向标志。

⑤ 层次模型，信息组成“家谱式结构”。

⑥ 星形拓扑结构，主联系点将访问者引向站点中不同部分。

⑦ 连通图模型，站点中没有特别定义的入口，所有页面自然联系到所有其他页面。

⑧ 线性模型，信息按前后顺序组成页面。

⑨ 地图模型，信息连接框架图或地图的不同部分，可以直观导航。

站点可以组合不同模型，成为最有效、最合理的组织。首先，在本地建立一个文件夹用存放站点的所有文件(站点根文件目录)，再在根文件目录内按逻辑结构建立几个子文件夹，将文件分类。例如，图片文件放在“img 文件夹”内，HTML 文件一般按逻辑结构放在对应的子文件夹内。文件命名一般应用英文或者拼音，不要使用中文的名字，因为有些网络操作系统对中文支持不太好，有可能导致链接错误。

这里以建立的“Web 系统与技术”网站为例，说明其网站结构。因为网站为中国学生服务，为了方便，仍然用中文名作为文件、目录名（图 6-76）。网站首先按功能划分一级子目录：img、教师课件、课程指导、实验指导、教材示例、联系我们。其中，img 存放为全站服务的图像，课程指导按照章节划分目录（图 6-76）；教材示例将教材中的示例按照章节划分目录进行存放；教师课件按照章节组织教师课堂讲授内容；实验指导提供开发工具安装和配置、实验素材。

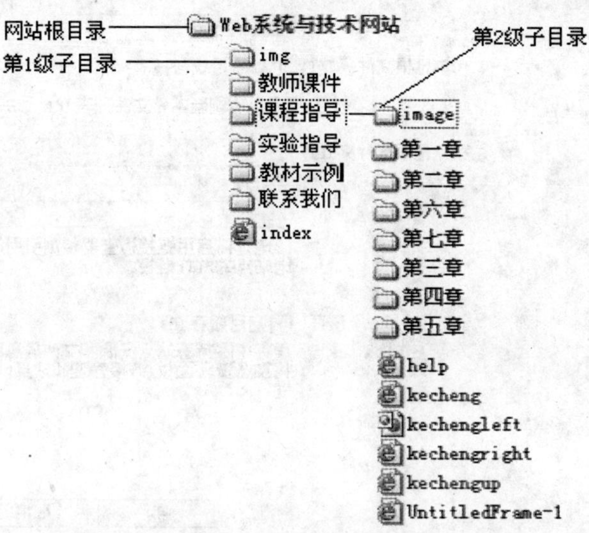

图 6-76 “Web 系统与技术网站”的部分目录结构

（3）定义站点。在开始使用 Dreamweaver MX 开发网页时，应该先创建一个站点，用于管理站点内的网页及声音，图像，动画等文件。定义站点的步骤如下。

① 单击 Dreamweaver MX【站点】→【管理站点】，进入管理站点对话框（图 6-77）。

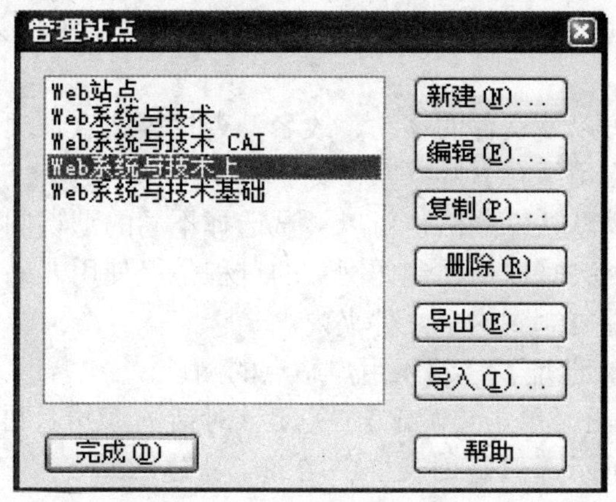

图 6-77 管理站点对话框

② 在图 6-77 中单击【新建】→【站点】，选择显示对话框中的【高级】，进入新建站点定义对话框（图 6-78）。

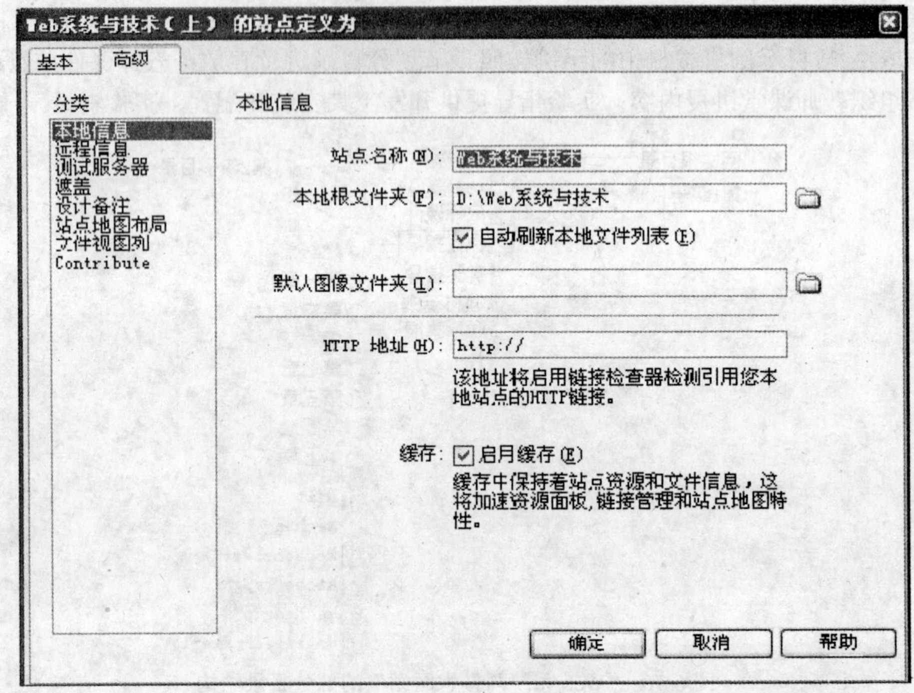

图 6-78　新建站点定义对话框（一）

③ 在【站点名称】处填上要建立的站点名称，这个名字只起识别的作用，与网站发布后的真实名字无关。这里站点名称为“Web 系统与技术”。

④ 在【本地根文件夹】选择网站设置在本地文件系统路径的位置。单击本地根文件夹右面的文件夹图标，可以选择文件目录作为存放网站文件的目录。

⑤【缓存】可以使文件的移动、改名、查找等站点管理的操作速度大大提升，建议选中【启用缓存】。

其他选项选择默认，当然也可以尝试选择不同的默认图像文件夹为站点默认存放图片的文件夹。以后在制作网页的过程中，使用非站点的图片，将自动提示是否把该文件复制到这个文件夹内。

⑥ 在【HTTP 地址】栏写入用户站点的网址。

⑦ 设置完毕后，单击【确定】，关闭该对话框，并返回【管理站点】对话框，如图 6-77 所示，但是列表框中增加了新建网站名，最后点击【完成】。DreamweaverMX 在【站点】面板提供了站点目录、文件（图 6-79）。

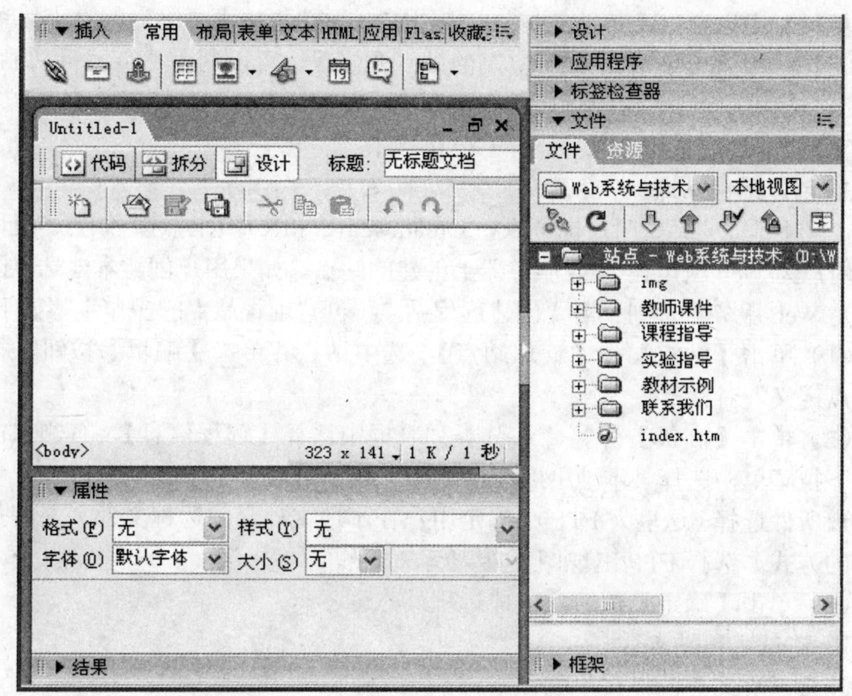

图 6-79　新建站点定义对话框（二）

2. 站点的基本操作

Dreamweaver MX 中建立站点后，可以对本地站点进行打开、编辑、删除和复制等操作，如图 6-77 所示。

（1）编辑站点。图 6-77 所示的站点列表框中选择站点名（Web 系统与技术），单击【编辑】，进入与图 6-78 类同的对话框。站点设计者可以修改站点的有关参数，最后点击【确定】，结束修改。

（2）删除站点。如果某个本地站点不再需要使用 Dreamweaver MX 进行编辑和管理时，可以将该站点从站点列表中删除。删除站点操作只是删除了 Dreamweaver MX 与本地站点之间的关系，但本地站点的内容仍保存在磁盘上。删除站点的操作步骤如下。

图 6-77 所示的站点列表框中选择要删除的站点名（Web 系统与技术），单击【删除】，进入确认删除对话框，点击【确定】，结束删除，返回图 6-77，这是站点列表框中不出现刚删除的站点。单击【完成】，结束删除站点。

（3）复制站点。利用 Dreamweaver MX 可以将结构相同或近似的本地站点进行复制，然后再根据需要进行修改。这样可以节省时间，提高网站的制作效率。

图 6-77 所示的站点列表框中选择要复制的站点名（Web 系统与技术），单

击【复制】，图 6-77 站点列表框中出现“Web 系统与技术复制”的站点。单击【完成】，结束复制站点。如对复制的站点要修改，可以利用站点编辑功能。

（4）导出站点。保存站点为 XML 文件。

（5）导入站点。选择要导入的 XML 文件。

3. 创建远程站点

定义本地站点后，用户也可以在 Dreamweaver MX 中创建远程站点。远程站点是用户为 Web 应用在 Web 服务器上创建的站点。如果用户创建本地站点的计算机是 Web 服务器，则不需要创建远程站点。创建远程站点的操作步骤如下。

（1）单击【站点】→【管理站点】，选中站点并单击【编辑】按钮，打开“站点定义”对话框。

（2）单击【高级】标签，从分类列表框中选择【远程信息】，右侧点击访问的下拉菜单，选择“本地/网络”、“FTP”或“RDS”。Dreamweaver MX 将根据用户所做选择（这里为 FTP），确定用户在本地文件夹与远程文件夹之间传输文件的方式。选择 FTP 出现图 6-79 所示对话框。

（3）单击【确定】按钮，完成远程站点创建。

4. 测试远程站点

连接远程站点的操作步骤如下：

在图 6-80 中，选择【测试】，测试结果对话框会告诉测试者结果。

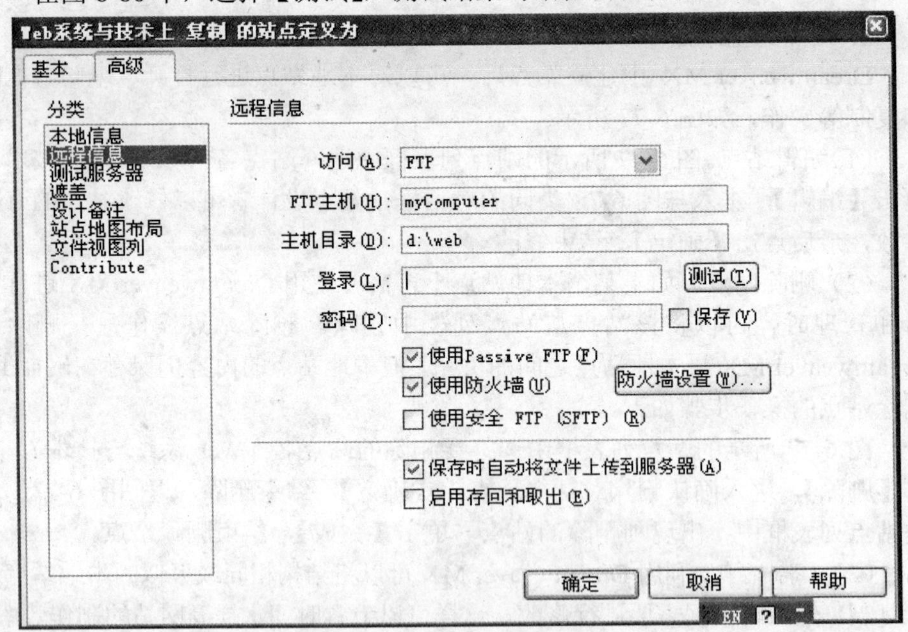

图 6-80　创建远程站点对话框

6.1.11 网站开发示例

开发一个网站，是复杂的一项工程。“Web 系统与技术” 网站开发和其他网站开发一样，它们需要的知识、能力不是“Web 系统与技术”课程就可以完成的，它还需要语言、网络、数据库、软件工程、多媒体、艺术等方面的理论和技术。大学生从一年级开始就可以开始学习制作网页、网站，随着年级的升高，知识的丰富，能力的增强，网页、网站从简单到复杂，到毕业自己可以制作一个某一方面信息、功能强大的网站，这就是自己能力、知识的反映。

这里以“Web 系统与技术”网站为例，说明 Dreamweaver 的部分使用。上面已经提及“Web 系统与技术”网站开发的规划，这里不再介绍。

“Web 系统与技术”网站主页如图 6-81 所示。下面主要介绍主页的制作。

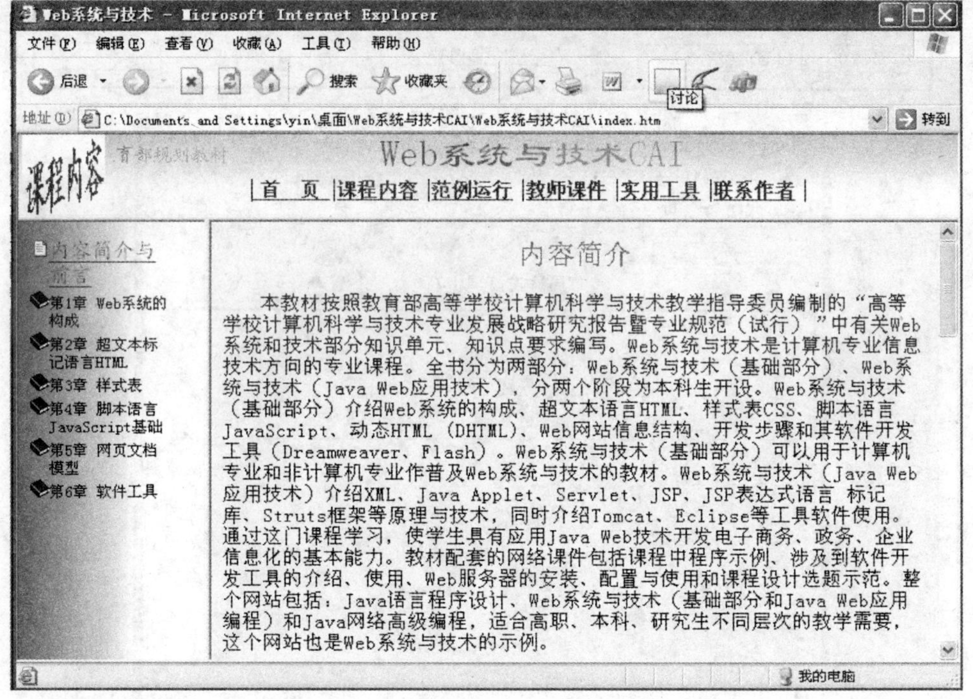

图 6-81 “Web 系统与技术”网站主页

（1）打开 Dreamweaver MX，点击【新建】→【常规】→【框架集】，（图 6-82），选择【上方固定,左侧嵌套】。获得图 6-83 所示的“Web 系统与技术”的框架结构。

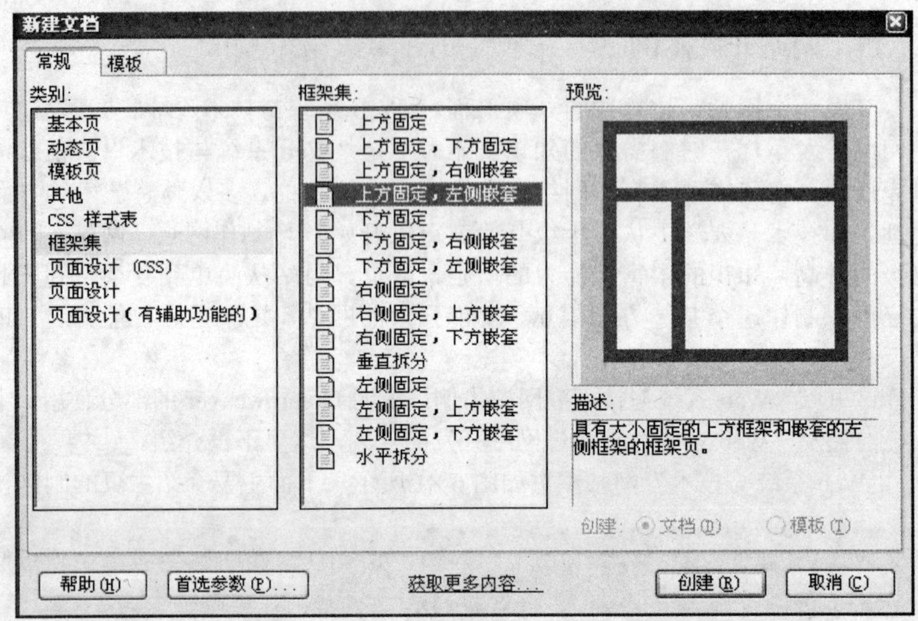

图 6-82　选择“上方固定,左侧嵌套”

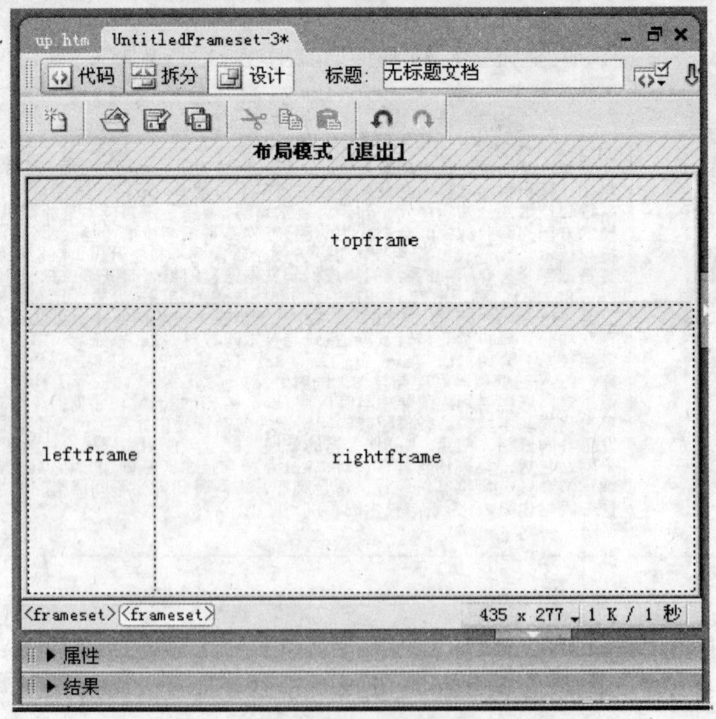

图 6-83　“Web 系统与技术”的框架结构

（2）保存网页。保存名为 main.html,三个框架网页分别保存为 up.html,left.html,right.html.并设置框架属性，上框架设置“外观”左右边距均为 100 像素，设置“链接”始终没下划线。左框架设置“外观”左边距为 70 像素，上边距为 10 像素。

（3）将光标移到右框架中，【修改】→【框架集】→【拆分右框架】，最右边的框架保存为 temp.htm，这个框架只是为了使 right.htm 设置背景色后背景与 up.htm 右端对齐，没有其他用途。

光标选择 temp.htm，点击【页面设置】→【外观】→【背景图像】，通过【浏览】选择自己需要的背景图片路径，例如“../img/89.gif”（图 6-84）。

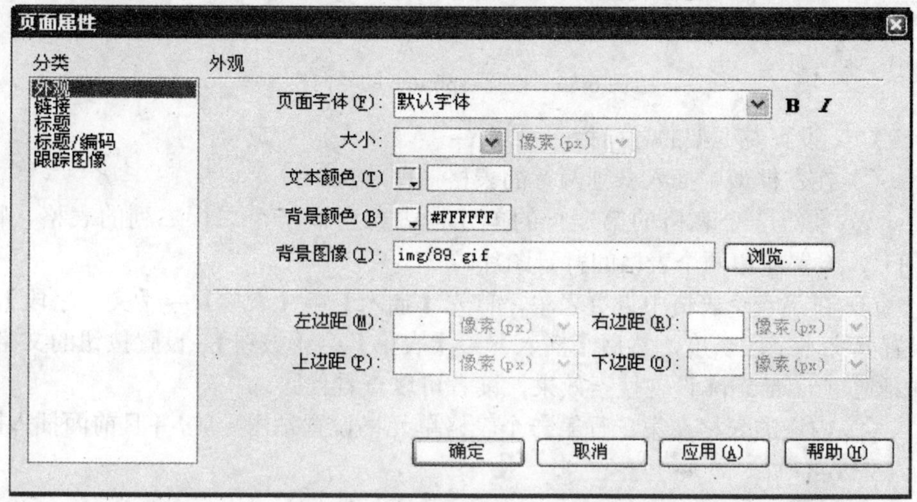

图 6-84　设置 temp.htm 背景图像

（4）在 topframe 框架中，插入一个一行三列的表格，每个单元格安排如下（图 6-85）：

图 6-85　设置 topframe 各元素

① 在第一个表格单元中插入图片：“中国矿业大学计算机学院标志的图片”。操作步骤参见 6.1.3 节。

② 第二个表格单元中插入“媒体”flash（web.swf），web.swf 由 Flash 制作，具体操作见 6.2 节 Flash MX 的示例。

③ 第三个表格单元分三行写入“加入收藏”、“友情提示”、“联系我们”，并且在各行字前面分别插入各自对应的图标，建立对应的图标的超链接。操作步骤参见 6.1.2 节和 6.1.3 节。

（5）设置 topframe 的导向栏。将光标移到表格的下一行最左端，再插入一个一行九列的表格，在第 2～9 表格中，均设置各个表格的背景图片，例如：“../img/1.gif”，然后分别在其中输入例如“首页”、“课程指导”等文字，并且设置其文字颜色、大小（图 6-86）。

（6）将上框架中的内容通过调整表格大小，达到自己认为满意的效果位置。

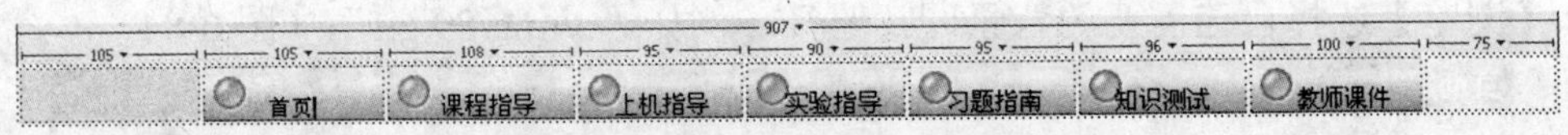

图 6-86 设置 topframe 的导向栏

（7）设置左框架的导向栏。

① 在左框架中插入一列两行的表格（图 6-86）。

② 在第一个表格的第一行的单元格中再内嵌一个二行二列的表格（图 6-85），设置左边两个表格的背景图片。

③ 在第一个表格中设置表单，首先【插入】→【表单】→【文本字段】，设置其文本字段长度，然后【插入】→【表单】→【按钮】，设置按钮的文字，并且通过 javascript 设置搜索效果，读者可以查看代码。

④ 内嵌的表格在第二行第一个表格单元格设置站内导航，并且前面插入图标（图 6-87）。

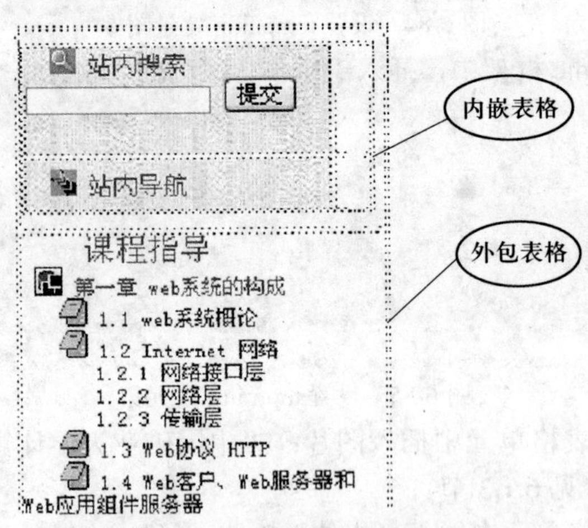

图 6-87 “leftframe”用表格布局内容

（8）在下面的一个表格中写入具体的导航内容，比如说“课程指导”中，下面各个章节内容全部列举，然后通过链接到主框架中，选择“目标”：mainFrame，在这里，通过 javascript 可以使隐藏不需要打开的章节里面的目录，读者可以参考代码，看懂学会修改即可。

（9）在 right.html 中输入文字，并且设置文字的大小，颜色等。

提示：①在制作过程中，不一定完全按照这个顺序，按自己的想法可以进行修改。②在制作过程中自己安排各个表格、框架的长度和宽度，达到自己认为美观位置。

6.2 Flash MX 软件

6.2.1 Flash 概述

Flash 是由 Macromedia 公司开发的，它在世界上矢量图形标准化方面的公司的权威公司。Flash 含义是“闪电”之意，它的确像闪电一样，风靡全世界。Flash MX 2004 是 Macromedia 公司已经推出的 Flash 最新版本。

Flash 就是一种网页制作软件，更贴切地说它是一种动画编辑软件，它制作出一种扩展名为.swf 的动画，这个动画可以插入 HTML 里，也可以单独成页。浏览器客户为了显示.swf 的动画，必须预先安装 Shockwave 插件。Flash 有以下特点：

（1）使用矢量图形和流式播放技术。与位图图形不同的是，矢量图形可以任意缩放尺寸而不影响图形的质量；流式播放技术使得动画可以边播放边下载，从而使网页浏览者不用“漫长地”等待。

（2）通过使用关键帧和图符使得所生成的动画（.swf）文件非常小，几千字节的动画文件已经可以实现许多令人兴奋的动画效果，用在网页设计上不仅可以使网页更加生动，而且小巧玲珑、下载迅速，使得动画可以在打开网页很短的时间里就得以播放。

（3）把音乐、动画、声效、交互方式融合在一起，越来越多的人已经把 Flash 作为网页动画设计的首选工具，并且创作出了许多生动的动画效果。Flash 4.0 的版本中已经可以支持 MP3 的音乐格式，这使得加入音乐的动画文件也能保持长度有限。

（4）强大的动画编辑功能使得设计者可以随心所欲地设计出高品质的动画，通过 ACTION 和 FS COMMAND 可以实现交互性，使 Flash 具有更大的设计自由度。另外，它与当今最流行的网页设计工具 Dreamweaver 配合默契，可以直接嵌入网页的任一位置，非常方便。

6.2.2 Flash MX 使用

1. 启动

单击 Windows 桌面的【开始】→【所有程序】→【Macromedia】→【Macromedia Flash MX 】，启动 Flash MX 程序，如图 6-88 所示。

图 6-88　Macromedia Flash MX –1 未命名窗口

2. 面板

Flash MX 窗口由可伸缩的面板组成，只要工作区中可以同时打开许多面板，能放开即可。从“窗口”菜单可以很容易地找到某个面板并单击（图 6-89），就会立刻展开完整地显示出来，同时其他面板自动隐藏。

3. 菜单

除了绘图之外的绝大多数命令都可以在菜单条中实现，其外观如图 6-89 所示。

（1）“文件” 菜单。最常用的选项如下：

①“新建” 创建一个新的 Flash 4 动画。

②“打开当前库”。打开预先编辑过的动画。

③“关闭”。关闭当前动画。

④“保存”。以 Flash 自己的 FLA 格式，保存动画文件。

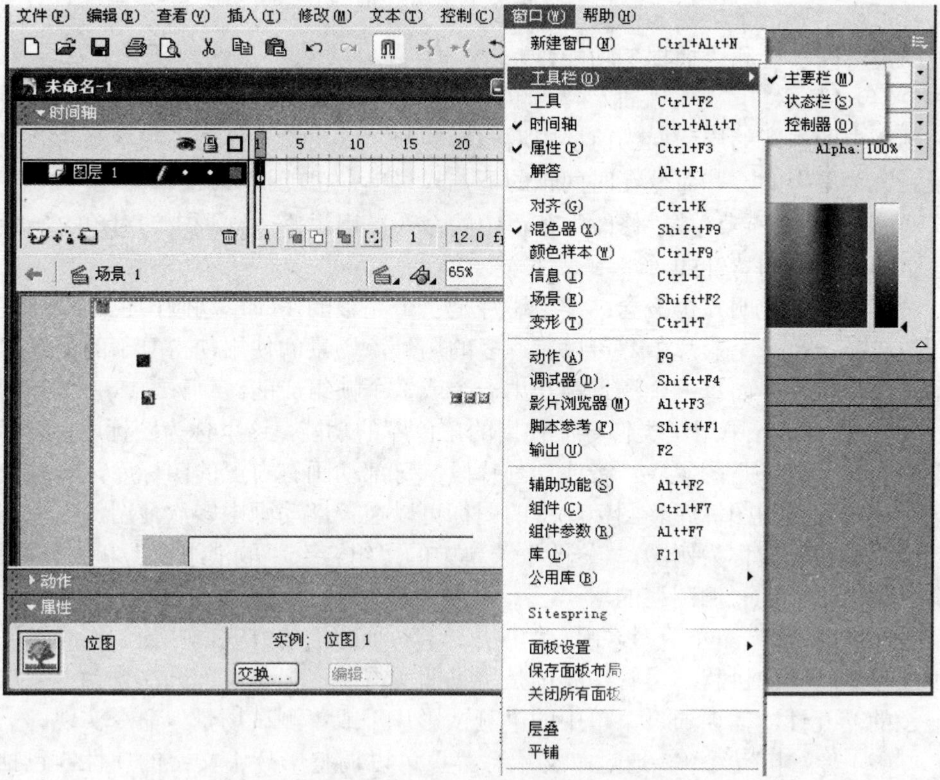

图 6-89　从“窗口”菜单选择面板或工具栏

图 6-90　Macromedia Flash MX 菜单

⑤“另存为”。可以将当前文件改名存盘。

⑥“输入”、“输出动画”、“输出图像”三条命令是用于 Flash 和外部应用程序之间交换文件，输入输出图像、动画、声音文件的命令。

⑦“页面设计”、“打印预览”、“打印”命令分别是页面设计、打印预览和打印。

⑧“辅助选项”，选项是定义一些和剪贴板有关的项目的。Flash 中的“回复”功能的回复次数也在此指定。

⑨“退出”。用于关闭窗口，退出 Flash。

（2）“编辑”菜单。“编辑”菜单中的命令是用来剪切、复制、粘贴 Flash 动画中的各种对象的，包括整形、对象、帧以及场景。

（3）“查看”菜单。“查看”菜单中包括了控制屏幕显示的各种命令。这些命令决定了显示比例、效果、显示区域等。其中的“转到”子菜单控制在当前舞台上显示哪一个场景。需要注意的是“网格”和“吸引”两个命令，分别实现的是“网格”和“捕捉”功能。

（4）“插入”菜单。“插入”菜单中的命令用来向图标库中增添图标、向当前场景中增添新的层、向当前层中增添新的帧，以及向当前动画中增添新的场景。该菜单中的一些命令在时间轴的下拉式菜单中也能找到。

（5）“修改”菜单。“修改”菜单中的命令是用于修改动画中的对象、场景甚至动画本身的特性的。

在这里要说明几个概念：一个影片是一个完整的 Flash 动画，也是最终发布的成品。在一个影片中，可以有许多的场景，场景的使用使得复杂的交互式动画成为可能，而每一个场景都是由一个或多个帧组成的。

另外，Flash 中用了类似导演使用的角色库的功能，这里称为图标库。图标库中的图标可以是图案、声音或动画片段，每部动画有自己的图标库，不过也可以使用外部的图标库。图标库中的图标可以在一部动画中多次使用，出现在动画中的图标被称为例图。“修改”菜单中的“组合”、“取消组合”和“分离”命令是用于处理“例图”的。

（6）“控制”菜单。“控制”菜单决定了动画的播放方式，并使创作者可以现场控制动画的进程。尽管 Flash 是所见即所得的，但仍有部分在舞台上无法显示的交互性，需要通过菜单中的“测试影片”或“测试场景”命令实现。

（7）“文本”菜单。通过“文本”菜单可以调整影片中文字的属性，包括文字字体的格式、大小，样式的选择，对齐的方式，间距的大小等内容。

（8）“窗口”菜单。“窗口”菜单用于安排不同动画的编辑窗口、功能。

（9）“帮助”菜单。“帮助”菜单包含了详细的联机帮助和示例动画，它是一个很好的 Flash 多媒体制作范例。

6.2.3 主要工具栏

Flash MX 的主要工具栏如图 6-91 所示，“主要工具栏”是设计中最常用的部分。

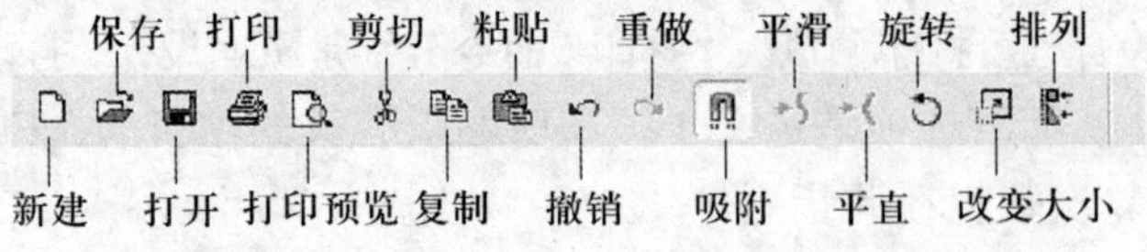

图 6-91 Flash MX 主要工具菜单

如果发现“主要工具栏”不在用户界面时，可以单击菜单栏中的“窗口”并选择“工具栏”中的“主要”项打开常用工具栏（图 6-89）。如果发现需要的菜单或是面板不在用户界面内，可以通过在“窗口”菜单找到需要的菜单或面板，将其选中就可以在用户界面看到了。

6.2.4 绘图工具栏

Flash 界面的最左边是绘图工具栏（图 6-92），此处包括了 Flash 中的所有绘图工具和选择工具，是应用 Flash 中最常用到的一个窗口。在此窗口的空白处双击鼠标，可以使它变成浮动窗口，可以在屏幕上移动以便绘图，在空白处单击或拖曳此窗口回到原位置，则又回到了固定状态。

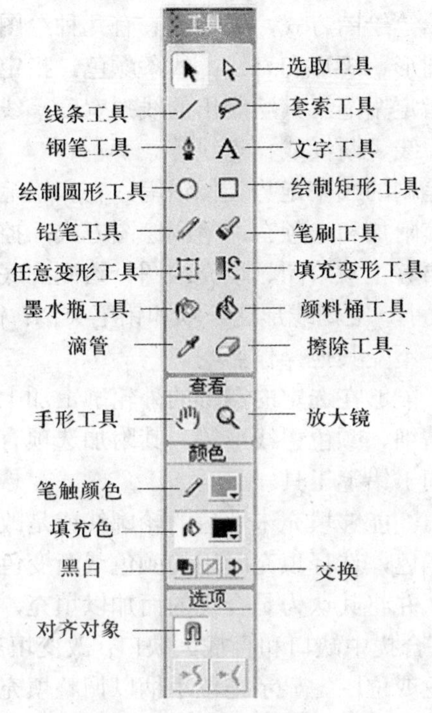

图 6-92 主要绘图工具

（1）选取工具。它可以对动画中的元素进行单击选中、拖拽、双击，改变尺寸等操作。

（2）对齐对象。单击该按钮交打开自动捕捉特性，即在绘图和移动对明时自动和最近的网格点或对象的中心重合，通过菜单“查看”中的“捕捉”，也能实现同样的功能。捕捉功能便于准确排列图形元素。

（3）套索工具。套索工具能够在当前帧上选取不规则区域。其附加选项有：魔术棒，可以选择位图中颜色相似的区域；魔术棒特性，这个别选项用来控制魔术棒的颜色容忍度；多边形模式，能按多边形方式对图形进行选取。

（4）线条工具。用于绘制直线，可以指定线型，包括实线、虚线、断线、点线等。

（5）文字工具。用于创建和编辑文字对象。选中该工具后，光标变成一个带加号的A，在当前层的空白处单击即产生一个文字框，可以在其中输入文字。如果在已有的文字对象上单击，则可激活该文字对象以便编辑。

（6）绘制圆形工具和绘制矩形工具。这两种工具的附加选项都一样，包括线条颜色、粗细、线条形式及填充颜色等，其中矩形绘制选项多了个“圆角半径”。

（7）铅笔工具。铅笔工具用来在动画中绘制线条和勾勒轮廓，应用十分广泛。其附加选项有：铅笔绘图方式，铅笔工具有几种绘图方式，包括直线式、平滑式和墨线式，绘圆形、矩形和直线；线条颜色，指定铅笔工具绘制出的线条颜色；线条宽度，指定铅笔工具绘制出的线条宽度；线型，指定铅笔工具绘制出的线型为实线、虚线、断续线、点线等。

（8）笔刷工具。笔刷的线条走势类似铅笔，它和铅笔工具的不同之处在于可以选择线条形状。其附加和选项有：笔刷绘图方式，控制绘图时与当前层的图形之间的关系，主要有正常绘图、填充绘图、绘制到底层、仅在选区内绘图等。笔刷颜色、笔刷大小、笔刷线形这三项和铅笔类似；锁定填充，顾名思义，就是将填充“锁”住，不受其他操作影响。

（9）墨水瓶工具。能够在选定的图形的外轮廓上加上选定的线条，或是改变一条线段的性质：精细、颜色、线形等。其附加选项有：线条颜色、线条宽度和线形。具体方式同于铅笔工具。

（10）颜料桶工具。 能够填充未填色的轮廓线或是改变现有图形的颜色。其附加选项有：填充颜色，选择填充时用的颜色或渐变色；缺口大小，能自动分辨未合拢的轮廓线，并将其认为是合拢的而加以填充，它有四个选项：不合拢缺口、合拢小缺口、合拢中缺口和合拢大缺口；改变填充方式，选中此项时，将会在填充区的渐变色或位图上显示拖位手柄以调整填充的角度、比例等，锁定填充和笔刷工具相同。

（11）滴管。能够将滴管头点中的线条或填充色块的特征（颜色、线形等）选择出来供其他绘图工具使用。注意：在用滴管单击之后，如果选择的是线条，则自动跳到墨水瓶工具，如果选择的是填充区域，则自动跳到颜料桶工具，墨水瓶和颜料桶工具下的选项值就是刚才滴管所单击区域的选项值。

（12）擦除工具。该工具能有选择地擦除舞台上的线条或图形，其附加选项有：擦除模式，控制和限制可擦除的线条或图形，选项有正常擦除、擦除填充色、擦除线条、擦除选区的填充色和内部擦除；水龙头，单击此按钮，将擦除热点（水龙头下的小水滴）中的整条线段或填充色块。橡皮形状的设置类似于笔刷，橡皮也可以有一定的线形以便精确地擦除。

（13）手形工具。实现拖动查看。

（14）放大镜。该工具能够以放大或缩小的方式观察当前帧。

6.2.5 舞台

舞台是设计时观查自己作品的场所，也是对动画中的对象进行编辑、修改的场所。对于没有特殊效果的动画，在舞台上也可以直接播放，如图 6-93 所示。

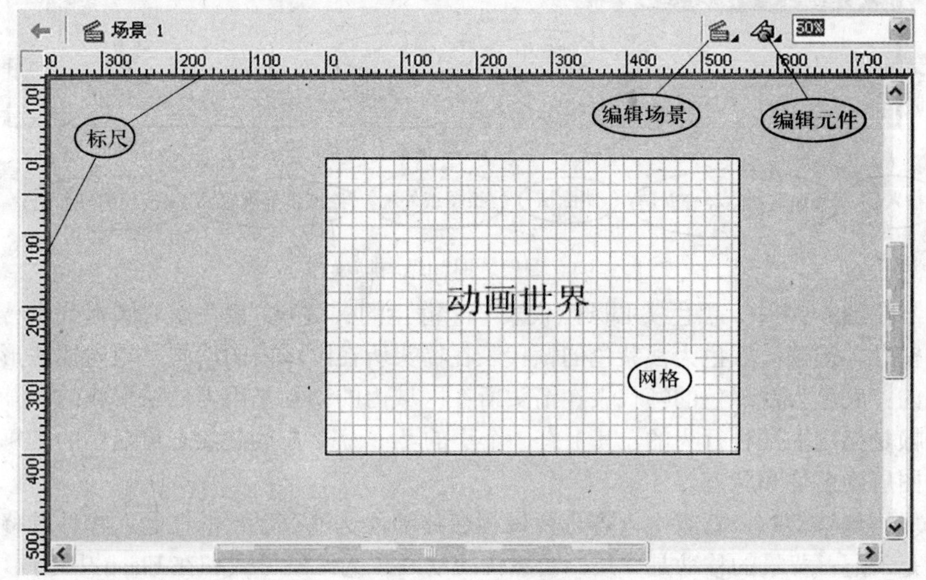

图 6-93 Flash 舞台

可以在舞台上显示标尺，只要在“查看”菜单中选择“标尺”即可。借助标尺功能可以比较容易地控制舞台上各个成员的位置。舞台上边有每个场景的标签，要显示这些标签，单击上边“编辑场景”按钮，就可以随意跳转到想编辑的场景。同理，单击“编辑符号”按钮就可以对当前文件的编号进行编辑了。将一部动画分成许多场景是有必要的，这样可以做出复杂的影片，并便于修改。一部有几十个场景的动画，必须给各场景的命名才能方便其管理。如果标尺在绘图中还不足以精确定位，可以利用图中的灰色网格来协助绘图，在最后产品发布时，这些网格不会出现。要显示辅助网格，选中“查看”菜单下的“网格”。

6.2.6 时间轴

Flash 动画是由帧顺序排列而成的。时间轴显示的是动画中各帧的排列顺序，同时也包括了各层的前后顺序。用它可以查看每一帧的情况，调整动画播放的速度，安排帧的内容，改变帧与帧之间的关系，从而实现不同效果的动画，如图 6-94 所示。

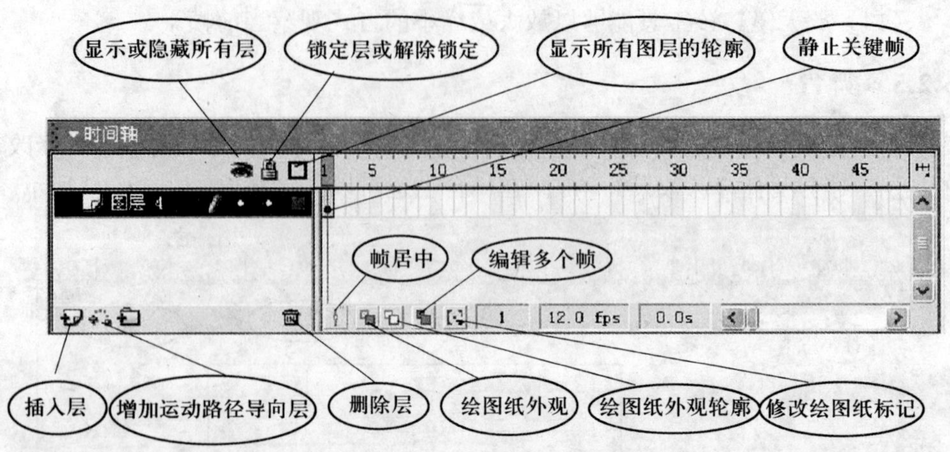

图 6-94 图层、时间轴与帧操作

在图 6-94 中，黑色实心圆点代表一个静止的关键帧；黑色空心圆点代表一个空白关键帧；底色为浅紫色的帧代表在箭头所在区域内的动画是用内插法形成的；底色为浅绿色的帧代表在箭头所在区域内的动画是用内插法形成的；某些帧是指定了某种行为的，其上有一个小的“a”字。左侧的状态窗显示的是每一图层的名称和状态。

物体移动时，背景上内容也要做相应移动，这就有了层的概念：物体的移动是一层；背景的移动是一层。当然传统动画片的绘制方式和在 Flash 中不同，不过这个概念是一致的。如果把所有要移动的对象都放在一起，就很难控制和修改，利用动画层可以轻松地制作场景复杂的动画。比如，只需要更改背景就可能做出完全不同的动画来。形象地说，图层可以看成是叠放在一起的透明的胶片，如果层上没有任何东西，就可以透过它直接看到下一层。所以，可以根据需要，在不同层上编辑不同的动画而互不影响，并在放映时得到合成的效果。使用图层并不会增加动画文件的大小。相反，它可以更好地帮助安排和组织图形、文字和动画。图形是 Flash 中最基本而且重要的内容，因而要很好地掌握。

对于层的控制的命令大都集中在时间轴的快捷菜单中，包括添加、删除层，对层的命名、锁定、隐藏，指定层的特殊功能等，如图 6-94 所示。

如果一层有一个小铅笔按钮，这表明这个层是当前编辑的层。如果希望编辑其他层，在该层标签上单击鼠标，这个层就变成当前层了。在某一层单击鼠标右键，将会弹出一个快捷菜单。

当前层表示该层是正在编辑的层，可以对该层进行绘图、修改和编辑。当前层标签旁带有铅笔图案。

正常层，该层正常显示，但除了当前层元素成组的对象之外，该层的其他对象不能被修改。

锁定层，该层内容被锁定，不能加以修改。这个功能对于层数较多的动画很有用，至少不用担心误操作使得以前的工作前功尽弃。有些特殊的层，必须锁定才能起作用。

隐藏层，该层内容不在舞台上显示，当然也不能修改。有的时候，舞台上对象太多，不便于编辑修改，可以使用这个功能。

插入层命令在当前层之上插入一个新层，并使之成为当前层；删除层命令则删除当前层。

命名图层，每在动画中增加一个新层，Flash 默认会赋予它一个名字，一般是“图层 1，图层 2，图层 3”等。层多了之后，往往不易辨识，为了编辑动画的方便，需要给不同的层起个便于记忆的名字。在图层 1 的标签上双击鼠标，图层 1 被高亮显示了，在框中输入希望的名字即可，再看看这个层的标签，已经改成刚输出入的名字了。

指导层，选中该项时所在层变成一个指导层，指导层的含义是本层上所有内容只是用来在绘制动画时的参考，不会出现在最后作品中，指导层的层名旁边有一个蓝色的坐标图案。

增加运动路径导向层，选中该项时，会在所在层之下增加一个运动路径导向层，在该层上可以用铅笔绘制线条，作为上面一层的内插法移动动画的运动路径，该层的内容不会在最终产品中出现。运动路径导向层的层名旁边有一个抛物线图案。

为了保证在绘制当前帧时能看到前面和后面的几帧，在 Flash 中引入了所谓的洋葱皮绘图，其功能按钮如图 6-94 所示。从左到右名称依次为：帧居中、绘图纸外观、绘图纸外观轮廓、编辑多个帧、修改绘图纸标记。

绘图纸外观，按下这个按钮，就会显示当前帧的前后几帧。其中只有当前帧是正常显示的，其他帧显示为比较淡的彩色。这时，可以高速当前帧与其他帧的位置关系。这时，其他帧是不可修改的，要修改其他帧，要将回放头移动到待修改的帧上。

绘图纸外观轮廓，同样会以洋葱皮的方式显示前后几帧，不过不同的是，非当前帧是以轮廓线形式显示的。在图案比较复杂的时候，仅显示外轮廓线有助于正确的定位。

编辑多个帧，在洋葱皮显示时，只能修改当前帧，如果要对各帧的某个对象都进行修改，比如说要移动所有对象的位置，逐帧修改是很麻烦的。按下这个按钮，就可以对整个序列的对象进行修改了。

修改绘图纸标记，决定了在进行洋葱皮显示的显示方式。

6.2.7 示例

前面介绍了有关 Flash 的界面内容和 Flash 动画的基本内容，接下来通过举例来介绍如何制作动画。

《Web 系统与技术》站点使用了 flash 制作的站标（图 6-95），图 6-96 显示文件目录中该站标的源文件，右边是其导出的影片。

图 6-95　Web 系统与技术站点的站标

图 6-96　站标的源文件和导出的影片

运行时站标的文字一个一个地移动出现，动作不复杂，以此制作作为示例，介绍 Flash 的初步使用。

《Web 系统与技术》站点的站标制作步骤如下。

1. 新建 Flash 文档

点击菜单栏的【文件】→【新建】→【Flash 文档】→【确定】。在属性面版中将大小调整为：550*100（图 6-97），这大小与制作的背景图像大小一致。

2. 导入背景图

点击菜单栏的【文件】→【导入】→【导入到舞台】（图 6-98），将事先准备好的图片用作背景。

3. 建立新图层设置文本

点击插入图层【】，默认新图层名为“图层 2”（图 6-99），在图层 2 中，使用文字工具【A】在适当的位置添加字符串“Web 系统与技术”。在属性面版进行文本相关属性的设置，如：字型、字体、颜色等，直到满意为止。

4. 建立新图层设置遮住文本的矩形并转换成元件

在图 6-100 中新建图层 3，在图层 3 中使用矩形工具【□】，绘制一块矩形区域，大小刚好能遮住图层 2 的文字，然后选择【】，将矩形移置右侧（图 6-101）。

5. 插入关键帧

在图 6-102 图层 3 中，选中第 80 帧，右击，在弹出菜单中选择【插入帧】，然后选择【插入关键帧】。将图层 2 和图层 1 的第 80 帧也插入关键帧。

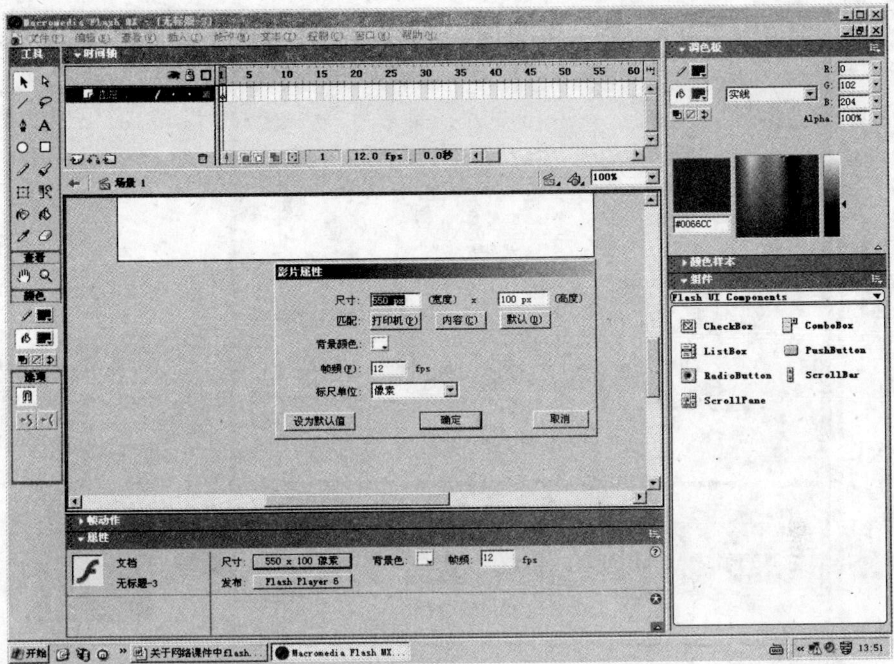

图 6-97　新建 Flash 文档，调整其大小

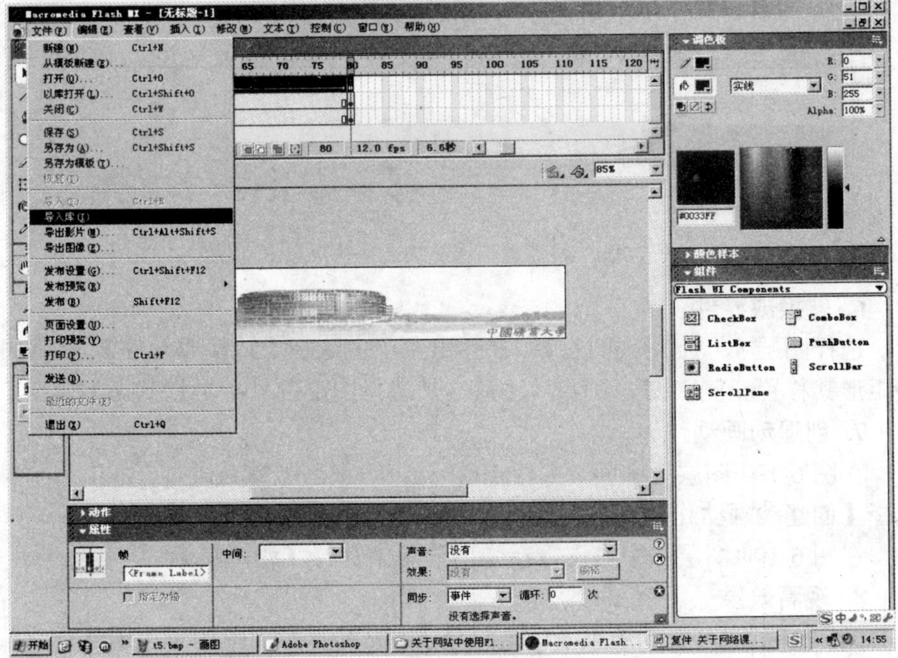

图 6-98　导入预先制作好的背景图

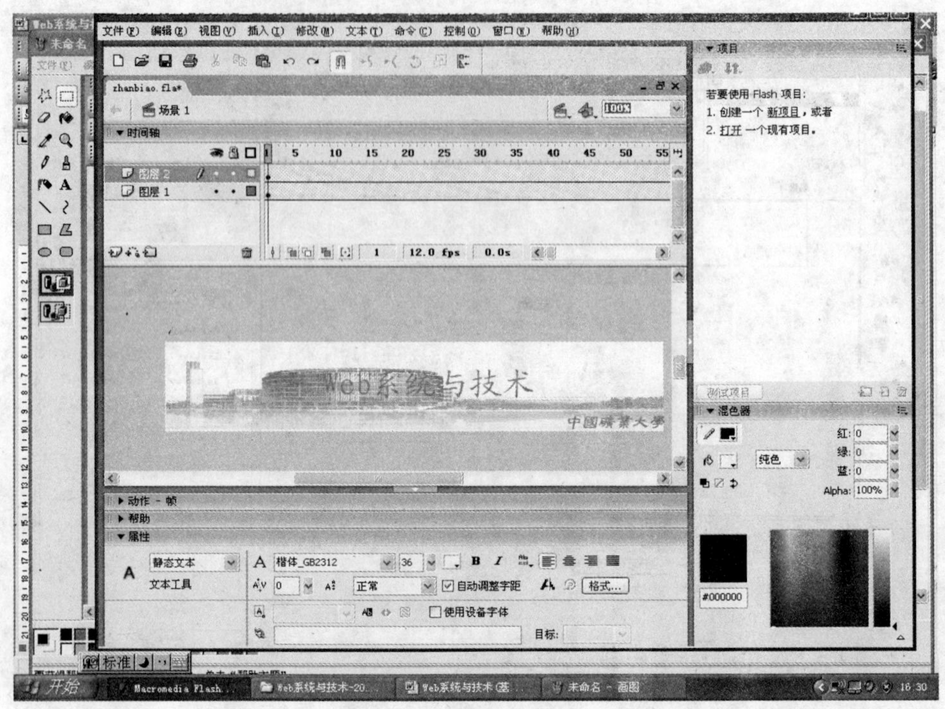

图 6-99　在背景图上添加文本

图 6-100　将遮盖图层 2 的文字矩形移置左侧

6. 转换成元件

选择图层 3，右击矩形区域，在弹出菜单中选择【转换成元件】，然后将其将矩形其移置左侧（图 6-102）（注意这是选择图层都处于解锁状态）。

7. 创建动画动作

在图 6-103 图层 3 中间（大约 40 帧处）的灰色区域右击，在弹出的菜单中选择【创建动画动作】。

在图 6-104 图层 3 中右击，在弹出菜单中选择【遮罩层】。

8. 观看效果

ctrl+enter 即可看到效果了。这只是 Flash 的一个简单例子，以此说明其动画制作的方便。

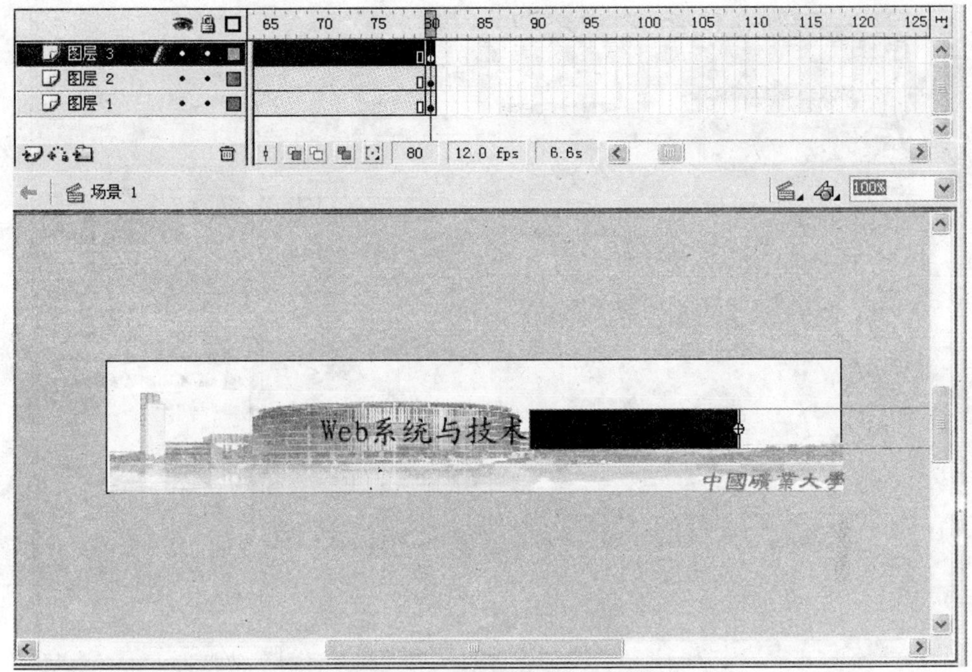

图 6-101　将矩形移置右侧

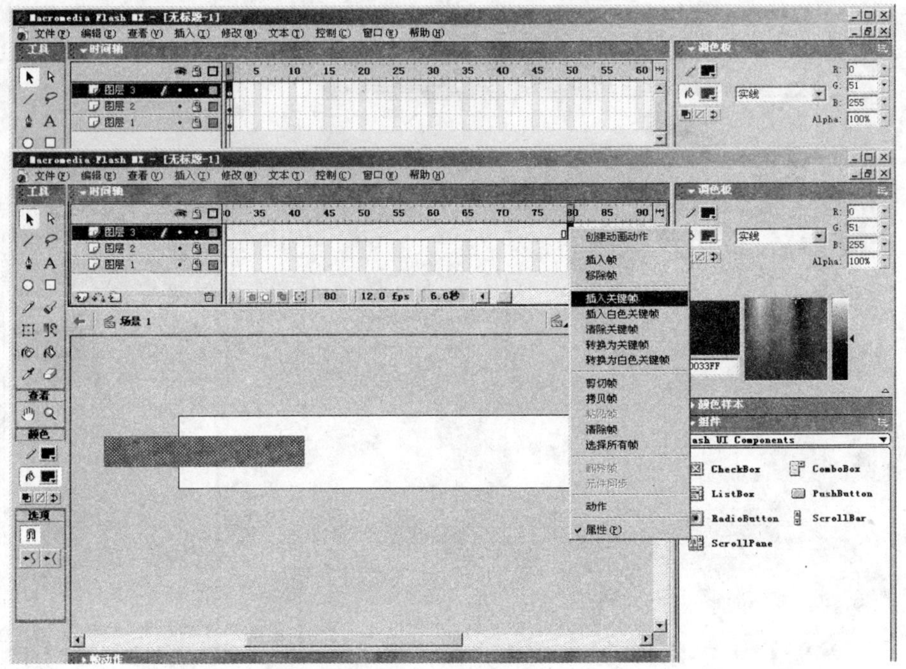

图 6-102　三个图层都插入关键帧

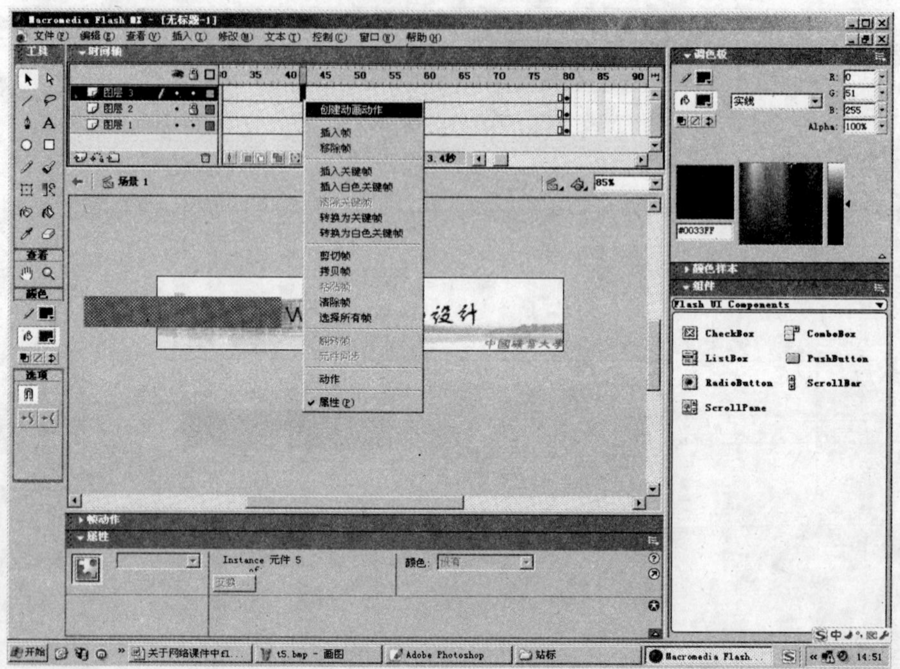

图 6-103 图层 3 中选择“创建动画动作”

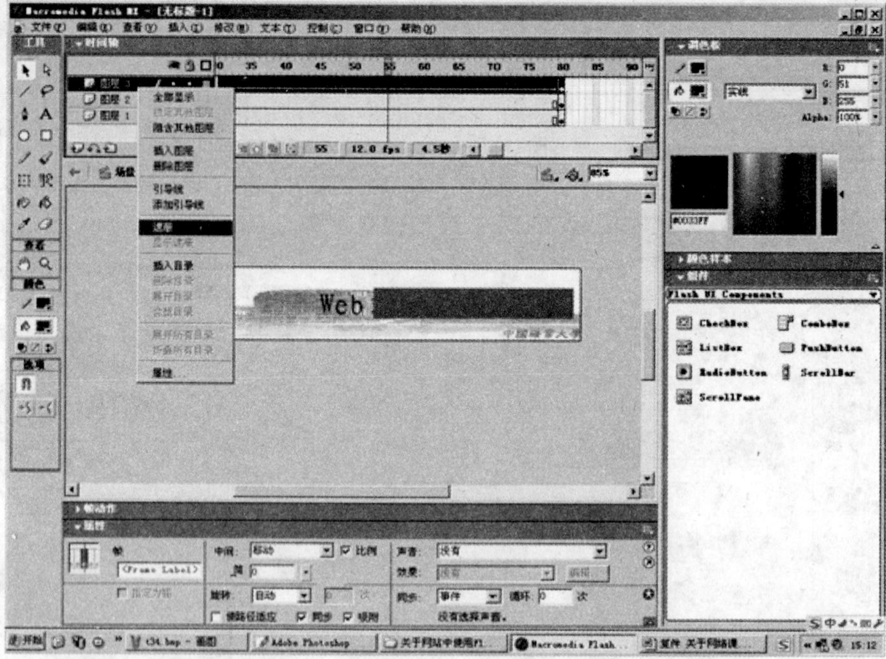

图 6-104 右击图层 3 中选择【遮罩层】

小　结

本章介绍了两个常用的网页开发工具：Macromedia Dreamweaver MX和Macromedia Flash MX。

Macromedia Dreamweaver MX 是享有声誉的专业的 HTML 编辑器，用于 Web 站点、Web 页和 Web 应用程序的设计、编码和开发，手工编写 HTML 代码、可视化编辑相互结合。利用 Dreamweaver MX 的可视化编辑功能，可以快速地创建页面而无需编写任何代码；可以直接在 Dreamweaver 中添加 Macromedia Flash 对象，从而优化了开发工作流程。

Dreamweaver MX 包括多种与编码相关的工具和功能，其中包括代码视图中的代码编辑工具，有关 HTML、CSS、JavaScript、ASP 和 JSP 的参考资料，以及一个 JavaScript 调试器。Macromedia MX 的可自由导入导出 HTML 技术，可以导入用户手工编码的 HTML 文档，而不用重新设置代码的格式，也可以随后用自选的格式设置样式来重新设置代码的格式。Flash 是由 Macromedia 公司开发的，它在世界上矢量图形标准化方面的公司的权威公司。Flash MX 是 Macromedia 公司已经推出的 Flash 最新版本。

Flash 就是一种网页制作软件，更贴切地说它是一种动画编辑软件，它制作出一种扩展名为.swf 的动画，这个动画可以插入 HTML 里，也可以单独成页。Flash 的主要特点是：①使用矢量图形和流式播放技术。②通过使用关键帧和图符使得所生成的动画（.swf）文件小巧玲珑、下载迅速，使得动画可以在打开网页很短的时间里就得以播放；③把音乐、动画、声效、交互方式融合在一起。另外，它与当今最流行的网页设计工具 Dreamweaver 配合默契，可以直接嵌入网页的任一位置，非常方便。

习　题

1. 使用 Dreamweaver MX 创建一个网页，HTML 样式为：

（1）没有被访问的链接显示为红色，带下划线；

（2）鼠标移动到一个链接上时显示绿色，取消下划线；

（3）激活一个链接时显示蓝色，没有下划线；

（4）被访问过的链接显示为深红色，带下划线。

2. 在文档窗口中插入一幅图像，在图像的旁边插入一个层，在层中输入个人简历。当把鼠标移动至图像上时显示层的内容；当鼠标从图像上移开时层被隐藏。

3. 制作介绍如何使用 Dreamweaver MX 2004 的网站主页。

4. 开发“中国某大学”网站主页，素材见“Web 系统与技术 CAI”。

5. 开发“Web 系统与技术”网站主页，素材见“Web 系统与技术 CAI”。

6. 使用 Dreamweaver MX 创建一个网页，含有 5 张图像；当打开该文件时显示一个含有“你好！欢迎访问本网页”，利用水平“箭头”键可以控制翻动显示 5 张图像。

7. 什么是 Flash 的关键帧？

8. Flash 时间轴的作用是什么？

9. 如何实现按指定轨迹运动？

10. 如何利用 Flash 制作一段简单的影视？

参 考 文 献

[1] 殷兆麟，范宝德，朱长征. Java 语言程序设计(第 2 版). 北京：高等教育出版社，2007.

[2] 殷兆麟，周智仁，范宝德. Java 网络应用编程. 北京：高等教育出版社，2004.

[3] 殷兆麟. Java 网络高级编程. 北京：清华大学出版社. 北京交通大学出版社，2005.

[4] [美]Paul S.Wang,Sanda S.Katila. Web 设计与编程导论. 邱仲潘译. 北京：高等教育出版社，2002.

[5] 赵英良. 网页制作使用教程. 北京：清华大学出版社，2004.

[6] 侯文彬. 网页设计教程. 北京：清华大学出版社，2004.

[7] Nicholas C. Zakas. JavaScript 高级程序设计. 北京：人民邮电出版社，2006.

[8] 高怡新. XML 基础教程. 北京：人民邮电出版社，2006.

[9] 孙鑫. Java Web 开发详解，北京：电子工业出版社，2006.

[10] 顾宁，刘家茂，柴晓路，等. Web Services 原理与研发实践. 北京：机械工业出版社，2006.

[11] 袁建洲，尹喆，等. JavaScript 编程宝典. 北京：电子工业出版社，2006.

[12] 阮文江. JavaScript 程序设计基础教程. 北京：人民邮电出版社，2004.

[13] 向学哲. JSP 程序设计教程. 北京：人民邮电出版社，2006.

[14] 柴晓路，梁宇奇. Web Services 技术、架构和应用. 北京：电子工业出版社，2003.

[15] 王瑄，李燕. 应用 Web Services 构建多层架构的高效.NET 应用. 北京：科学出版社，2005.

[16] 金坚信，曾李丹. DHTML 网页开发实例教程. 北京：机械工业出版社，2002.

内 容 简 介

本教材按照教育部高等学校计算机科学与技术教学指导委员会编制的《高等学校计算机科学与技术专业发展战略研究报告暨专业规范（试行）》中有关Web系统和技术部分知识单元、知识点要求编写。Web系统与技术是计算机专业信息技术方向的专业课程。《Web系统与技术》分为基础部分和Java Web应用技术，分两个阶段为本科生开设。《Web 系统与技术（基础部分）》介绍了Web 系统的构成、超文本标记语言 HTML、样式表 CSS、脚本语言 JavaScript基础、文档对象模型 DOM 与动态 HTML、Web 网站信息结构、开发步骤和其软件开发工具（Dreamweaver、Flash）。

教材配套的网络课件包括课程中程序示例，涉及到的软件开发工具的介绍、使用，Web服务器的安装、配置与使用和课程设计4个选题示范。整个网站包括Java语言程序设计、Web系统与技术（基础部分和Java Web应用技术）和Java网络高级编程，适合高职、本科、研究生等不同层次的教学需要，这个网站本身也是Web系统与技术的示例。

本书可以用于计算机专业和非计算机专业作普及 Web 系统与技术的教材，也可作为网络编程人员的参考书。